실내건축일반구조학

길종원 · 이재호
이병윤 · 장훈익
권선국 공 저

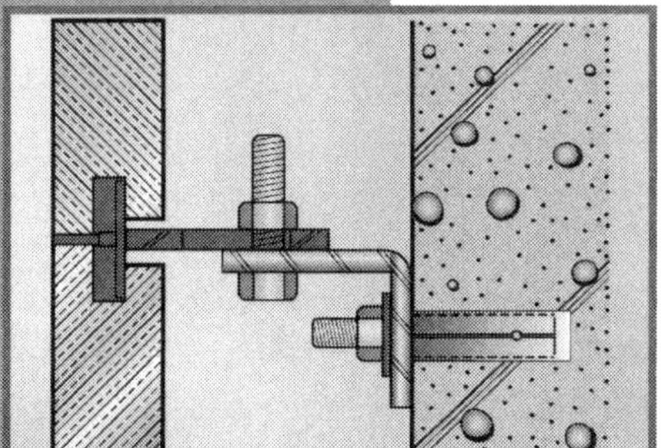

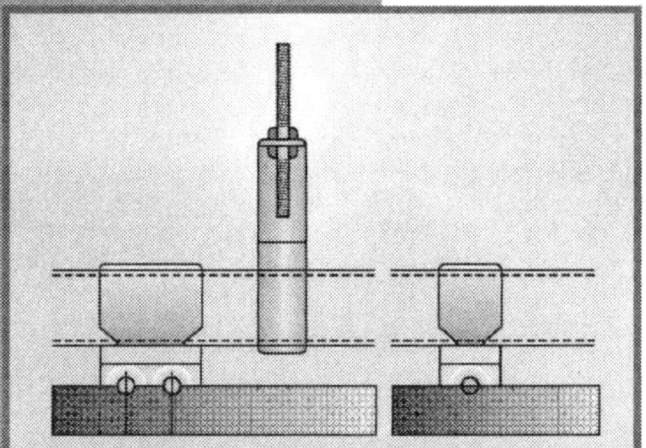

INTERIOR ARCHITECTURE CONSTRUCTION

SEOWOO PUBLICATIONS

머리말

현재의 실내건축은 시대의 변화에 따른 신규업종의 출현과 실내건축에 관한 인식의 보편화 등으로 쾌적한 생활환경과 기능적인 활동의 지원시설 및 공간의 서정적 욕구 등이 필수적인 요구사항이 되고 있으며 또한 경제 발전에 따른 생활수준의 향상과 건축물의 대규모화, 고층화, 다양화로 인해 실내건축에 요구되는 성능도 과거와는 다른 다양한 양상을 보이고 있다. 따라서 공간의 다양성만큼 그 공간의 요구조건에 맞게 실내를 구성하는 것 또한 극복해야 할 당연한 과제이며 더불어 기술자의 구성재 및 마감재를 사용한 시공기술의 요구정도도 높아질 수밖에 없는 현실이 되었다. 실내건축의 특성상 구조공사의 비중보다는 실내를 구성하는 수장공사가 더 큰 비중을 차지하게 되며, 이런 특성에 맞게 안전하고 편리하며 능률적인 공간, 쾌적하고 분위기 있는 실내공간을 창조하기 위해서는 계획, 설계, 시공은 물론, 구조에 보다 정통해야 할 것이고 또한 하자(瑕疵)가 없는 실내건축물을 창조하기 위해서는 우수한 재료, 시공기술 등도 중요하지만 실내건축구조에 관한 이해가 선행되어야 할 것이다.

본 서(書)는 전문적으로 세분화된 건축업무와는 달리 계획, 설계, 시공을 디자이너가 모두 총괄해야 하는 실내건축업무의 특성에 주안점을 두고 실제로 실내건축에서 구성되는 구조와 실내건축의 바탕이 되는 구조를 중심으로 집필에 임하였다. 또한 직접적으로 실내건축구조에 영향을 미치지만 소홀히 취급되기 쉬운 철근콘크리트구조와 철골구조에 관한 내용을 간략하게 다루었으며 가급적 많은 그림을 수록하여 이해를 돕고자 노력하였다.

본 서(書)가 실내건축과 학생 및 실내건축업무에 종사하는 실내건축인들에게 실내건축구조를 이해하는데 다소나마 도움이 되기를 바라며, 부족한 부분은 차후 성실히 보완하겠다는 것을 약속드린다. 끝으로 본 서를 집필하는데 많은 도움을 주신 도서출판 서우 이석환 사장님과 원고정리를 맡아준 편집부에게 감사드린다.

저 자

[Contents]

차 례

[Contents]

차 례

Chapter 1

실내건축구조 개론 (室內建築構造 概論)

1-1 실내건축구조의 개요(槪要)
1-2 건축구조의 분류(分類)
1-3 건축물의 주요 구성부분(構成部分)

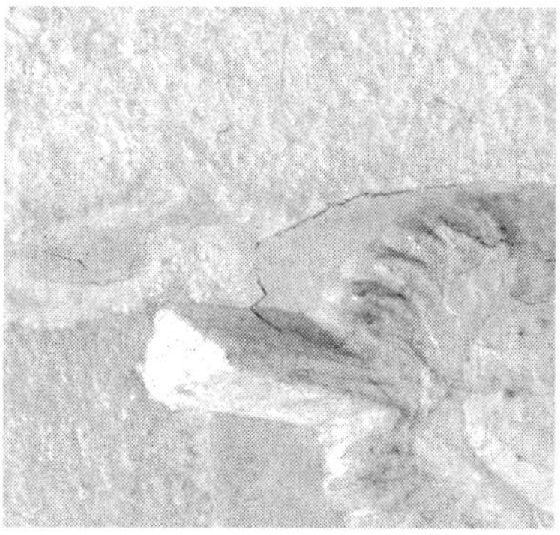

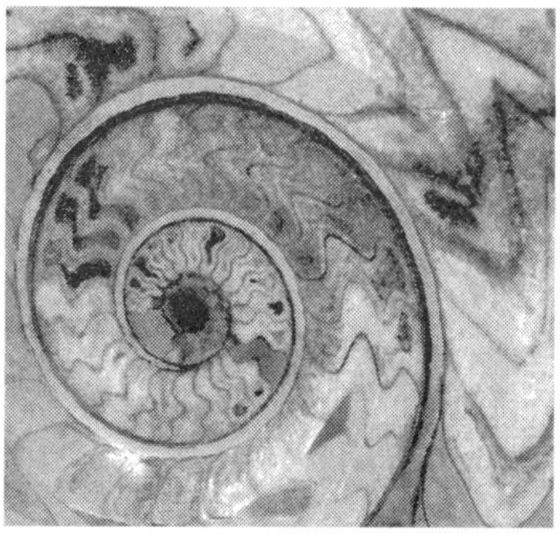

[Chapter 1]

실내건축구조 개론(室內建築構造 概論)

1 - 1 실내건축구조의 개요(槪要)

1) 실내건축학(室內建築學)의 의의

실내건축이란 인간이 생활하는 실내공간을 보다 아름답고 능률적이며 쾌적한 환경으로 창조하는 일체의 과정 및 결과를 의미하며 물리적(物理的)조건, 환경적(環境的)조건, 기능적(機能的)조건, 정서적(情緖的)조건 등이 충분히 고려된 실내공간을 완성하여 실내환경의 질을 높이는 작업이라 정의할 수 있다.

다시 말하여 실내건축이란 인간이 생활하는 모든 공간을 용도에 따른 목적과 요구기능을 충족시키면서, 공간에 개성과 아름다움을 부여하여 인간생활의 쾌적성(快適性)을 추구하는 계획과 실행과정, 그 결과까지의 행위인 것이다.

그러므로 실내건축의 합목적성(合目的性)을 달성하기 위해서는 건축구조(建築構造), 건축재료(建築材料), 건축환경(建築環境)에 관한 이해와 디자인의 전반적인 원리 및 요소, 기타 설비(設備) 및 조경 등 건축과 관련되는 분야의 이해가 바탕이 되어야 한다.

인간이 생활하는 실내공간의 환경디자인이라는 궁극적인 과제로서 건축과 실내건축의 영역이 구분되기 시작한 것은 근대 이후부터라 볼 수 있으며, 우리 나라의 경우 일반인들이 실내건축에 관한 중요성과 필요성을 인식하기 시작한 시기는 1980년대 중반이후라고 볼 수 있다.

실내건축학을 건축학적인 측면에서 보았을 때는 구조(構造), 기능(機能), 미(美) 등 건축의 3대 요소를 가장 빠른 시간에 가장 경제적으로 성취할 수 있는 실내건축물의 구성기술을 연구하는 학문이라 정의할 수도 있으나 실내건축의 경우, 건축보다 좀 더 세분화된 기능적 요구를 충족시키면서 미적인 면을 추구하는 섬세한 작업이라는 특수성을 좀 더 고려해야 할 것이다.

2) 건축구조(建築構造)와 실내건축구조(室內建築構造)

현존하는 모든 건축물은 시간의 경과에 따라 풍우(風雨), 지진, 수해 등의 자연적, 또는 인위적(사고로 인한 건물의 붕괴, 화재 등)으로 파괴(破壞)되는 작용을 받게 되는데 이러한 파괴작용이 건축물에 가해지면 건축물의 내구력(耐久力)이 약화되고 인간생활의 안전을 위태롭게 한다.

건축구조는 이러한 파괴력에 대항 할 수 있도록 건축물을 견고하게 구성하여 그 본래의 목적을 발휘시킴과 동시에 건축물의 수명을 연장시키는데 근본적인 목적이 있다.

반면에 실내건축구조는 이미 구성되어 있는 기존의 건축물을 바탕으로 하여 인간이 생활하는 모든 공간을 그 목적에 부합되도록 요구기능을 충족시키면서, 그 공간에 개성과 아름다움을 부여하여 인간생활의 쾌적성을 추구할 수 있도록 실내 설치물의 구조, 기능, 미, 경제성 등을 조화시키고 인재(人災)에 대하여 안전한 실내건축물을 형상화(形象化)하는데 그 목적이 있다.

1 - 2 건축구조의 분류(分類)

실내건축의 바탕이 되는 건축물의 구조는 목조, 벽돌조, 블록조, 철근콘크리트조 등 구조부의 축조재료(築造材料)에 의하여 분류하는 것이 일반적이지만 동일 건축물에서도 서로 다른 재료를 사용하여 축조하는 경우도 많이 있으므로 다음과 같은 방법으로 분류하기도 한다.

1) 구조재료(構造材料)에 의한 분류

건축물을 구성하는 주재료를 명칭으로 한 것으로 주로 외벽을 구성하는 재료가 그 명칭이 되는 경우가 일반적이다.

■ 나무구조(木構造 ; timber construction, wooden construction)

건축물의 뼈대(Frame)를 목재로 구성하고 보강철물로 접합하여 보강한 구조로 목구조 또는 목조라고도 한다.

나무구조는 보통 목구조, 목골구조(木骨構造 : timber framed construction), 목조 패널조(wood pannel construction)등으로 대별할 수 있으며 구조가 간단하고 공기가 짧으며, 시공이 용이하고 외관이 아름다운 장점이 있으나 부패(腐敗) 및 화재의 위험이 항상 존재하고 내구성이 작은 단점이 있다.

■ 벽돌구조(壁乭構造 ; brick construction)

내력벽(耐力壁 : bearing wall)을 벽돌로 쌓아 구성하는 구조로 외벽은 치장벽돌을 사용하여 제물로 마감하고 내부는 시멘트벽돌을 사용하여 비내력벽으로 구성하는 것이 일반적이다.

내구, 방화적이고, 외관이 장중하며, 방한(防寒), 방서적(防暑的)인 장점이 있으나 벽체에 습기가 차기 쉽고 횡력(橫力)에 약한 것이 단점이다.

■ 시멘트 블록구조(cement block construction)

벽체를 블록으로 쌓아 구성하는 구조로 내화, 내구적이고 경량(輕量)인 벽체를 저렴하게 구성할 수 있는 장점이 있는 반면, 균열이 생기기 쉽고 철근콘크리트로 보강하지 않으면 규모 있는 건축물을 축조하는데는 어려움이 있으며, 벽돌구조와 같이 벽체에 습기가 차기 쉽고 횡력에 약한 것이 단점이다.

■ 석구조(石構造 ; stone construction)

외벽을 석재로 쌓아 구성하는 구조를 의미하는 것이지만, 근래에는 벽 전체를 석재로 축조하는 경우는 거의 없고 벽돌 또는 철근콘크리트조를 바탕으로 하여 외관을 치장하는 것을 목적으로 하는 경우가 일반적이다.

내구, 내화적이며, 외관이 장중 미려한 장점이 있으나 횡력에 약하고 시공기간이 길며 공사비가 고가인 것이 단점이다.

■ 철근콘크리트구조(reinforced concrete construction)

철근을 배근하고 거푸집을 짠 후 콘크리트를 부어 벽, 기둥, 슬래브 등 건물의 주요 구조부를 일체식(一體式)으로 구성한 것으로 내진, 내화, 내구적이며, 건물의 형태를 자유롭게 구성할 수 있고 대규모 건물에도 적합한 우수한 구조이다. 반면에 중량이 크고 공사기간이 길며, 공사비가 고가인 것이 단점이다.

■ 철골 철근콘크리트구조(steel frame reinforced concrete construction)

철골조의 각 부분을 철근콘크리트로 피복한 구조로 고층 및 간사이(span)가 큰 건물에 적합한 구조이다.

내진, 내화, 내구적인 장점이 있으며, 건물의 중량이 크고, 공사기간이 길며, 공사비가 고가인 것이 단점이다.

■ 철골구조(鐵骨構造 ; steel construction)

여러 단면 모양으로 된 형강과 강판을 짜맞추고 리벳, 볼트 등으로 조임하거나 용접한 것으로 보통 철골조와 경량 철골조로 구분할 수 있다.

2) 구성양식(構成樣式)에 의한 분류

■ 조적식 구조(組積式構造 ; masonry structure)

벽돌, 블록, 돌 등 개개(個個)의 재료를 교착제인 모르타르를 사용하여 적층(積層), 구성하는 구조로 벽돌구조, 시멘트블록구조, 석구조 등이 이에 속한다.

■ 가구식 구조(架構式構造 ; framed structure)

목재, 철재 등 단면적에 비해 가늘고 긴 강력한 재료를 조립하여 구성한 구조로 각 부재의 짜임새 및 접합부의 강성에 따라 강도가 좌우된다. 목구조, 경량철골구조, 철골구조가 대표적이다.

■ 일체식 구조(一體式構造 ; monolithic structure)

전 구조체를 일체화시킨 것으로 철근콘크리트조, 철골조, 철골 철근콘크리트조가 있으며, 가장 강력하고 균일한 강도를 낼 수 있는 구조이다.

3) 시공과정(施工過程)에 의한 분류

■ 습식 구조(濕式構造 ; wet construction)

시공과정(施工過程)에서 물을 사용하는 공정을 가진 구조로서 벽돌 및 콘크리트 등의 재료를 사용하는 구조이다.

■ 건식 구조(乾式構造 ; dry construction)

시공과정에서 물을 거의 사용하지 않는 구조로 뼈대를 가구식으로 하고 규격화된 목재나 철재 등의 기성재를 조립하여 구성하는 구조이다. 작업이 간단하고 공기를 단축시킬 수 있다.

■ 현장 구조(現場構造 ; field construction)

건축자재를 현장에서 가공 제작하여 조립, 설치하는 구조이다.

■ 조립 구조(組立構造 ; prefabricated structure)

건축구조부재를 공장에서 생산하여 조립하거나 부분 조립하여 반입한 후 현장에서는 조립만 할 수 있도록 한 구조이다.

공기단축, 부재의 대량생산, 경제적인 면에서 유리한 구조이다.

4) 재해방지(災害防止) 성능상의 분류

인재(人災)와 천재(天災)에 대하여 방비하는 성능으로 분류한 것으로 내화(耐火), 내구(耐久), 방화(防火), 내진(耐震) 등의 구조로 대별할 수 있다.

각 구조별로 장단점은 있으나 상기한 방재성능(防災性能)에 대하여 우월한 구조는 철근콘크리트구조와 철골철근콘크리트 구조이다.

(5) 기타

상기한 건축구조의 분류방법 이외에 구조재료의 재질에 따라 목재계(木材系), 철골계(鐵骨系), 콘크리트계, 조적재계(組積材系)로 분류하기도 하며, 재료의 형상에 따라 블록상재(조적조, 덩어리형), 선상재(線狀材 : 가구식), 면상재(面狀材 : 패널구조), 입체식(立體式, 일체식), 선상재와 면상재의 복합구조, 면상과 입체식의 혼합구조 등으로 분류하기도 한다.

[Chapter 1]

실내건축구조 개론(室內建築構造 概論)

1 - 3 실내건축물의 주요 구성부분(構成部分)

1) 기둥(柱 ; column, post)

슬래브(slab), 보(beam), 지붕 등의 하중을 받아 기초로 전달하는 수직부재로서 벽체기둥, 붙임기둥, 독립기둥 등으로 분류할 수 있다.

기둥은 하중의 부담여부와는 관계없이 실내에 장식성을 부여하거나 강조할 때 또는 상징적인 요소로 사용되며, 또한 내부공간에 위치한 기둥은 기둥의 수와 위치에 따라 공간을 분할하거나 동선을 유도하는 역할도 한다.

2) 벽(壁 ; wall)

공간을 구획함과 동시에 기둥과 같이 상부의 하중을 받아 기초로 전달하는 수직재로서 외부와 접한 벽을 밖벽, 건물 내부에 있는 벽을 간막이벽이라 하고, 용도 및 구조에 따라 내력벽, 비내력벽, 중공벽으로도 구분한다.

실내건축 측면에서의 벽은 실내공간을 에워싸는 수직적 요소로 공간의 크기와 형태를 결정하며 공간과 공간을 구분하는 역할을 한다.

벽은 높이에 따라 시각적 특성을 달리하게 되며 벽의 높이는 행위의 유형에 따라 상징적 경계, 시각적 개방, 시각적 차단으로 구분 할 수 있으며 벽의 높이를 결정할 때에는 공간의 용도와 목적에 맞게 심리적인 면을 충분히 고려해야 한다.

3) 바닥(floor, slab)

바닥은 건물의 상하층을 구분하며 그 위에 실리는 하중을 받아 기둥과 벽에 전달하는 수평부재이다. 가구를 배치하기 위한 기준면을 제공하며 벽이 없어도 단차이를 두어 공간을 분리할 수 있다.

4) 보(beam)

보는 바닥판(slab) 아래 위치하는 수평적 요소로서 상부의 하중을 받아 기둥으로 전달하는 중요한 구조재이다.

공조, 방재, 조명설치를 위한 전기설비 등과 함께 천장면 속에 위치하여 시각적으로 보이지 않는 것이 일반적이지만 바닥판을 노출로 하는 경우 공간에서 패턴을 주는 요소로 활용할 수 있다.

5) 천장(天障 ; ceiling)

열차단, 음향조절 및 장식의 목적으로 지붕 밑 또는 윗층 바닥 밑을 가리워 댄 것을 천장이라 하며, 구조체 또는 마감재를 반자라 한다.

바닥이나 벽에 비해 접촉 빈도는 낮으나 소리, 빛, 열 및 습기환경의 중요한 조절 매체가 되며 장식적 효과와 심리적 효과를 고려하여 천장의 형태를 변화시키기도 한다.

(6) 통로(通路) 및 계단(階段 ; stairs, stairway)

통로란, 사람과 물건, 기타 운송수단의 통행을 위한 공간으로 내부와 외부를 연결하는 출입구, 공간과 공간을 수평으로 연결하는 복도, 공간과 공간을 수직으로 연결하는 계단으로 분류할 수 있다.

모든 통로는 선으로 이루어지며 직선통로는 연속공간을 구성하기 위한 최선의 방법이 된다. 연결공간으로서의 통로구성의 본질은 통로로 연결되는 공간들의 구성방법에 영향을 주거나 영향을 받으며 통로의 폭과 높이는 통행량과 통로의 유형에 따라 달라진다.

계단은 상하층을 연락하는 복도의 연장으로서 층계 또는 층층대라고도 하며, 계단의 구조는 통행에 불편이 없어야 하고 실내장식요소로서 시각적인 초점이 될 수 있으므로 미관에도 신경을 써야한다.

(7) 수장(修粧 ; fixture)

실내마감 즉, 장식을 목적으로 벽면, 바닥, 천장 등의 구조체에 붙여대는 것의 총칭으로 실내건축에서 대부분을 차지하는 중요한 부분이며, 마무리(finishing)와 같은 의미이다.

(8) 개구부(開口部 : opening)

개구부란, 벽을 차지하지 않는 부분의 총칭으로 문과 창문으로 구성된다. 개구부는 건축물의 표정과 실내공간의 성격을 규정하는 중요한 요소가 되며, 공간과 공간을 연결시키는 기능과 통풍(通風)과 채광(採光)을 가능하게 하는 기능을 갖고 있다. 또한 외부전망과 프라이버시를 확보할 수 있으며 창문과 문의 위치에 따라 가구 또는 설치물의 배치에 영향을 주기도 한다.

개구부에 설치한 창과 문을 총칭하여 창호(窓戸 ; fitting)라 하며, 창 또는 출입문 등의 문꼴을 창문틀이라 한다.

Chapter 2

벽돌구조
(壁乭構造 ; Brick construction)

2-1 벽돌구조의 개요(槪要)

2-2 벽돌제품(壁乭製品)

2-3 줄눈 및 치장줄눈

2-4 벽돌 마름질 및 벽돌나누기

2-5 벽돌쌓기(Brick masonry)

2-6 아치(Arch) 쌓기

2-7 벽돌 바닥깔기

2-8 벽돌벽의 구조기준(構造基準)

2-9 벽돌벽의 균열원인 및 시공상의 주의사항

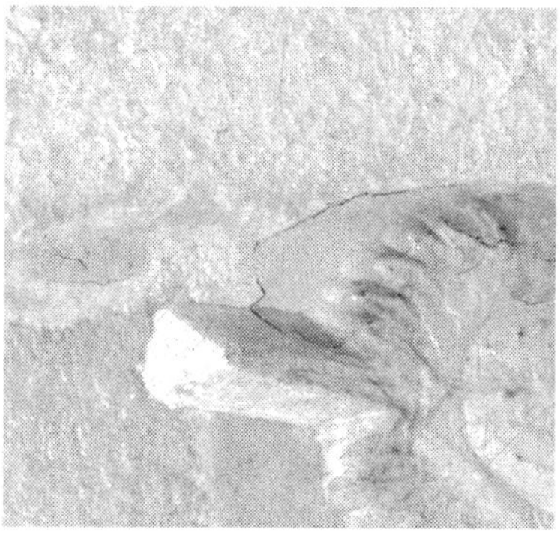

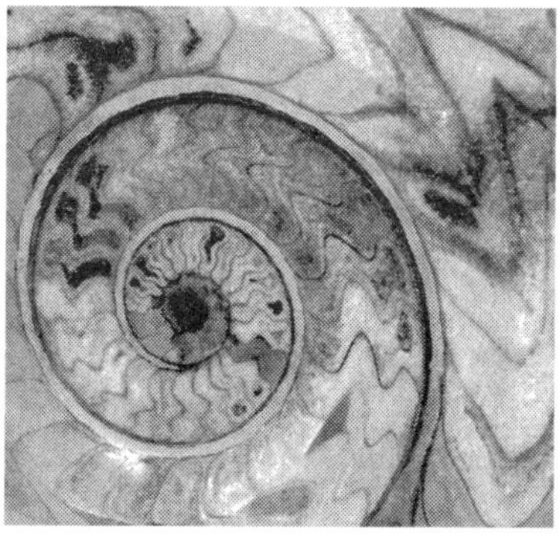

[Chapter 1]

벽돌구조(僻乭構造 ; Brick construction)

2 - 1 벽돌구조의 개요(槪要)

벽돌구조는 모르타르를 교착제로 사용하고 벽돌을 적층(積層)하여 건물의 기초, 벽체, 기둥 등을 구성한 것으로 목적에 따라서 블록, 석재, 타일 등의 재료와 혼합하여 사용할 수도 있고 공법이 간단하여 중소규모의 건축공사에 널리 이용된다.

벽돌로 벽체와 기둥 등의 골조를 구성한 건축물의 경우 지붕틀, 층보, 마루바닥, 천장, 바닥 등은 목조나 철근콘크리트조 또는 철골조로 하는 것이 일반적이다.

벽돌구조는 작은 부피의 재료인 벽돌을 사용하므로 요구되는 공간의 형태 또는 크기를 자유롭게 구성할 수 있으며 자연적인 재료의 특성으로 자연과의 조화가 가능하고, 외벽을 치장벽돌로 사용하는 경우 제물로 마감된 장중미려한 분위기를 연출할 수 있다.

벽돌구조는 목구조나 콘크리트구조에 비하여 벽두께가 두꺼워 실내면적이 상당히 줄어들게 되고 또한 건물의 자중(自重)이 커지게 되는 단점과 내화, 내구적이고 구조 및 시공법이 간단하여 다른 구조로는 이룰 수 없는 장점이 공존하는 구조이다.

실내건축의 경우에는 하중을 받지 않는 장막벽(帳幕壁 ; curtain wall)이나 디자인이 요구되는 치장벽에 주로 사용되며 벽돌벽은 구조상, 용도상 다음과 같이 대별할 수 있다.

■ 내력벽(耐力壁 ; bearing wall)

벽체, 바닥, 지붕 등의 수직 및 수평하중을 받아 기초에 전달하는 벽체로, 주로 외벽이 내력벽으로 구성되나, 실내의 장막벽도 목적에 따라 내력벽으로 할 수 있다.

■ 비내력벽(非耐力壁 ; curtain wall)

실내건축공사에서 주로 쌓는 벽으로 상부에서 오는 하중은 받지 않고 벽체 자체의 하중만을 지지하며 자립하는 벽체이다.

실내공간을 구획할 때 주로 사용되며 장막벽(帳幕壁)이라고도 한다.

■ 중공벽(中空壁 ; hollow wall)

벽체를 이중으로 쌓아 벽돌벽체 내부에 공간을 형성시켜 방습(防濕), 보온(保溫), 차음(遮音) 등을 목적으로 하는 벽체로, 주로 외벽에 사용한다.

2 - 2 벽돌제품(壁乭製品)

벽돌구조에는 진흙을 빚어 구운 보통벽돌과 시멘트와 모래를 섞어 만든 시멘트벽돌이 일반적으로 사용되며, 이외에 특수한 재료와 벽돌이외의 모양으로 만든 특수벽돌도 목적에 따라 일부 사용된다.

(1) 보통벽돌(普通壁乭 ; common brick)

보통벽돌은 진흙을 빚어 소성하여 만든 벽돌로서 완전연소로 구운 적벽돌과 불완전연소로 구운 검정벽돌이 있다.

■ 등급(等級) 및 품질(品質)

KS 규격에 합격한 품질의 것으로, 강도가 크고, 흡수율의 적으며, 모양이 바르고, 갈라짐 등의 결함이 없어야 한다.

보통벽돌의 등급은 1급, 2급 벽돌로 구분하며 품질에 따라 과소벽돌, 상소벽돌, 보통소벽돌, 등외벽돌, 변색벽돌 등으로도 구분한다.

표 2-1 보통벽돌의 등급

등급		압축강도 (kg/㎠)	흡수율 (%)	소성 정도	두드렸을 때	형 상	비 고
1급	1호	150 이상	20 이하	양 호	금속성 청 음	형상 양호, 갈라짐과 흠이 극히 적은 것.	벽돌의 비중은 1.5~2.0,벽돌 1장의 중량은 1.9~3.5kg
	2호						
2급	1호	100 이상	23 이하	보 통	탁 음	형상 양호, 갈라짐과 흠이 적은 것	
	2호						

표 2-2 보통벽돌의 품질에 따른 분류

구 분	특 징 및 용 도
과소벽돌, 괄벽돌, (過燒壁乭)	소성온도가 지나치게 높아, 질이 견고하고 두드리면 금속성 청음(淸音)이 나며 흡수율도 낮으나 형상 및 치수가 부정확하고 자색(紫色) 또는 검붉은색으로 표면에 반점과 혹이 있어 일반 구조용보다는 특수한 장소의 장식용으로 사용한다.
상소벽돌 (上燒壁乭)	1급 벽돌로서 소성정도가 양호하며 두드리면 금속성 청음이 나고 빛깔은 검붉은 색이며 일반 구조용과 치장용으로 사용한다.
보통소벽돌 (普通燒壁乭)	2급 벽돌로서 소성정도가 보통이며 두드리면 탁음(濁音)이 나며 빛깔은 붉은 주홍색으로 강도가 적고 흡수율이 다소 높다. 내부 간막이용으로 사용한다.
변색벽돌 (變色壁乭)	과열되어 모양이 일그러지고 빛깔도 검붉은 벽돌로서 특수치장용으로 사용한다.

벽돌구조(壁乭構造; Brick construction)

■ 규 격(規格)

벽돌은 표준형 벽돌을 사용함을 원칙으로 하며, 보통벽돌의 허용치는 표 2 - 3의 범위 안에 있어야 한다.

표 2-3 보통벽돌의 규격과 허용치(KS L 4204)

구 분	길 이(mm)	나 비(mm)	두 께(mm)
기존형 벽돌	210	100	60
표준형 벽돌	190	90	57
허용치(%)	±3	±3	±3

■ 종류별 사용개소(使用個所)

보통벽돌의 종류별 사용개소는 설계도나 특기시방서(特記示方書)에 따르고 특별히 정하지 않았을 때는 건축공사 표준시방서에 따르며 그 내용은 표 2-4와 같다.

표 2-4 보통벽돌의 종별에 따른 사용개소

종 류 별		사 용 개 소
1급	1호	외벽 및 내력벽으로서 치장이 되는 부분
	2호	외벽 및 내력벽으로서 치장이 안되는 부분
2급	1호	내력벽이 아닌 안벽 또는 간막이벽으로서 치장이 되는 부분
	2호	내력벽이 아닌 안벽 또는 간막이벽으로서 치장이 안되는 부분

(2) 경량벽돌(輕量壁乭 ; light weight brick)

경량벽돌에는 저급점토, 목탄가루, 톱밥 등을 혼합하여 성형한 후 소성(燒成)하여 만든 다공질 벽돌과 벽돌의 중량을 감소시킬 목적으로 벽돌내부에 구멍을 낸 구멍벽돌이 있다.

■ 구멍 벽돌(Hollow brick)

벽돌의 속을 공동(空洞)으로 성형한 후 소성하여 만든 벽돌로 중공(中空)벽돌, 속 빈 벽돌, 공동(空洞)벽돌이라고도 하며, 구멍의 수로 1공형, 2공형, 3공형, 4공형 등으로 구분한다.

구멍벽돌은 보온 및 방음을 요하는 방음벽(防音壁)이나 단열벽(斷熱壁)에 주로 사용되며, 건물의 자중을 줄이기 위해 간막이벽 등에도 사용한다.

■ 다공질 벽돌(多孔質 壁乭 ; Porous brick)

점토에 분탄(粉炭), 톱밥, 겨 등을 30~50%정도 혼합하여 성형한 후 소성한 벽돌로, 내부에 많은 공극(空隙)을 포함하고 있어 비중이 작다.

절단, 못박기 등의 가공이 가능하며 다공벽돌이라고도 한다. 강도가 약해 구조용으로는 사용되지 않으며 보온 및 흡음성이 있어 방열(防熱)이나 방음을 요하는 곳에 주로 사용한다.

3) 내화벽돌(耐火壁乭 ; fire brick)

내화도(耐火度)가 높은 내화점토로 만든 벽돌로 내화도가 1,500~2,000℃ 정도인 황백색의 벽돌을 내화벽돌이라 하며, 부뚜막, 굴뚝, 보일러실의 안벽 쌓기에 사용된다.

내화도에 따라 저급품, 중급품, 고급품으로 분류하며, 모든 내화벽돌은 KS L3201(내화점토질 벽돌), KS L3204(규석벽돌), KS L3301(내화 단열벽돌) 등의 규정에 합격한 것을 사용해야 한다.

굴뚝, 난로 등의 안 쌓기에는 석탄연소에 의한 황산분에 대하여 안전한 산성 또는 중성의 것인 S.K. NO26이나 S.K.NO30이 사용되며, 보일러내부에는 S.K.NO32이상의 것이 사용된다.

표 2-5 내화 점토질 벽돌의 품질

종 별	1종	2종	3종	4종
내화도(S.K.NO)	34 이상	32 이상	30 이상	26 이상
비 중	1.9 이상	1.9 이상	1.9 이상	1.8 이상
압축강도(kg/㎠)	200 이상	200 이상	180 이상	150 이상

4) 특수벽돌(特殊壁乭 ; special brick)

특수한 용도를 가진 벽돌을 특수벽돌이라고 하며, 일반적으로 사용하는 보통벽돌보다 형상, 치수, 빛깔, 원료가 약간 다르다.

표 2-6 특수벽돌의 분류

구 분	특 징 및 용 도
검정벽돌(Black brick)	흑벽돌이라고도 하며, 불완전연소로 소성하여 빛깔이 검게된 벽돌이다. 치장용으로 사용한다.
이형벽돌(異形壁乭 ; Moulded brick)	형상, 치수가 보통벽돌의 규격에 정한바와 다른 형상의 벽돌로서 특수한 장소에 사용한다. 아치벽돌, 원형벽돌, 둥근모벽돌, 팔모벽돌 등이 있다.
오지벽돌 (Salt glazed brick)	벽돌의 길이나 마구리 면에 오지물(유약)을 칠해서 구운 치장벽돌로 건물의 내외부 치장재로 사용한다.
포도용벽돌(鋪道用壁乭 ; Pavement brick)	도로나 바닥 포장용으로 사용하는 두꺼운 벽돌로 흡수율이 적고 내마모성 및 압축강도가 크다.

5) 시멘트 벽돌(cement brick)

시멘트와 모래를 일정비율로 배합하여 가압성형(加壓成型)한 후 양생(養生)한 것으로 제물마감을 필요로 하지 않는 건축물의 내외벽에 많이 사용된다.

시멘트 벽돌의 종류는 형상 및 치수에 따라 A형 무공(無空)시멘트 벽돌, B형 무공시멘트 벽돌, C형 유공시멘트 벽돌로 분류되고, 품질은 비틀림, 균열 또는 흠이 없어야 하며 압축강도는 40kg/㎠ 이상이어야 한다.

표 2-7 시멘트 벽돌의 치수 및 허용차

종류 \ 규격	길이(mm)	높이(mm)	두께(mm)	허용차(mm)	비 고
A형	210	100	60	± 3	기 존 형
B형	190	90	57	± 3	표 준 형
C형	190	90	90	± 2	지름 5cm, 공동 2개

2 - 3 줄눈 및 치장줄눈

벽돌과 벽돌사이의 모르타르 부분을 줄눈이라고 하며, 수평부분의 것을 가로줄눈, 수직부분의 것을 세로줄눈이라 한다.

줄눈부분의 모르타르 배합 용적비(容積比)는 1 : 3~1 : 5 정도로 하고 특수한 부분에는 1 : 1 또는 1 : 2로 하되, 모르타르의 배합비는 표 2-8을 기준으로 한다.

모래는 체로 쳐서 시멘트와 건비빔 하여 두었다가 벽돌을 쌓을 때, 물을 부어 반죽하여 사용하며, 가수(加水) 후 1시간이 지난 것은 사용하지 않아야 한다.

표 2-8 모르타르 배합의 선정

배합비	1 : 1	1 : 2	1 : 3	1 : 4	1 : 5
사용처	치장줄눈, 방수 및 중요한 개소	미장용 마감바름 및 중요한 개소	미장용 마감바름 및 쌓기용 줄눈	미장용 초벌 바르기	중요하지 아니한 개소

1) 줄눈(masonry joint)

벽체에 실리는 상부의 하중(荷重)을 분산시키기 위하여 세로줄눈의 아래와 위가 막히도록 한 것을 막힌 줄눈(breaking joint)이라 하고, 통한 것을 통줄눈(straight joint)이라 하며, 특별히 지정하지 않는 한 막힌 줄눈으로 하는 것을 원칙으로 한다.

가로 및 세로 줄눈의 나비는 특별히 정하지 않았을 때는 1cm를 표준으로 하고, 세로 줄눈은 통줄눈이 되지 않게 수직이 되도록 하며 가로줄눈은 수평지게 한다.

또한 벽돌쌓기 줄눈의 모르타르는 벽돌 면의 접합면 전부에 빈틈없이 차도록 하고, 가로 줄눈의 깔모르타르도 충분히 채워지도록 한다.

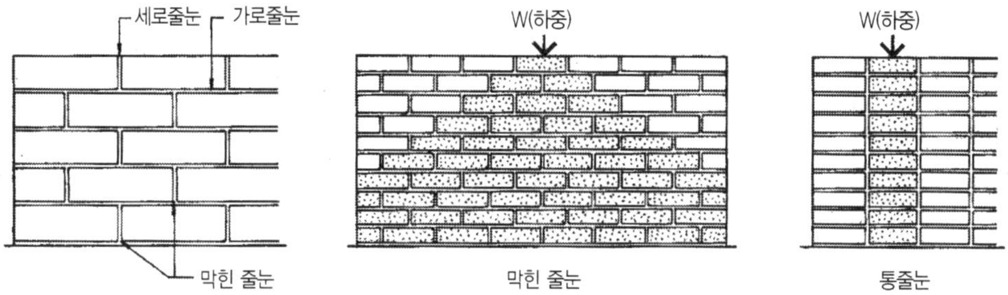

그림 2 - 1 벽돌벽의 줄눈과 하중의 전달

2) 치장줄눈(pointing)

벽돌벽면을 제물로 마감할 때 모르타르로 줄눈을 바르는데 이것을 치장줄눈이라 한다. 치장 벽돌면은 쌓은 직후 줄눈 모르타르가 굳기 전에 줄눈 흙손으로 빈틈없이 줄눈 누르기를 하고 벽면에서 깊이 8mm 정도로 줄눈파기를 한 후 벽돌주위에 밀착되어 수밀하고 줄바르게 하여 일매지게 처리한다.

치장줄눈은 배합비 1 : 1정도로 하며, 모르타르에 방수제를 넣어 사용하거나 백색포틀랜드 시멘트에 색소(色素)를 넣어 사용하기도 한다.

■ 치장줄눈의 종류

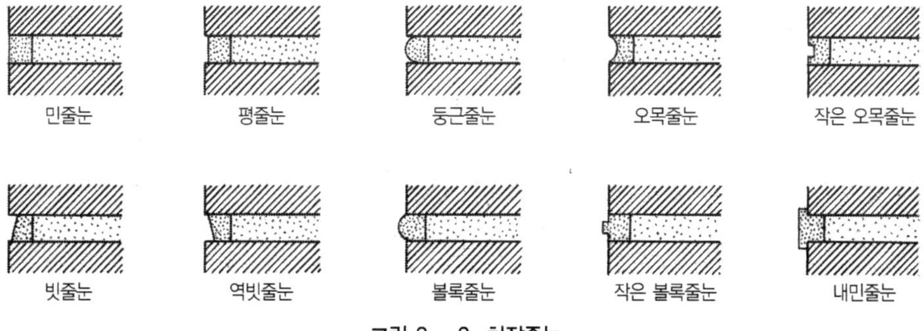

그림 2 - 2 치장줄눈

벽돌구조(壁乭構造; Brick construction)

■ 치장줄눈의 의장적 표현 및 디자인 효과

표 2-9 치장줄눈의 의장적 표현

줄눈형태	사용하는 경우	의장성(意匠性)
평줄눈	벽돌의 형태가 고르지 못한 경우	질감이 거칠게 표현된다.
볼록줄눈	면이 깨끗하고 반듯한 경우	여성적인 선의흐름과 부드러운 느낌이 난다.
빗줄눈	색조의 변화가 많은 경우	벽면의 음영차가 분명하여 질감이 강조된다.
내민줄눈	벽면이 고르지 않은 경우	줄눈의 효과가 확실하다.
민줄눈	벽돌의 형태가 고르고 깨끗한 경우	깨끗한 질감이 표현된다.
오목줄눈	면이 깨끗한 경우	약한 음영의 표현으로 여성적인 느낌이 난다.

2 - 4 벽돌나누기 및 벽돌 마름질

1) 벽돌 나누기(layout plan of laying)

벽돌을 쌓을 벽면에 맞추어 줄눈이 일정하고 가급적 토막벽돌을 사용하지 않도록 실제로 나란히 배치해 보는 것을 벽돌나누기라 한다.

벽돌나누기는 벽돌과 줄눈의 치수를 기본으로 하며 벽체 각부의 치수, 벽 모서리, 벽끝, 창문의 위치를 정하고 창문틀을 고정하기 위한 고정철물의 위치 및 내부 수장목공사를 위한 목벽돌의 설치위치 등을 확정하기 위한 작업이다.

벽돌나누기를 소홀히 하거나 무시하면 토막벽돌이 많이 생기고, 줄눈도 잘 맞지 않게 되어 외관상, 강도상 하자가 있는 벽체가 된다.

2) 벽돌 마름질(cutting)

벽돌은 온장을 쓰는 것이 원칙이지만 필요에 따라서 온장을 깨뜨려 반토막, 이오토막, 칠오토막 등으로 하여 사용하기도 하는데 이렇게 하는 것을 벽돌마름질이라 한다.

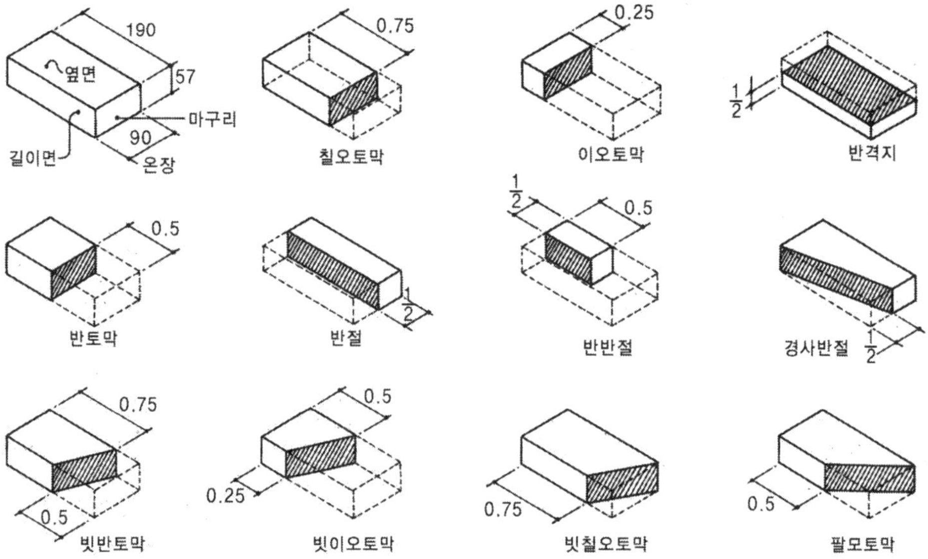

그림 2 - 3 벽돌 마름질

2 - 5 벽돌쌓기(Brick masonry)

벽돌벽의 강도(强度)는 벽두께, 벽높이, 벽의 길이에 의하여 결정되지만 벽돌의 강도, 모르타르의 강도, 쌓기방법 등도 벽의 강도에 큰 영향을 준다.

따라서 벽돌벽을 쌓을 때는 목적에 따라 적합한 쌓기방법을 선택해야 하며 쌓을때의 벽돌벽의 두께는 벽돌 한 길이를 1.0B로 하여 단위의 기준으로 하고 경미한 구조물 이외에는 벽두께를 1.0B이상, 보통 1.5~2.0B 정도로 한다.

1) 벽돌벽 쌓기

■ 마구리 쌓기(heading bond)

입면에서 보아 벽면에 마구리만 보이도록 쌓는 방법으로 벽두께 1.0B이상 쌓기에 사용하며 원형굴뚝, Silo등에 쓰인다.

■ 길이 쌓기(stretching bond)

하중을 부담하지 않는 0.5B두께의 간막이 벽에 사용되며, 벽면에 길이만 보이게 쌓는 방법이다.

벽돌구조(壁乭構造; Brick construction)

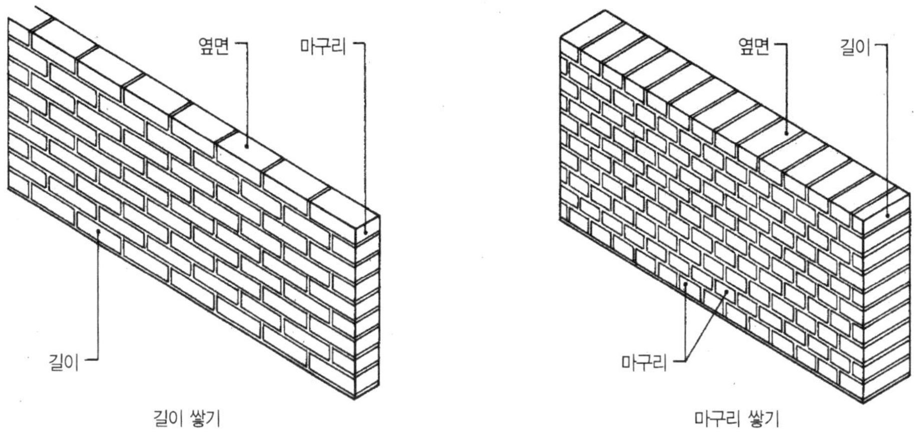

그림 2 - 4 마구리 및 길이쌓기

■ 영국식 쌓기(English bond)

입면에서 보아 한 켜는 길이로 쌓고, 다음 한 켜는 마구리 쌓기로 하는 방법으로 벽의 모서리나 벽 끝 부분에 이오토막이나 반절을 사용하므로 상하가 일치되어 통줄눈이 생기는 곳이 없다. 구조적으로 가장 튼튼한 쌓기법이다.

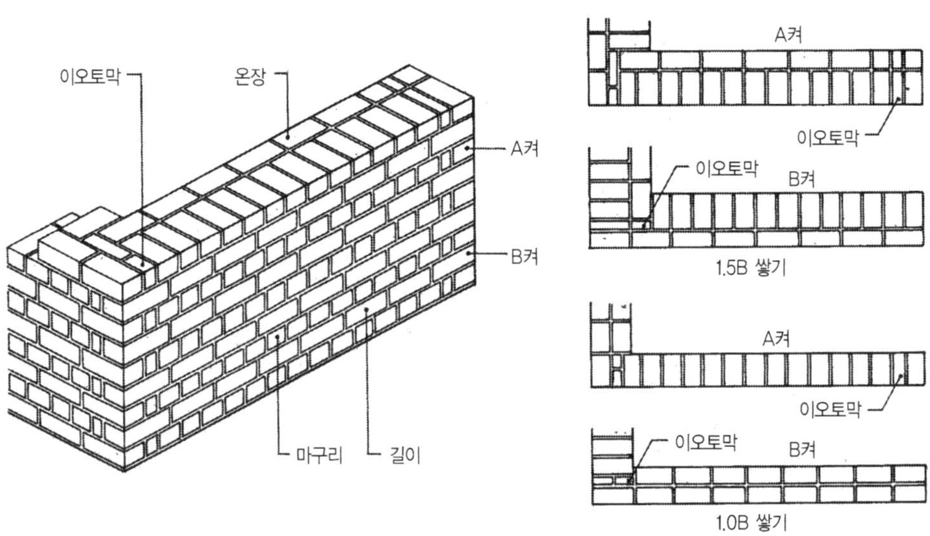

그림 2 - 5 영국식 쌓기

■ 화란식 쌓기(Dutch bond)

입면에서 보아 한 켜는 길이로 쌓고, 다음 한 켜는 마구리 쌓기로 하는 방법으로 영식 쌓기와 거의 같으나 모서리 또는 벽 끝에서 칠오토막을 사용한다.

영식 쌓기보다 강도는 약하지만 쌓기가 편리하여 가장 많이 사용한다.

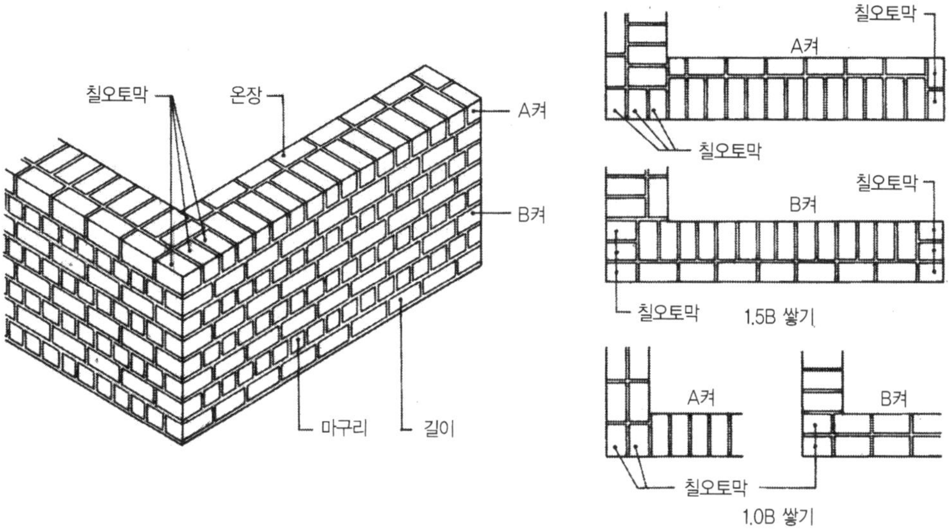

그림 2 - 6 화란식 쌓기

■ 불식 쌓기(Flemish bond)

입면에서 보아 한 켜에서 길이와 마구리가 번갈아 나오도록 쌓는 방법으로 통줄눈이 많이 생겨 구조적으로 튼튼하지는 않지만 외관이 좋아 강도를 필요로 하지 않는 장식벽이나 담장에 사용한다.

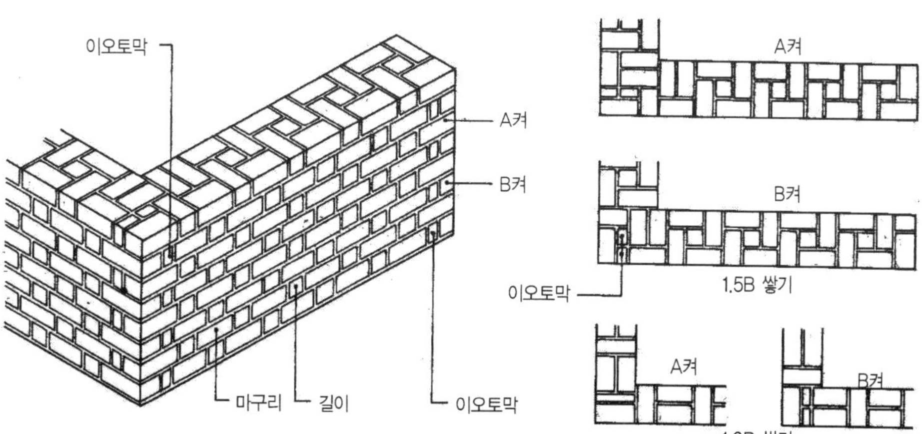

그림 2 - 7 불식 쌓기

[Chapter 2]

벽돌구조(壁乭構造; Brick construction)

■ 미식 쌓기(American bond)

뒷면은 영식쌓기로 하고 표면에는 치장벽돌을 사용하여 5켜 정도는 길이, 한 켜는 마구리로, 번갈아 쌓는 방법이다.

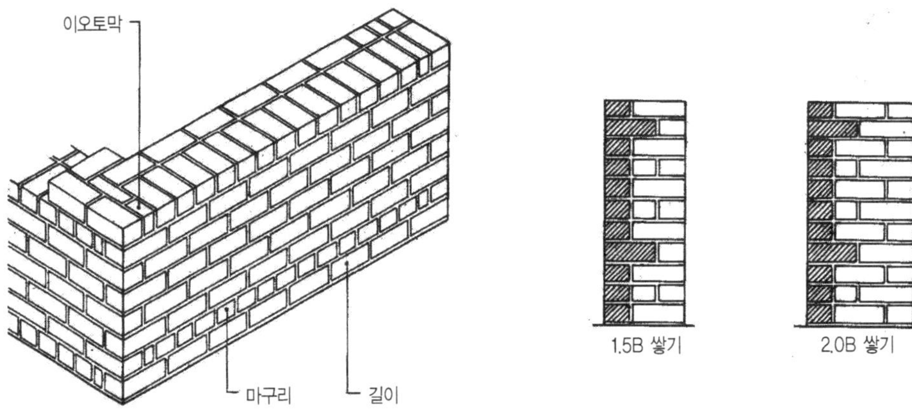

그림 2 - 8 미식 쌓기

2) 교차부(交叉部) 쌓기

공사관계로 벽체의 일부를 쌓지 못하거나 서로 맞닿게 되는 벽을 다 같이 쌓지 못할 경우에 나중에 쌓은 벽과 먼저 쌓은 벽 사이에 통줄눈이 생기지 않도록 쌓는 방법으로 층단 떼어 쌓기와 켜걸름 드려 쌓기가 있다.

■ 층단 떼어 쌓기

연속되는 벽체를 동시에 쌓지 못할 때 계단모양으로 층단을 떼어두는 방법이다.

■ 켜걸름 드려 쌓기

직교하는 벽돌 벽체의 한편을 나중 쌓기로 할 때에 교차부의 벽돌물림 자리를 벽돌 한켜 걸름으로 1/4B씩 드려쌓는 방법으로 드려쌓기 부분에 남아 있는 모르타르는 깨끗이 제거한다.

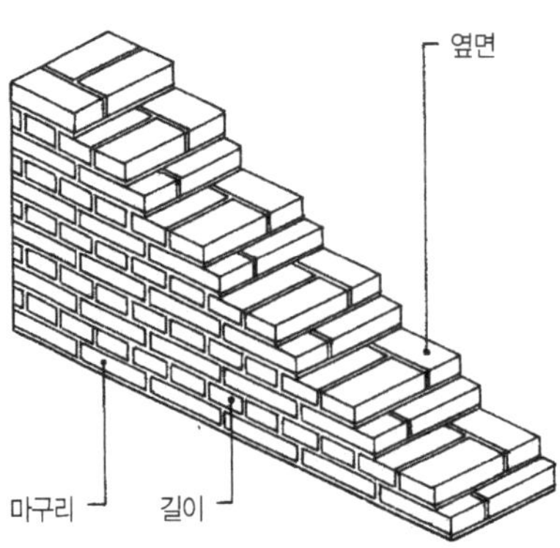

그림 2 - 9 층단 떼어 쌓기

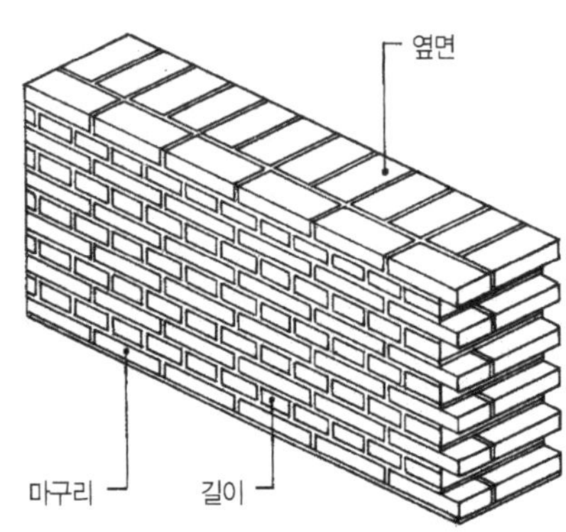

그림 2 - 10 켜걸름 드려 쌓기

3) 내쌓기, 엇모 쌓기, 영롱 쌓기

■ 내쌓기(Corbel)

벽체에 마루를 놓거나 또는 방화벽(防火壁)으로 처마부분을 가리기 위하여 벽돌을 벽면에서 부분적으로 내쌓는데 이를 벽돌 내쌓기라 한다.

내쌓기는 보통 1/8B 한 켜씩, 1/4B 두 켜씩 내쌓고 내미는 한도는 2.0B를 한도로 한다. 이때 내쌓기는 마구리 쌓기로 하는 것이 강도상, 시공상 유리하다.

■ 엇모 쌓기

담장 또는 처마부분에 내쌓기 할 때 45° 각도로 모서리가 면에 나오도록 쌓는 방법으로 시공이 쉽고, 벽면에 변화를 주며 음영(陰影)의 효과도 있어 외관의 장식에 적당하다.

■ 영롱 쌓기

벽돌 벽이나 담장에 장식적으로 구멍을 내어 쌓는 방법으로 구멍의 모양에는 삼각형, ┼자형 등이 있으며, 의장성이 우수하다.

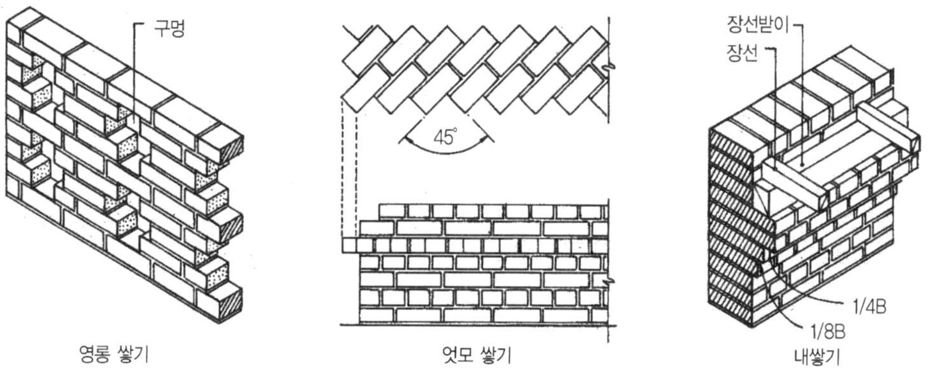

그림 2 - 11 내쌓기, 엇모쌓기, 영롱쌓기

4) 옆세워 쌓기(Laid on side), 길이세워 쌓기(Laid one end)

벽체의 일부 또는 창대나 아치 등에 장식을 겸하여 구조적으로 효과가 있게 하기 위하여 벽돌 면을 수직으로 세워 쌓을 때가 있는데, 이 때 마구리가 내보이게 세워 쌓는 것을 **옆세워 쌓기**, 길이가 내보이게 세워 쌓는 것을 **길이세워 쌓기**라고 한다.

벽돌구조(壁乭構造; Brick construction)

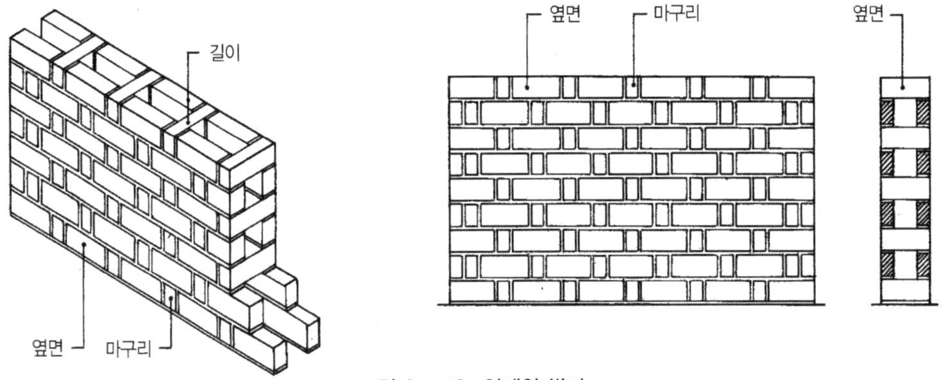

그림 2 - 12 옆세워 쌓기

5) 공간(空間)쌓기

벽체를 이중으로 하여 벽돌벽체 내부에 공간을 형성시켜 쌓는 방법으로 우수에 젖은 외벽의 습기가 내벽으로 침투하는 것을 방지하는 방습이 주목적이지만 방한, 방서, 차음 등의 효과도 얻을 수 있다. 일반적으로 바깥쪽을 주벽체로 하고 안쪽은 0.5B쌓기로 한다.

공간의 폭은 0.5B(보통 5~7cm)이내로 하고 바깥쪽에는 필요에 따라 지름 1cm정도의 물 빠짐 구멍을 낸다. 안쌓기는 연결재를 사용하여 주벽체에 튼튼히 연결하며, 연결재의 배치간격은 최대 수직거리 50cm, 최대 수평거리 90cm를 초과해서는 안 된다.

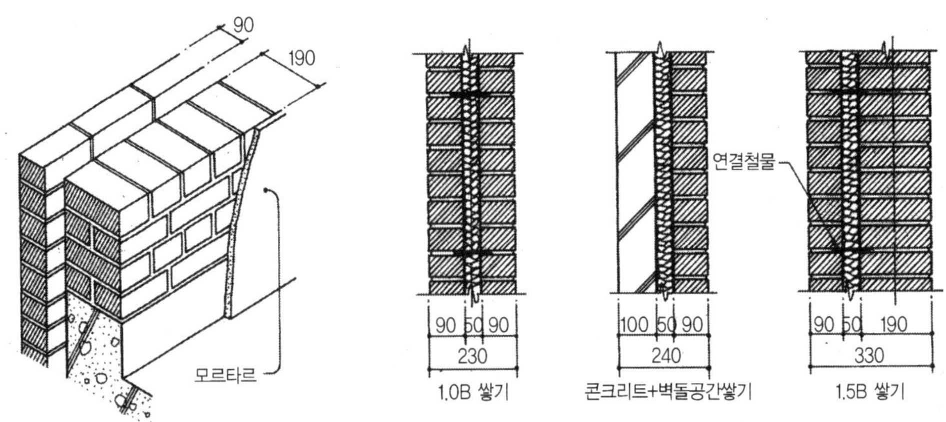

그림 2 - 13 공간 쌓기

2 - 6 아치(Arch) 쌓기

창과 문의 틀 위에는 상부에서 내려오는 하중을 받게 하기 위하여 아치를 틀거나 인방보를 걸고 그 위에 벽돌벽을 쌓는다.

아치는 상부에서 오는 수직압력을 아치의 축선(軸線)에 따라 좌우로 나누어져 밑으로 직압력(直壓力)만으로 전달되게 한 것이고, 부재의 하부에 인장력이 생기지 않도록 한 구조이다. 벽돌은 이 축선에 수직방향으로 줄눈을 맞추어 쌓아야 하고 줄눈의 방향은 모두 중심으로 모이도록 해야 한다. 창문의 나비가 1m정도일 때에는 평아치로 할 수도 있으며 강도는 약하지만 쌓기법이 간단하여 널리 사용된다.

문꼴의 나비가 2m이상일 경우에는 상부의 집중하중을 받기 위하여 인방보를 설치하여 보강해야 하며, 작은 개구부라도 문꼴상부는 아치로 하는 것이 원칙이다.

아치벽돌을 쌓으려면 먼저 아치의 하부에 목재틀을 이동 및 변형이 생기지 않도록 튼튼하게 짜 대고, 그 위에 아치벽돌을 균등하게 쌓아 올린다. 목재틀은 모르타르가 완전히 굳은 후에 떼어낸다.

아치쌓기에 사용하는 모르타르의 배합비는 1 : 2로 하고 사춤 모르타르는 밀실하게 채워 넣는다. 쌓은 후에는 진동, 충격 등이 가해지지 않도록 보양해야 한다.

1) 아치 쌓기

■ 본 아치(Gauged arch)

아치벽돌(arch brick)을 특별히 주문 제작하여 쌓은 아치로 아치벽돌의 가격이 고가이나 의장성이 가장 우수하다.

■ 거친 아치(Rough arch)

보통벽돌을 사용하고 줄눈을 쐐기모양으로 만든 아치로 가장 흔하게 사용된다.

■ 막만든 아치(Axed arch)

보통벽돌을 쐐기모양으로 다듬어 만든 아치이다.

■ 층두리 아치(Rowlock arch)

아치의 나비가 넓을 때 반장별로 층을 지어 겹쳐 쌓은 아치이다.

2) 아치의 종류

아치의 종류에는 반원아치, 결원아치, 말굽아치, 드롭아치, 상심아치, 평아치, 첨두아치 등이 있고, 이 중에 반원아치, 결원아치, 평아치가 일반적으로 사용된다.

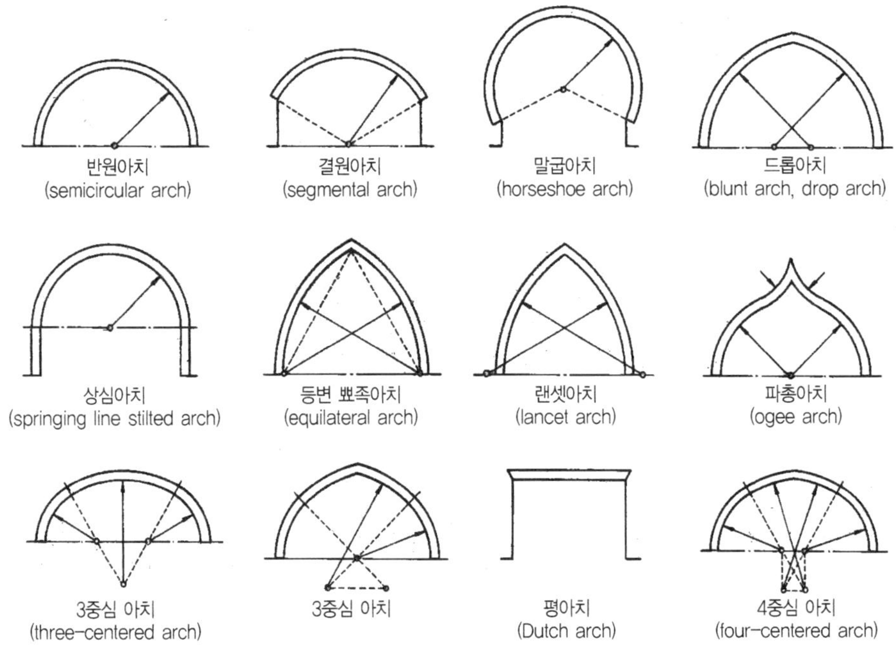

그림 2 - 14 아치의 종류

3) 인방보(Lintel)

창문 등의 문꼴 위에는 상부에서 오는 집중하중(集中荷重)을 받기 위하여 목재, 철재 또는 철근콘크리트로 만든 보를 건너대는데 이 보를 인방보라고 하며, 그 위에 아치를 틀거나 벽돌을 쌓는다. 문꼴의 나비가 1m정도로써 작용하는 하중이 작을 때에는 목재로 하고, 그 이상인 경우에는 철재보 또는 철근콘크리트보로 한다.

4) 창문틀 옆 쌓기, 창대(Window sill)쌓기

창문틀은 벽돌공사와 시작과 동시에 제작하여 모르타르나 벽돌에 접촉되는 부분에는 방부제를 칠하여 건조시켜 사용한다. 창문틀은 먼저 세우기와 나중 세우기가 있으며 먼저 세우기로 하는 것을 원칙으로 하나 개보수 공사의 경우에는 나중 세우기가 주로 사용된다.

■ 창문틀 옆 쌓기

창문틀을 고정하기 위한 고정철물 또는 나무벽돌을 상하 또는 중간 60cm 내외의 간격으로 묻어두고 창문틀은 줄바르고 수직 및 수평이 되도록 위치를 정확히 맞춘 다음 옆벽을 쌓는다. 이때 벽돌과 모르타르에 충격을 주지 않고 창문틀의 이동변형이 생기지 않도록 주의해야 한다.

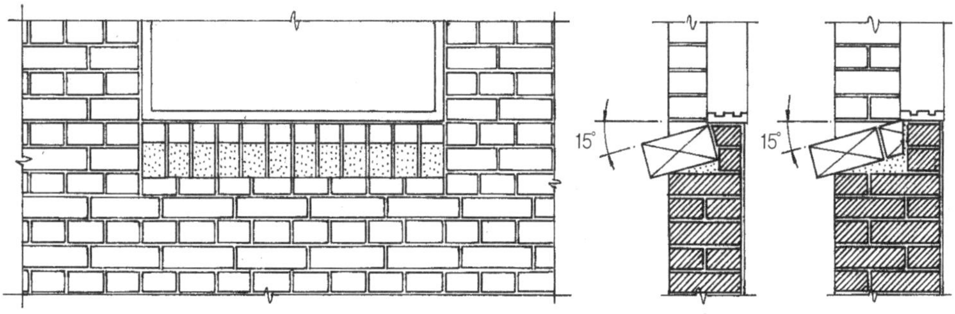

그림 2 - 15 창대 벽돌 쌓기

■ 창대 쌓기

창대벽돌은 도면 또는 특기시방서에 정한바가 없을 때에는 그 윗면을 15° 정도의 경사로 옆세워 쌓는 것을 원칙으로 하고 창대의 윗면은 물흘림으로 경사를 두고 그 끝 부분에는 물끊기 홈을 파서 벽체로 물이 스며들지 않도록 한다. 또한 문틀과의 접합부는 빗물이 스며들지 않도록 모르타르를 빈틈없이 채우고 코킹 컴파운드(Caulking compound) 등으로 채워 넣는다.

5) 목벽돌 및 고정용 철물, 기타철물 묻어 쌓기

■ 목벽돌(wood brick)

벽돌벽면에 띠장, 샛기둥 등을 못박아 대기 위해 벽돌과 같이 쌓는 주먹장형으로 만든 나무토막을 목벽돌이라 하며, 목벽돌의 위치는 벽 또는 재의 끝, 기타 중요한 곳에 두고 길이방향의 간격은 90cm이내로 하며, 벽돌 면보다 2~3mm정도 나오게 하고 사용 전에 방부처리를 한다.

■ 고정용 철물 및 기타철물 묻어 쌓기

볼트, 철선, 홈걸이 및 벽체에 고정하는 기타 철물은 벽돌쌓기와 동시에 튼튼하게 묻어 쌓고 철물의 노출부분은 녹막이 칠을 한다.

볼트를 묻는 깊이는 벽체의 중심에 그 끝이 오도록 하고 위치는 고정시킬 부재의 중심에 오도록 한다.

벽돌구조(壁乭構造; Brick construction)

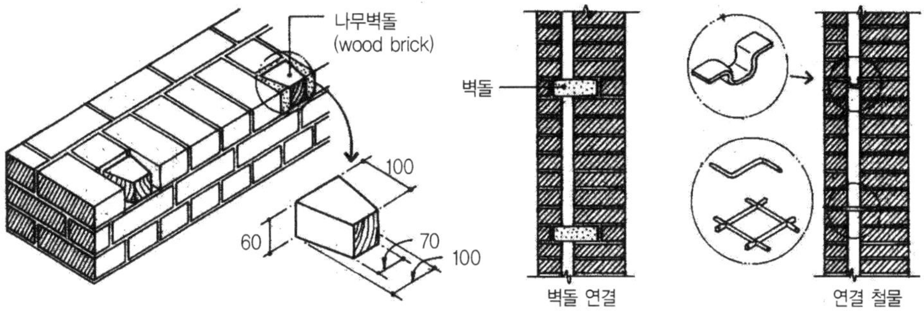

그림 2 - 16 목벽돌 및 고정용 철물, 기타철물 묻어 쌓기

2 - 7 벽돌 바닥깔기

포오치(porch)의 바닥이나 실내바닥 등을 벽돌로 마감하는 것으로 보통벽돌과 과소벽돌이 주로 사용된다.

시공법은 바탕면을 청소하고 물을 축인 다음 깔모르타르를 깔고 그 위에 벽돌을 깐 다음 줄눈부위에 사춤 모르타르를 채워 넣고 치장줄눈으로 마무리한다.

바닥깔기는 벽돌의 마구리면이 보이게 하는 모로세워 깔기와 면이 보이는 평깔기가 있으며 바닥깔기의 패턴에는 오니무늬, 경사무늬, 바구니무늬 등이 있다.

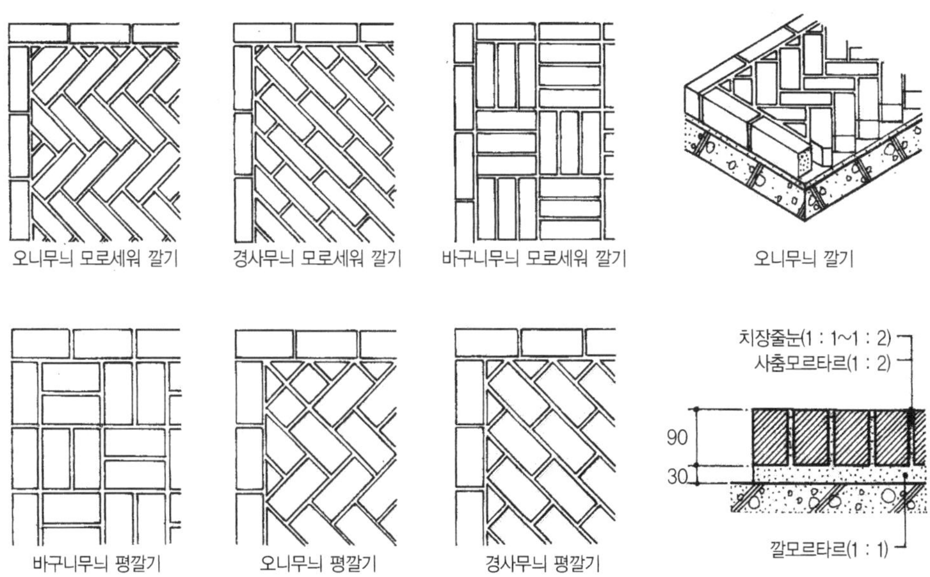

그림 2 - 17 벽돌 바닥깔기의 종류

2 - 8 벽돌벽의 구조기준(構造基準)

1) 벽돌벽체

벽돌구조는 철근콘크리트 및 목구조 건물과 같이 보와 지붕 등을 벽체와 연결시켜 일체화시키거나 가구식으로 구성하기에는 불가능하므로 지진, 풍압(風壓) 등의 횡력에 저항하기 위해서는 충분한 두께를 필요로 하게 된다.

벽돌벽체의 강도는 벽의 높이와 벽의 두께 길이에 의하여 정해지며 벽의 높이 및 길이, 두께에 관한 기준은 건축법의 구조기준에 규정되어 있고 그 내용은 다음과 같다.

■ 내력벽의 길이

내력벽의 단위 길이(대린벽 중심 상호간의 길이)는 10m이하로 하고 내력벽으로 둘러쌓인 부분의 바닥면적은 80m² 이하로 한다.

벽의 길이란, 벽에 교차하는 벽 또는 붙임기둥, 부축벽의 중심간을 말하고, 그 교차하는 벽 또는 붙임기둥, 부축벽을 대린벽(對隣壁)이라 한다.

■ 내력벽의 두께

내력벽의 두께는 마감재의 두께를 포함하지 않으며, 직상층 내력벽의 두께이상으로 하고, 간막이벽의 경우에는 9cm이상으로 한다.

건축물의 높이, 층별, 벽의 길이에 따른 벽의 두께는 표 2-10에 따르고, 내력벽으로 둘러쌓인 부분의 바닥면적이 60m²을 넘는 경우에는 표 2-11의 두께 이상으로 한다.

표 2-10 조적식 구조의 내력벽 두께 (단위 : 구획면적 ≤ 60m²)

조적재의 종류	구 분		건축물의 높이, 층별, 벽의 길이에 의한 두께						벽두께의 벽높이(h) 비율
벽 돌	건물 높이		5m미만		5m이상, 11m미만		11m 이상		h/20 이상
	벽의 길이		8m미만	8m이상	8m미만	8m이상	8m미만	8m이상	
	층별	1층	15cm	19cm	19cm	29cm	29cm	39cm	
		2층			19cm	19cm	19cm	29cm	
		3층			19cm	19cm	19cm	10cm	
콘크리트 블록	위와 같다.								h/16 이상
석재 또는 석재와 다른 조적재의 병용	각각 위 두께에 2/10을 가산한 두께로 한다.								h/15 이상

[Chapter 2]

벽돌구조(壁乭構造; Brick construction)

표 2-11 조적식 구조의 내력벽 두께(단위 : 구획면적 〉 60㎡)

층 별 \ 층 수	1층	2층	3층
1층	19	29	39
2층	-	19	29
3층	-	-	19

■ 창문나비와 벽 길이

대린벽으로 구획된 개구부 폭의 합계는 그 벽길이의 1/2이하로 하고 개구부 상호간의 수직거리는 60cm이상, 개구부 상호간 또는 개구부와 대린벽 중심과의 수평거리는 벽두께의 2배 이상으로 한다.

■ 배관 홈파기

벽돌벽에 배관(配管), 배선(配線) 기타 필요에 따라 연속된 홈을 둘 때에는 쌓을 때 미리 홈을 두어 쌓는 것을 원칙으로 하며, 그 층 높이의 3/4이상 연속한 세로 홈을 설치하는 경우에는 그 홈의 깊이는 벽두께의 1/3이하로 하고, 가로 홈을 설치하는 경우에는 그 홈의 깊이는 벽두께의 1/3이하, 길이는 3m이하로 한다.

창문나비와 벽 길이

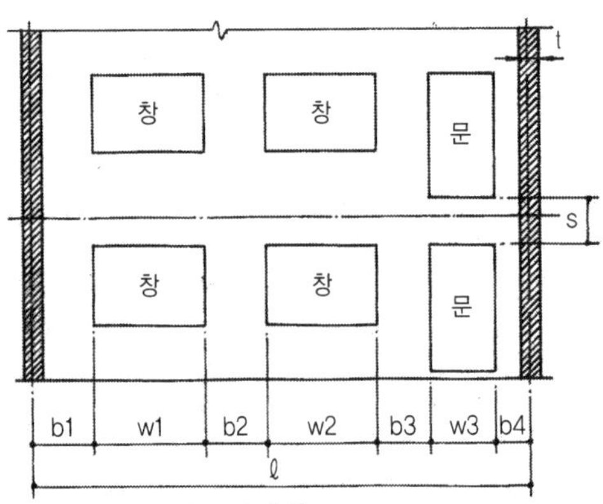

• w = w1 + w2 + w3 ≧ ℓ /2
• b ≧ 2t
• s(직상 창문과의 거리) 〉 60cm

배관 홈파기

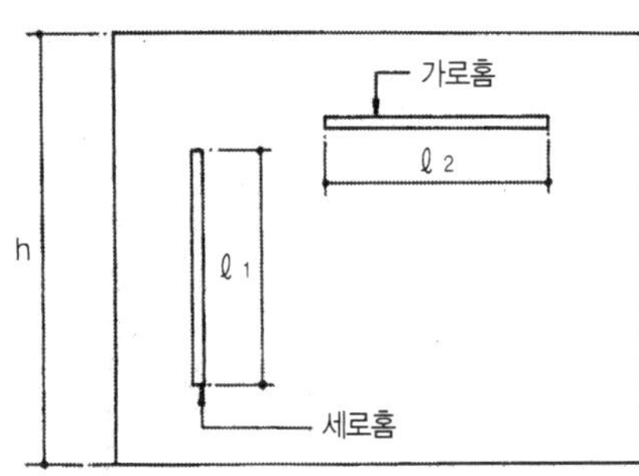

• ℓ 1 = 세로홈 길이 3h/4 이상일 때, 홈깊이 d/3 이하
• ℓ 2 = 가로홈 길이 3m 이하일 때, 홈깊이 d/3 이하
• h = 층높이, d = 벽두께

그림 2 - 18 창문나비와 벽 길이, 배관 홈

2 - 9 벽돌벽의 균열원인(龜裂原因) 및 시공상의 주의사항

1) 벽돌벽의 균열원인

벽돌벽에 균열이 생기는 원인은 계획, 설계상의 미비와 시공상의 결함에 기인하며 그 내용은 다음과 같다.

■ 계획, 설계상의 미비(未備)

① 지반조사의 불충분으로 인한 기초의 부동침하(不同沈下)

② 복잡한 평면구성과 불균형한 입면 및 벽의 불합리한 벽의 배치

③ 불균형 하중 또는 큰 집중하중, 횡력 및 충격

④ 벽돌벽의 길이, 높이 및 두께에 대한 벽체의 강도부족(强度不足)

⑤ 개구부 크기의 불합리와 상하층 창문 배치의 불균형

■ 시공상의 결함(缺陷)

① 불량벽돌 및 모르타르의 사용으로 인한 벽체의 강도부족

② 온도차와 흡수정도에 의한 재료의 신축(伸縮)

③ 신축줄눈을 설치하지 않은 이질재(異質材)와의 접합부

④ 벽상부의 콘크리트 보(Beam 또는 Girder)밑 사춤 모르타르의 다져 넣기 부족

⑤ 모르타르 바름의 들뜨기(剝離)

2) 벽돌쌓기 시공상의 주의사항

■ 반입된 벽돌은 즉시 검사한다. 검사에 합격한 벽돌은 형상, 품질, 용도별, 등급별로 정리하여 사용 순서별로 쌓아두고 검사에 불합격한 벽돌은 장외로 반출한다.

■ 벽돌을 운반하거나 부리기 할 때는 깨지거나 모서리가 파손되지 않도록 주의한다.

■ 벽돌을 쌓을 때는 벽돌에 충분히 물을 축여 모르타르의 양생이 쉽도록 한다. 단, 내화벽돌은 물 축이기를 하지 않으며 시멘트 벽돌은 2~3일 전에 미리 물축이기를 하여 표면이 건조된 것을 사용한다.

■ 모르타르는 배합비에 맞게 건비빔 하여 두고, 사용시에만 물을 가하여 반죽한 후 곧 사용하도록 하며, 굳기 시작한 모르타르는 사용하지 않는다. 모르타르의 강도는 벽돌강도와 같은 정도의 것으로 한다.

■ 벽돌나누기를 정확히 하여 가급적이면 온장을 사용하도록 한다.

[Chapter 2]

벽돌구조(壁乭構造; Brick construction)

■ 내력벽은 특별한 경우 이외에는 영식쌓기 또는 화란식 쌓기로 한다.

■ 1일 쌓기 높이는 1.5m(20켜)이하, 보통 1.2m(17켜) 정도로 하고 모르타르가 굳기 전에 큰 충격이나, 압력, 진동 등이 가해지지 않도록 한다.

■ 벽돌벽은 가급적 균일한 높이로 쌓고, 벽돌쌓기가 끝나면 거적 등을 씌워 보양하고 충격이나, 압력, 진동 등이 가해지지 않도록 한다.

■ 치장벽돌쌓기일 경우에는 벽돌쌓기가 끝나는 대로 벽돌 면을 청소하고 줄눈 누르기 및 줄눈 파기를 하고 빠른 시일 내에 치장줄눈을 넣는다.

Chapter 3

블록구조 (Concrete block construction)

3-1 블록구조의 개요(槪要)

3-2 시멘트 블록(cement block) 제품

3-3 블록쌓기(Block masonry)

3-4 블록벽의 구조기준(構造基準)

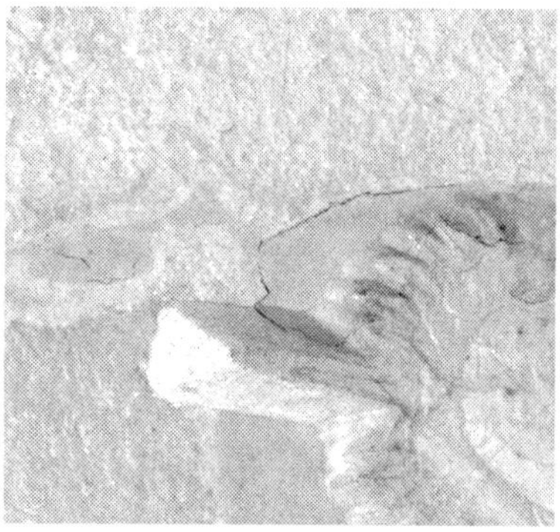

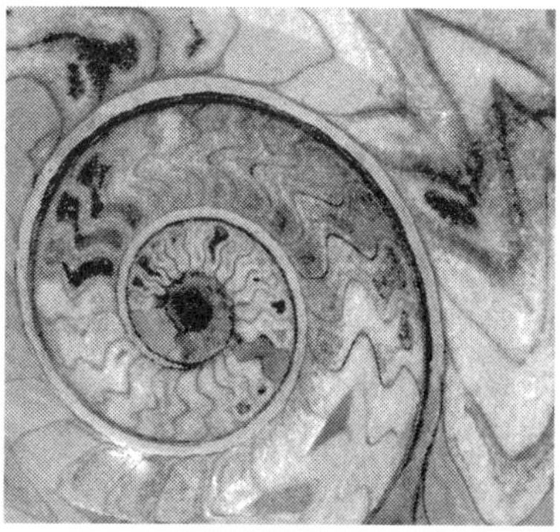

[Chapter 3]

벽돌구조(僻乭構造 ; Brick construction)

3 - 1 블록구조의 개요(槪要)

블록을 모르타르로 적층하여, 건축물의 기둥 및 벽체를 구성하는 것으로 과거에는 간단한 형식의 창고나 축사(畜舍), 담장쌓기 등에 주로 사용되었으나, 근래에 들어 경량블록의 개발 및 시공의 편리성과 공기단축, 공사비 절감의 용이성 등 많은 장점으로 인하여 점차 그 사용이 증가하고 있는 추세이다.

실내건축공사에서는 간단한 형식의 블록 장막벽구조가 주로 사용되며 특히 단순하면서도 거친 분위기를 표현하는데 적합하다.

블록구조는 다음과 같이 분류할 수 있다.

■ 조적식 블록조(masonry block structure)

지붕, 슬래브 등 상부의 하중을 받아 기초에 전달하는 내력벽체로, 블록을 단순히 모르타르로 적층하여 벽체를 구성하는 형식이다.

벽돌구조와 같이 지붕틀, 층보, 마루바닥, 천장, 바닥 등은 목조나 철근콘크리트조 또는 철골조로 하는 것이 일반적이다. 소규모 건물이나 2층 정도를 한도로 한다.

■ 블록 장막벽(block curtain wall)

철근콘크리트 라멘체 또는 철골조 등의 강구조체 내의 벽을 단순히 간막이벽으로 쌓는 구조형식으로 실내건축공사에서 가장 일반적으로 사용되는 구조형식이다.

■ 보강 블록조(reinforced block structure)

블록의 빈속에 철근을 배근하고 콘크리트를 부어 넣어 보강한 것으로 수직 및 수평하중에 견딜 수 있는 블록구조이다. 블록구조 중에서 가장 이상적이며 4, 5층 정도의 건축물도 축조할 수 있다.

■ 거푸집 블록조(foam block structure)

블록의 모양이 ㄱ자형, ㄷ자형, T자형 등으로 살 두께가 적고 속이 빈 블록을 의미하며, 이것을 콘크리트조의 거푸집으로 쓰고, 그 안에 철근을 배근하고 콘크리트를 부어넣어 구성한 구조이다.

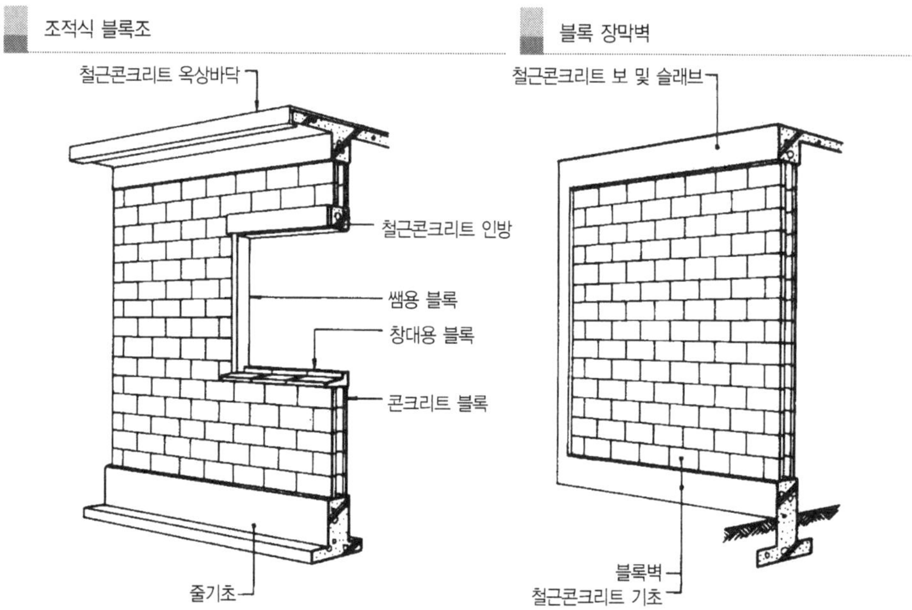

그림 3 - 1 조적식 블록조 및 블록 장막벽

3 - 2 시멘트블록(cement block) 제품

1) 시멘트블록

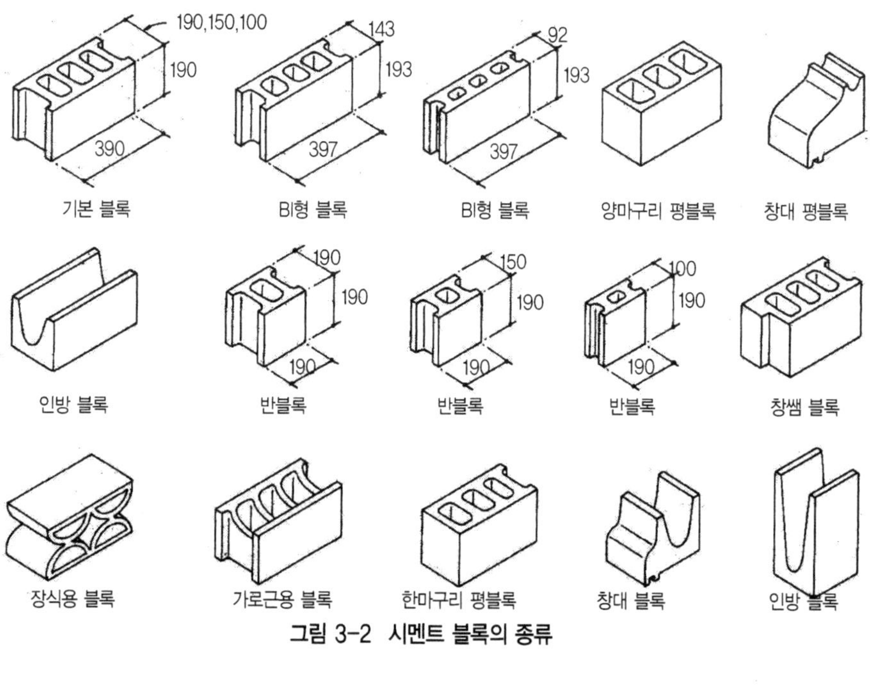

그림 3-2 시멘트 블록의 종류

[Chapter 3]

블록구조(Concrete bock construction)

시멘트와 골재를 일정비율로 배합하여 가압성형한 후 양생한 것으로 콘크리트 블록 또는 속빈 시멘트블록이라고도 하며 건축물의 내외벽에 모두 사용된다.

시멘트 블록은 형상 및 치수에 따라 BI형, BS형, BM형, 재래형 등의 기본블록과 인방블록, 창대블록, 창쌤블록 등의 이형 블록, 특수블록인 거푸집 블록, 포도용 블록으로 구분하고 중량에 따라 중량블록, 일반블록, 경량블록으로 구분하며 강도에 따라 1급, 2급, 3급 블록으로 구분한다.

일반적으로 기본블록 중 BI형이 주로 사용되며 한국공업규격 KS F4002에도 BI형만 규정되어 있다. 속 빈 시멘트 블록의 등급 및 강도와 치수는 표 3-1, 표 3-2와 같다.

표 3-1 속 빈 시멘트 블록의 등급

종 류	압축강도(kg/㎠)	흡수량(g/㎤)	비 고
1급 블록	80	0.20 이하	전단면적은 가압면(길이×두께)으로서, 속 빈 부분 및 양 끝의 오목이 들어간 부분의 면적도 포함한다.
2급 블록	60	0.35 이하	
3급 블록	40	0.45 이하	

표 3-2 속 빈 시멘트 블록의 치수 및 허용차

형 상	길이(mm)	높이(mm)	두께(mm)	허용차(mm)
기본형 블록(BI형)	390	190	100, 150, 190	±2
장려형 블록	290	190	100, 150, 190	±2

2) ALC 블록(Autoclaved Lightweight Aerated Concrete Block)

ALC(경량 기포 콘크리트 블록)블록은 석회 또는 시멘트의 석회질 원료와 규산질 원료인 고로 슬래그, 규사, 규석 등을 분말상태로 하여 혼합한 것에 일정량의 물 및 기포제와 혼화재료를 가하여 다공질화 한 것을 오토클레이브 양생(고온, 고압에 있어서의 포화 증기양생)에 의하여 충분히 경화시켜 제조한 경량제품이다.

ALC 블록은 중량이 보통 콘크리트의 약 1/4정도로 가벼워 건물의 경량화를 이룰 수 있고, 목공사용 기계로도 필요한 크기로 쉽게 절단할 수 있으며, 못박기, 구멍뚫기 등의 작업도 쉽게 할 수 있는 장점을 갖고 있다.

또한 제조과정 중 발포된 수많은 미세기포로 인해 단열성 및 차음성이 우수하며, 수축율 및 팽창율도 적은 우수한 재료이다.

시공의 용이성과 공기단축에 의한 경비절감 및 상기한 장점들로 인해 실내건축에서도 그 사용이 증가하고 있는 재료이다.

표 3-3 ALC 블록의 치수

높 이(mm)	두 께(mm)	길이(mm)	비 고
300(※), 400(※), 450	75, 90(※), 100(※), 125(※), 150(※), 175, 200(※), 225(※), 250(※)	600(※)	(※) : 시중에서 판매되는 치수이며, KS규격외 치수로는 600mm×600mm이 있다.

3 - 3 블록 쌓기(Block masonry)

블록벽의 강도도 벽돌벽의 강도와 같이 벽두께, 벽높이, 길이에 의하여 결정되지만 블록의 강도 모르타르의 강도, 쌓기 방법 등에 의해서도 좌우된다.

블록구조의 내력벽 두께는 표 2-10, 2-11을 기준으로 한다.

1) 조적식 블록 및 블록장막벽 쌓기

실내건축공사에서 주로 사용하는 블록장막벽 쌓기에서는 콘크리트 벽이나 기둥에 블록쌓기의 기준이 될 블록의 단수, 줄눈의 높이를 표시 할 수 있으므로 세로규준틀이 필요하지 않으나 기타의 건축행위에서는 규준틀을 설치해야만 한다.

벽체의 모서리와 간막이벽 세로규준틀 또는 블록 나누기의 먹매김에 따라 모서리 및 중간부 등 기준이 되는 부분을 먼저 쌓은 다음, 수평실을 치고, 먼저 쌓은 블록을 기준으로 하여 수평실에 맞추어 모서리부터 순차적으로 쌓는다.

블록은 살 두께가 두꺼운 쪽이 위로 가게 하며, 조적식 블록 쌓기의 세로 줄눈은 막힌줄눈으로 하고 블록의 하루 쌓기 높이는 1.5m(7켜)이내를 표준으로 한다.

사춤 모르타르 및 콘크리트의 배합은 표 3-4를 기준으로 하고 모르타르 및 콘크리트를 사춤하는 높이는 3켜 이내로 하고, 이어 붓는 위치는 블록의 윗면에서 5cm정도 밑에 두어 수평줄눈과 일치되도록 한다.

블록의 이음새 및 블록의 빈속에 모르타르 또는 콘크리트를 부어 넣을 때는 가느다란 둥근막대를 사용하여 틈이 생기지 않게 다지면서 채워 넣는다.

표 3-4 조적용 사춤 모르타르 및 콘크리트 배합비

구 분	용 도	시멘트	석 회	모 래	자 갈	비 고
모르타르	줄 눈 용	1	1	3	-	줄눈은 가로, 세로 각각 10mm를 표준으로 한다.
	치 장 용	1	-	3	-	
콘크리트	치장줄눈용	1	-	1	-	사춤 콘크리트용 자갈의 최대지름은 20mm 이하로 한다.
	사 춤 용	1	-	2	4	
	구 조 용	1	-	2.5	3.5	

2) 블록쌓기 시공상의 주의사항

① 블록을 운반하거나 부리기 할 때는 깨지거나 모서리가 파손되지 않도록 주의한다.

② 반입된 블록은 즉시 검사하고 검사에 불합격한 블록은 즉시 장외로 반출한다.

③ 블록은 모르타르, 콘크리트의 접착부분에만 적절히 물 축이기를 한다.

④ 하루 쌓는 높이는 7켜(1.5m)이하를 원칙으로 하고 또한 국부적으로 높이 쌓는 것을 피하며, 균등한 높이로 쌓는다.

⑤ 블록쌓기가 끝나면 거적 등을 씌워 보양하고 충격이나, 압력, 진동 등이 가해지지 않도록 한다.

⑥ 기타 주의 사항은 벽돌쌓기에 따른다.

3 - 4 블록벽의 구조기준(構造基準)

실내건축공사에서 주로 사용하는 조적식 블록 및 블록장막벽 구조는 비내력벽 구조로서 상부의 하중은 받지 않고 자신만의 하중을 지지하는 벽체로 두께 10cm블록으로 한다.

벽체의 길이는 평면상에서 내력벽으로 볼 수 있는 벽의 길이는 55cm이상, 이보다 적을 때는 1층에서 20cm 또는 좌우쪽 창문높이의 1/5이상, 2~3층에서 40cm 또는 1/5이상으로 한다.

■ 내력벽의 길이

보강블록조인 내력벽의 길이는 그 방향의 내력벽 길이의 합계가 2층 바닥면적 1m²에 대하여 15cm이상이 되도록 하고 내력벽으로 둘러 쌓인 부분의 바닥면적은 80m² 이하로 한다.

■ 내력벽의 두께

내력벽의 두께는 마감재의 두께를 포함하지 않으며 일반적으로 15cm이상, 또는 그 지지 점거리의 1/50 이상으로 한다.

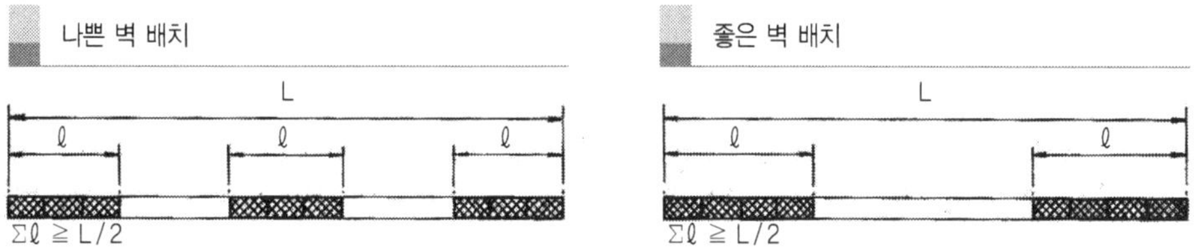

그림 3-3 블록 벽체의 길이

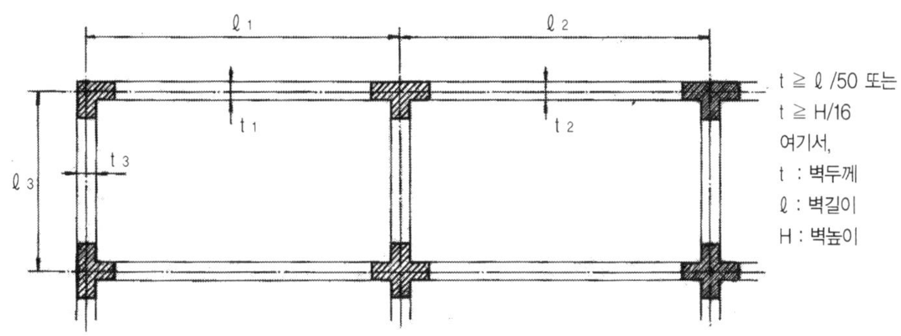

그림 3-4 블록벽 두께

Chapter 4

석구조
(石構造; Stone construction)

4-1 석구조의 개요(槪要)

4-2 대표적인 석재

4-3 표면가공법(表面加工)

4-4 석재시공(石材施工)

4-5 대리석(大理石), 테라조, 인조석

4-6 돌쌓기

4-7 아치 및 각부 돌쌓기

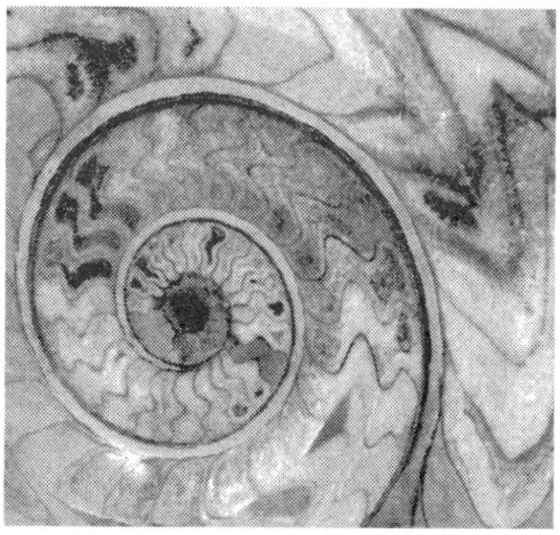

[Chapter 4]

석구조(石構造; Stone construction)

4 - 1 석구조의 개요(概要)

석구조는 석재를 쌓아 벽체를 구성하는 조적식 구조법의 일종이지만 근래에는 석재만으로 쌓아 벽체를 구성하는 경우는 거의 없고 철근콘크리트나 벽돌벽을 바탕으로 하여 일체로 붙여 쌓거나 또는 붙여 대어 외장을 아름답게 치장하는 경우에 주로 사용된다.

실내건축에서는 대리석, 화강암, 인조석 등의 판석(板石)을 기존의 구조체에 연결철물이나 모르타르 등으로 설치 고정하는 돌깔기 및 돌붙이기가 일반적이다. 주로 사용되는 대표적인 석재로는 화강암, 대리석, 사암 등이 있으며, 강도가 크고 외관이 다양한 화강암은 실내외의 마감재 및 구조재로, 외관 및 색조가 아름다운 대리석은 내후성이 약해 실내 마감용재로 사용된다.

석재마감은 외관이 장중(壯重)하고 미려(美麗)할 뿐만 아니라, 내화적이고 마모에 대해서도 강점이 있다. 그러나 가공이 어렵고 고가인 것이 단점이다.

4 - 2 대표적인 석재

1) 천연석(天然石)

■ 화강암(花崗岩 ; Granite)

화강암은 그 질이 단단하고 내구성 및 강도가 크며 외관이 수려하고 절리(節理)의 간격이 비교적 커서 대형의 판재를 생산할 수 있는 장점이 있다.

또한 대리석을 비롯한 다른 석재와 비교하여 흡수성이 적고 압축강도가 높아 아치, 토대, 기둥, 실내외 마감재로 널리 사용된다. 내화도가 낮은 것이 단점이다.

■ 사암(砂岩 ; Sand stone)

암석의 붕괴에 의하여 생긴 모래, 자갈이 외부의 압력을 받아 경화 생성된 암석으로 거친 질감과 독특한 무늬 및 색상을 갖고 있다.

함유광물의 성분에 따라 암석의 질, 내구성, 흡수율, 강도에 현저한 차이가 있으며, 실내 장식용으로는 연질(軟質)의 것을 사용하고, 표면을 연마하지 않은 쪼갠 상태 그대로 사용하는 것이 일반적이다. 인도산 사암이 대표적이다.

■ 점판암(粘板岩 ; Clay stone)

천연슬레이트라고도 하며, 점토분이 지압과 지열을 받아 응고 생성된 것으로 층상(層狀)으로 되어 있어 얇은판으로 채취할 수 있다.

흡수성이 적어 기와대용 지붕재나 타일대용 바닥재로 사용되며, 일부 수입산의 경우 색채 및 무늬가 아름다워 대리석 대용으로 사용하기도 한다.

■ 석회암(石灰岩 ; Lime stone)

석질은 치밀하나 내산성, 내화성, 내후성이 낮다. 주로 시멘트의 원료로 사용되지만 입자가 곱고 색상이 부드러운 일부의 것은 실내외 장식재로도 사용한다.

■ 트래버틴(Travertin)

대리석의 일종으로 석질이 불균일하고 다공질이다. 황갈색의 반문과 아치가 아름다우며 대리석과 같은 용도로 사용된다.

■ 사문암(蛇紋岩 ; Serpentine)

암록색 바탕에 흑색과 백색의 무늬가 아름답다. 대리석과 같은 용도로 사용된다.

■ 대리석(大理石 ; Marble)

석회암이 변화되어 결정화한 것으로 조직이 치밀, 견고하고 색채와 반점이 아름다우며 표면을 연마(研磨)하면 광택이 난다.

그러나 산과 열 약하고 풍화, 내구성, 마모성이 적어 주로 실내 장식재로 사용되며 국내산으로는 강원도 정선석 및 충북산 백석이 유명하다.

표 4-1 국내산 대리석의 명칭 및 산지

산지도명	석재명칭	분포지역	색 상 및 외 관
강 원 도	임계석	정선, 임계	담적색~회백색, 담회색 바탕 갈색무늬
	철암석	태백, 철암	회색~담황색
	정선석	정선	담황색 바탕 갈색무늬
충청북도	취옥석	충주	백색 바탕 담녹색 무늬
	백 석	중원, 살미	백색
	광덕석	괴산, 문광	담회색 바탕 녹색, 회백색 바탕 흑색무늬
	백운석	단양, 백운	백색~담록색
	청룡석	제원, 청풍	담회색 바탕 흑색 또는 담적색무늬
전라북도	무주석	무주	백색~회백색
	전주석	전주	백색 바탕 갈색 무늬
전라남도	공작석	강진, 명창	담회색 바탕 갈색 무늬
경상북도	영천석	영천, 화북	청록색 바탕 회백색 반점

석구조(石構造; Stone construction)

표 4-2 외국산 대리석의 명칭 및 산지

석 재 명 칭(상품명)	산 지	색 상 및 외 관
PERLINO BIANCO	이탈리아	아이보리
ROSSO VERONA	이탈리아	담적색 바탕 황갈색 반점
RED MARBLE	이탈리아	적색
NERO MARQUINA	이탈리아	청흑색 바탕 청회색 무늬
ROSATO	이탈리아	아이보리 및 담갈색
BOTTICINO, CREMA MARFIL	이탈리아	아이보리
TRAVERTINO, SERPEGGIANTE	이탈리아	베이지
ROSA AURORA	포르투칼	백색바탕 핑크무늬
RED TRAVERTINE	이 란	주홍바탕 오렌지무늬
SIVIC WHATE	유 고	흰색바탕 회색반점

2) 인조석(人造石)

■ 테라조 타일(Terrazzo tile)

대리석, 사문암, 화강암 등의 종석을 골재로 하고 포틀랜드시멘트 또는 백색 포틀랜드시멘트에 착색제(顔料)를 혼합하여 표면 층을 만들고, 뒷면 층은 골재를 사용하여 성형한 정사각형의 타일로서 바닥재로 사용한다.

표 4-3 테라조 타일의 치수 및 휨파괴 하중

종 별	길이(mm)×나비(mm)	두 께(mm)	휨파괴 하중(kg/㎠)
300형	300×300	30	350
400형	400×400	32	550

■ 인조석판(人造石板 ; Artificial stone board)

대리석, 사문암, 화강암 등의 쇄석을 백색 포틀랜드시멘트에 안료를 혼합한 후 바이브레이터로 다져 성형한 천연석의 모조품으로 육안으로는 천연석과 구분하기 어려울 정도로 우수한 제품이 생산되고 있다.

인조석판은 천연석의 단점을 보완하여, 원가를 절감하고 가공의 어려움을 극복하기 위한 목적으로 만든 제품이다. 종석에 따라 모조석판과 테라조판으로 분류하며 천연석보다 다양한 제품과 균질의 것이 생산되어 그 사용이 증가하고 있는 재료이다.

4 - 3 표면가공(表面加工)

석재의 표면가공법에 따른 마무리는 표면의 조밀(組密)과 형상에 따라 대별되며, 그 종류로는 다음과 같은 것이 있다.

1) 손다듬기(Hand tool finish)

표면가공법 중 가장 전통적인 방법으로 정이나 날망치 등의 타격횟수와 날의 간격에 따라 마무리하는 방법으로 손다듬기의 종류 및 가공순서는 다음과 같다.

■ 혹두기(Frosted work)

마름돌의 거친면을 쇠메로 다듬어 큰 요철이 없게 한 것으로 혹의 크기에 따라 큰 혹두기(쇠메로 쳐서 요철이 없게 대강 다듬는 정도의 마무리), 중 혹두기, 작은 혹두기로 나눈다.

■ 정다듬(Chiseled work)

정으로 쪼아 평탄한 거친면으로 다듬는 것으로 그 정도에 따라 큰 정다듬(사방 10cm안에 정자국이 15개 정도 나도록 쪼아 다듬는 마무리), 중 정다듬(사방 10cm안에 정자국이 25개 정도 나도록 쪼아 다듬는 마무리), 잔 정다듬(사방 10cm안에 정자국이 70개 정도 나도록 쪼아 다듬는 마무리)으로 나눈다.

■ 도드락다듬(Bush hammered stone fishing)

정 다듬한 면을 거친 도드락망치로 부터 잔 도드락 망치의 순으로 한번 더 다듬는 것으로 가공 횟수에 따라 거친 도드락다듬(사방 5cm안에 25눈의 돌기가 있는 망치로 다듬는 마무리), 중간 도드락다듬(사방 5cm안에 64눈의 돌기가 있는 망치로 다듬는 마무리), 고운 도드락다듬(사방 5cm안에 100눈의 돌기가 있는 망치로 다듬는 마무리)으로 구분한다.

■ 잔다듬(Dabbed finsh)

자귀같이 생긴 날망치를 사용하여 정다듬 또는 도드락다듬한 면을 일정방향 평행선으로 나란히 2~5회 찍어 다듬어 평탄하게 마무리하는 방법으로 거친 잔다듬(날간격 5~6mm되는 날망치로 일정방향으로 찍어 다듬는 마무리), 중 잔다듬(날간격 3~4mm되는 날망치로 일정방향으로 찍어 다듬는 마무리), 고운 잔다듬(날간격 1.5~2mm되는 날망치로 일정방향으로 찍어 다듬는 마무리)으로 나눈다.

2) 물갈기 및 광내기(Rubbing & Polishing treatment)

표면가공 중 가공시간이 가장 길고 가공원가도 제일 높지만 표면의 가치를 향상시킬 수 있어 실내외 장식에 많이 이용된다.

■ 물갈기(Rubbing)

잔다듬 또는 톱켜기한 면을 금강사, 모래, 쇳가루 또는 카보랜덤 숫돌 등으로 물갈기 하여 광택이 나게 하는 것으로 거친갈기, 본갈기, 광내기의 순으로 진행한다.

■ 광내기(Polishing)

본갈기 및 물갈기를 한 후 물갈기 면에다 광내기 가루(산화주석)를 헝겊 또는 펠트 등에 묻혀 마무리한 것으로 정갈기라고도 한다.

3) 모접기(Rustication)

돌의 줄눈부분을 치장을 목적으로 모를 접어 잔다듬 하는 것으로 그 형상에 따라 두모접기, 빗모접기, 세모접기 등이 있다.

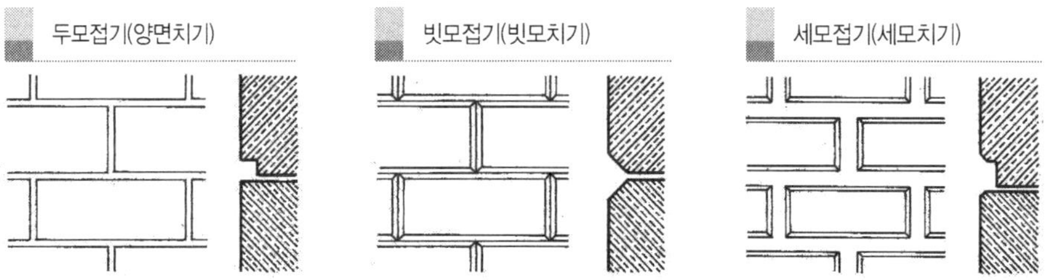

그림 4 - 1 석재의 모접기

4) 화염처리(火焰處理 ; Burner finsh method)

제트 버너처리(jet burner teatment)라고도 하며, 주로 화성암 계열 석재의 표면처리에 이용된다. 분사되는 고열불꽃에 의하여 자잘한 가공면을 형성하여 독특한 질감이 난다.

가공속도가 대단히 빨라 많은 물량을 단시간에 처리할 수 있기 때문에 대형공사의 마감에 많이 채택되고 있다.

4 - 4 석재시공(石材施工)

1) 석재의 품질 및 시공재료

■ 석재의 품질(品質)

가장 일반적으로 사용하는 화강암의 품질은 KS 규격의 경석(硬石) 1등급에 적합한 것으로 철분 함유량 3%이하의 것으로 하고, 공통적으로 균열, 파손, 흠 등의 결함이 없어야 한다. 기타 석재의 품질은 특기시방에 따른다.

■ 철물(鐵物)

철물은 석재의 크기, 중량 및 시공개소에 따라 충분한 강도가 있는 것을 사용하고, 최소한 단위석재 1개에 대하여 2개 이상의 철물을 사용한다. 철물의 종류, 재종, 형상, 규격은 설계도와 특기시방서에 따르고 그 지정이 없을 때에는 다음 표를 기준으로 한다.

표 4-4 긴결철물의 재종 및 치수

석재의 종류 \ 철물	재의 종류	치 수
대 리 석	황 동 선	지름 2.8~4.2mm(#12~#8)
테 라 조	아연도금철선	지름 3.4~4.2mm(#10~#8)
인 조 석	아연도금철선	지름 3.4~4.2mm(#10~#8)
경 질 석	아연도금철선	지름 3.4~4.2mm(#10~#8)
연 질 석	아연도금철선	지름 3.4~4.2mm(#10~#8)

표 4-5 석재용 철물

철물의 종류	재의 종류	형 상 및 치 수
연결철물	스테인리스	지름 6mm, 양끝 구부린 것(꺽쇠 모양)
촉	스테인리스	지름 9mm, 길이 80mm
꺽 쇠	스테인리스	지름 9mm, 작용길이 150mm

■ 모르타르

화강석 붙임에 사용하는 모르타르는 백화방지용 시멘트를 사용하고, 줄눈은 석재용 변성 실리콘계 코킹을 사용하여 백화를 완전히 방지할 수 있도록 해야 한다.

모르타르의 배합비는 표. 4 - 6, 4 - 7을 기준으로 한다.

표 4-6 모르타르 배합비

구 분	시멘트	모래	줄 눈 나 비
깔 모르타르(붙임 모르타르)	1	3	① 잔다듬일 때 : 6mm 내외, 표면에서 2mm 정도 들어가게 한다. ② 맞댐면 물갈기일 때 : 3mm 내외 ③ 거친면일 때 : 9~25mm
사춤 모르타르	1	2	
치장 줄눈용 모르타르	1	1	

[Chapter 4]

석구조(石構造; Stone construction)

표 4-7 석재의 종류에 따른 돌붙임 모르타르 배합비

구분 / 석재의 종류	맞댐면용			사춤용	
	시멘트	석고	모래	시멘트	모래
대리석, 테라조	1	1	–	1	3
인조석, 경질석, 연질석	1	–	2	1	3

2) 석재시공(石材施工)

두께 3cm 이상인 석재의 경우 면적의 크기에 따라 연결 및 고정철물 등을 써서 뒷벽에 고정하고, 뒷면에는 모르타르로 채워 넣으며, 두께 3cm 이하일 때는 모르타르만을 사용하여 붙일 수 있다. 석재는 중량물이고 취성(脆性)이 큰 재료이므로 취급에 주의해야 하며 일반적인 석재시공 및 사용상의 주의사항은 다음과 같다.

① 동일 건축물에는 동일종류의 석재로 시공할 것.

② 중량이 큰 것은 높은 곳에 사용하지 말 것.

③ 압축력을 받는 곳에서만 사용하고, 인장력을 받는 곳에서는 사용하지 말 것

④ 예각을 피하고 화열에 접하는 곳에는 내화도가 높은 석재를 사용할 것

⑤ 외부나 바닥에 사용할 때는 내수성 및 내구성, 내마모성을 고려할 것.

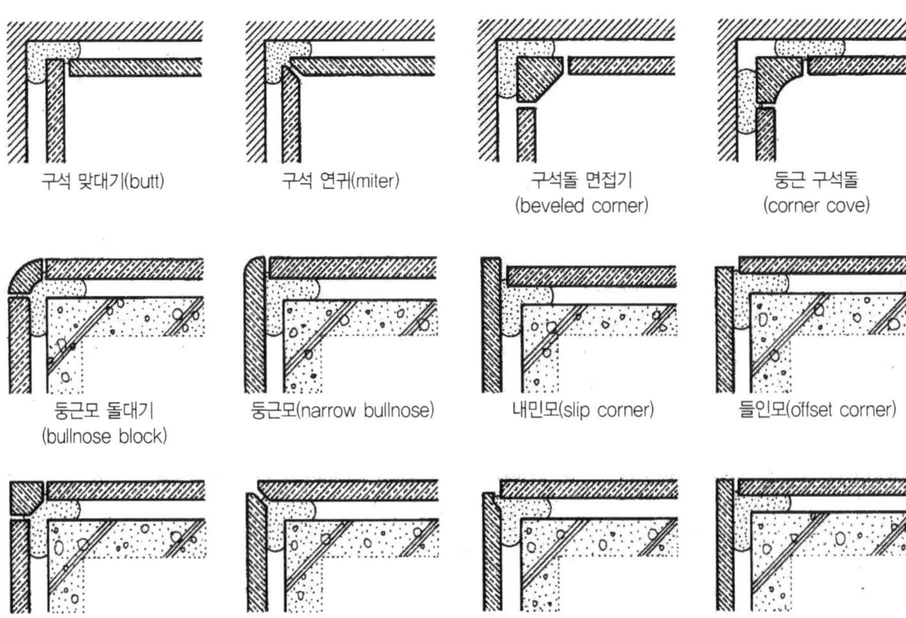

그림 4-2 판돌의 구석 및 모서리 맞춤

1) 돌 붙임 공법

석재의 돌 붙임 공법은 모르타르의 사용여부에 따라 습식공법(濕式工法)과 건식공법(乾式工法)으로 나누어지며 공기(工期), 백화현상 등의 문제점과 시공의 합리화 측면에서 근래에는 습식공법보다 건식공법이 많이 채택되고 있다.

습식공법의 종류에는 전체주입공법, 부분주입공법, 절충공법, Silicon bonded system 등이 있으며, 건식공법의 종류에는 강재 트러스 지지공법(Paneling system), 앵커 긴결공법(Conventional system), GPC공법(Granite veneer concrete)등이 있다.

■ 습식공법(Wet method)

소규모 건축물이나 주택 등의 돌 붙임에 유리한 공법으로 구조체와 석재사이를 사춤 모르타르와 연결철물을 사용하여 일체화시키는 공법이다.

석재를 설치하기 전에 연결철물, 긴결철물, 받침철물의 위치 및 수량을 확인하고 바탕면을 깨끗이 청소한 후 석재를 붙인다. 특기사항이 없으면 바탕 면과 석재 뒷면과의 간격은 3cm를 표준으로 한다.

최 하부에 설치되는 석재는 마감먹에 맞추어 수직이 되게 하고, 쐐기를 석재의 밑면과 바닥과의 사이에 끼운 다음 밑면에 된비빔 모르타르를 사춤한다.

이때 사춤모르타르가 흘러나오지 않도록 헝겊 등으로 석재의 밑면과 바닥사이를 기밀하게 막고, 모르타르를 사춤한 후에는 석재의 상부를 연결철물을 사용하여 벽 바탕과 연결한다.

석재는 크기에 따라 2~4개의 연결철물을 가로 줄눈에 넣어 바탕에 튼튼히 연결하고 바탕과 석재 뒷면의 사이에 가로 맞댐 면의 상하에 걸쳐 나비 10cm정도에 모르타르를 채워 넣거나 연결철물 주위에만 모르타르를 채워 고정한다.

이 때 세로 맞댐 면에는 촉 또는 연결철물, 꺾쇠 등을 사용하여 붙여대고, 모서리나 구석은 꺾쇠로 고정해야 한다.

■ 건식공법(Dry method ; 앵커긴결 공법)

벽 바탕과 석재 뒷면 사이에 모르타르를 사춤하지 않고 긴결철물만을 사용하여 석재를 고정시키는 방법으로 강재 트러스 지지공법과 실내건축공사에 주로 사용되는 앵커 긴결공법이 대표적이다.

시공도면에 따라 벽체에 수평실을 치고 연결철물의 장착을 위한 앵커설치용 구멍을 뚫는다. 연결철물은 석재의 상하부 양단에 설치하며, 하부의 것은 석재의 지지용으로 상부의

[Chapter 4]

석구조(石構造; Stone construction)

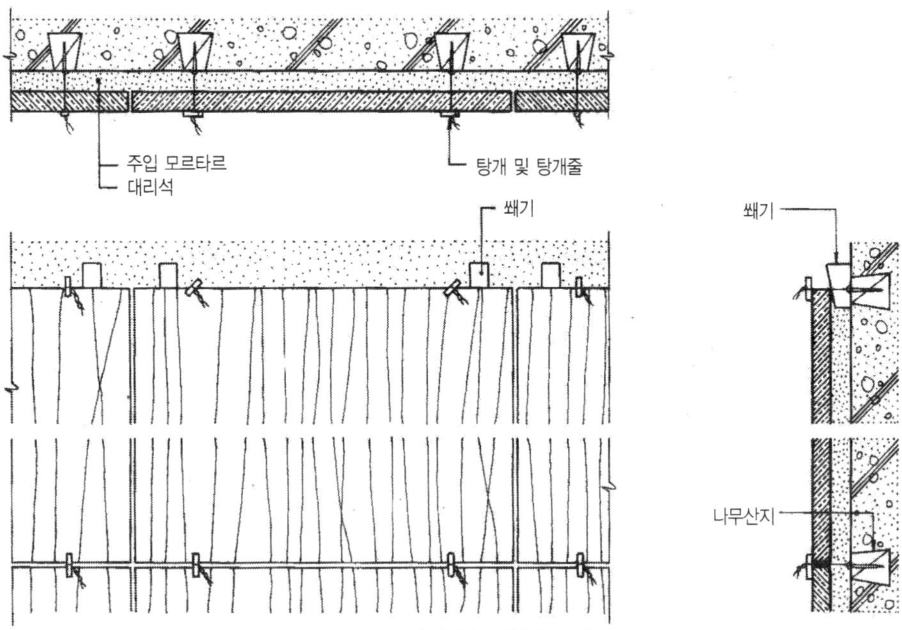

그림 4-3 석재벽 붙임(습식공법)

것은 석재의 고정용으로 사용한다.

석재와 긴결철물이 직접 접촉되는 부분에는 적절한 완충재를 사용하고, 시공완료 후에는 상세 시공도면과 실제 설치된 치수, 줄눈의 모양 및 수평상태, 석재의 형상, 모서리 상태, 연결철물 주위의 상태, 설치 후 석재의 완전 고정여부 등의 내용을 검토 확인한다.

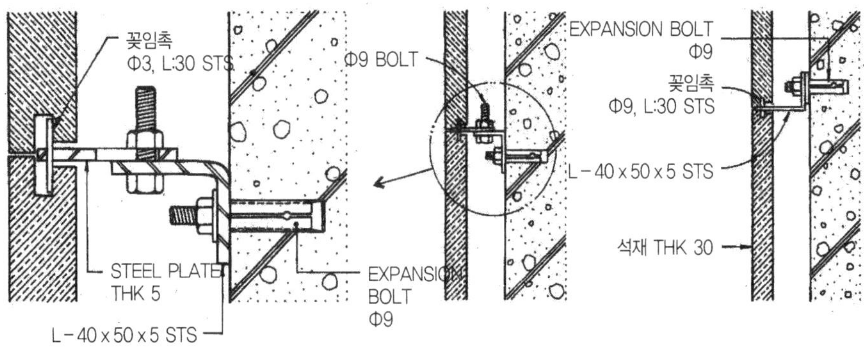

그림 4-4 석재 벽 붙임(건식공법)

2) 돌 깔기 공법

석재의 돌 깔기 공법은 모르타르 시공법과 압착시공법으로 구분할 수 있으며, 모르타르 시공법은 돌의 두께가 두꺼울 경우에, 압착시공법은 돌의 두께가 얇은 경우에 적용한다.

■ 모르타르 시공법

바탕 면은 깨끗이 청소하고, 물을 충분히 뿌려둔다. 붙임 모르타르의 두께는 설계도에 따르되, 지정한바가 없을 때에는 깔고자 하는 판석(板石)의 두께와 같거나 그 이상으로 한다. 일반적으로 화강암은 3~4cm, 대리석은 2cm정도로 하며 모르타르의 배합비는 1 : 2를 표준으로 한다. 바탕에 붙임 모르타르를 포설하고 그 위에 시멘트를 적당량 뿌린 다음,

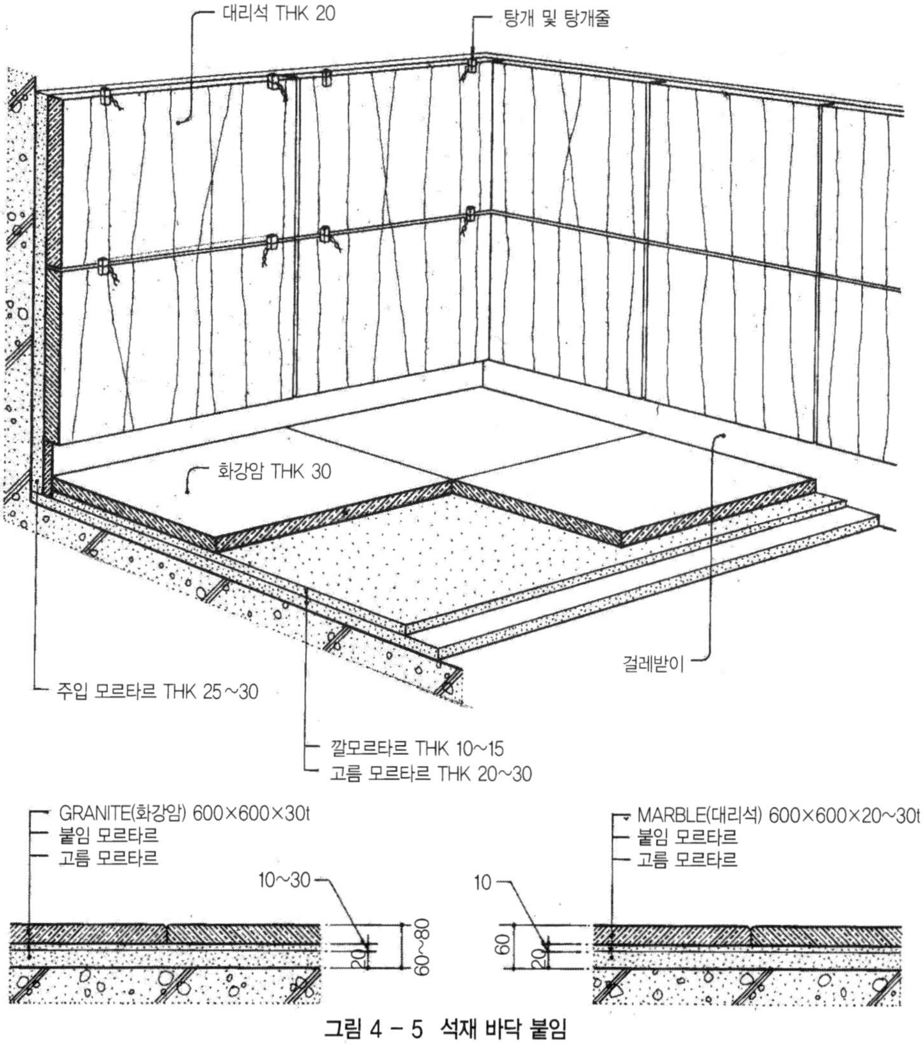

그림 4 – 5 석재 바닥 붙임

깔고자 하는 판석의 뒷면에도 시멘트를 뿌린다.

기준이 되는 위치부터 줄눈에 맞추어 석재를 깐 후 고무망치를 이용하여 수평을 맞추고 1일 정도 경과 후 치장줄눈을 넣고 깨끗이 청소한다.

■ 압착 시공법

바탕 면을 깨끗이 청소하고, 적당량의 시멘트와 물을 뿌려둔다. 접착제는 담당원이 승인한 석재용 접착제와 시멘트를 사용하고 붙임 모르타르의 두께는 설계도에 따르되, 지정한 바가 없을 때에는 1cm두께로 포설하고 판석의 뒷면에는 석재용 접착제와 시멘트를 사용한다.

기준이 되는 위치부터 줄눈에 맞추어 깔은 후 고무망치를 이용하여 수평을 맞추고 1일 정도 경과 후 치장줄눈을 넣고 깨끗이 청소한다.

4 - 5 대리석(大理石), 테라조, 인조석

1) 대리석

대리석의 종류, 색조, 무늬, 모양 및 마무리 방법 등은 설계도 및 특기시방서에 따르고, 미리 견본품을 제출하여 담당자의 승인을 받는다.

대리석은 모서리나 맞댐 면이 파손되기 쉽고, 얇고 면적이 큰 것은 깨질 우려가 크므로 주의하여 취급해야 하며, 대리석의 붙임용 모르타르는 시멘트 모르타르 중의 알칼리 성분이 대리석에 침투하여 변색되는 것을 방지하기 위해 시멘트와 석고를 1 : 1의 비율로 배합하여 사용한다.

벽에 붙이는 경우의 긴결철물은 표 4-7에 따르고 바탕면과 석재 뒷면과의 간격은 3cm를 표준으로 한다.

2) 테라조(Terrazzo) 및 인조석(Artificial stone)

테라조 및 인조석에 사용되는 종석의 종류, 알의 크기, 무늬, 모양 및 마무리의 종류는 도면 및 특기시방에 따르고, 미리 견본품을 제출하여 담당자의 승인을 받는다.

테라조 및 인조석의 붙이기 공법 및 양생과 청소는 대리석 공사에 따른다.

4 - 6 돌쌓기

1) 돌쌓기의 종류(種類)

돌쌓기는 석재의 종류, 크기, 면다듬기의 정도에 따라 막돌 쌓기와 다듬돌 쌓기로 대별하고 줄눈의 모양에 따라 허튼층 쌓기와 바른층 쌓기로 구분한다.

■ 막돌 쌓기(거친돌 쌓기 ; Rubble stone work)

잡석, 자연석, 막돌 등을 사용하여 맞댐 면은 직선으로 다듬지 않고 막 생긴 그대로 또는 거친다듬 정도로 하여 쌓는 방법으로 자연스러우면서도 거친 분위기를 표현하는데 적합한 쌓기 방법이다.

■ 다듬돌 쌓기(Ashlar stone work)

돌의 모서리나 맞댐 면을 일정한 모양으로 다듬어 줄눈 바르게 쌓는 방법이다. 네모돌쌓기, 마름돌쌓기라고도 한다.

그림 4-6 돌쌓기의 종류

[Chapter 4]

석구조(石構造; Stone construction)

■ 막쌓기(허튼층 쌓기 ; Random walling)

돌의 맞댐 면을 직선으로 다듬어 줄눈이 규칙적으로 되지 않게 쌓는 방법이다.

■ 바른층 쌓기(Rang work)

돌 한 켜 한 켜의 수평줄눈을 일직선이 되도록 쌓는 방법이며, 거친돌 바른층 쌓기, 다듬돌 바른층 쌓기 등이 있다.

2) 돌쌓기

■ 돌 나누기(courses in masonry work)

돌 나누기는 설계도에 따라 돌의 크기 및 줄눈의 위치 등을 상세히 하는 것으로 벽돌이나 타일 나누기와 그 의미가 같다. 보통 돌 나누기 도면은 축척 1/50정도로 한다. 바탕이 콘크리트인 경우에는 돌의 크기를 자유롭게 할 수 있으나 바탕이 벽돌 또는 블록인 경우에는 높이 및 길이를 바탕재의 정수배로 맞추는 것이 시공상 유리하다.

■ 쌓기 공법

① 바탕 면을 청소한 후 맞댐 면에 물 축이기를 하고 세로 규준틀에 따라 수평실을 친 후 모서리, 구석 등의 기준이 되는 위치부터 돌쌓기를 한다.

② 돌을 설치할 때는 먹매김에 맞추어 돌 밑에 물 축인 나무쐐기 또는 납제(鉛製)쐐기 등의 고임재 및 연결철물을 가설치(假設置)한 후 수평 및 수직을 확인하고 깔 모르타르를 채워 넣어 본설치(本設置)한다. 이때 인접 돌과의 사이에도 줄눈 두께의 쐐기를 끼우고 경사(傾斜), 고저(高低)가 없고 턱이 지지 않도록 줄눈이 일매지고 줄바르게 고정한다.

③ 사춤 모르타르를 주입할 때는 맞댐 면에 물 축이기를 하고 줄눈의 틈에는 깨끗한 헝겊을 끼워 사춤 모르타르가 흘러나오지 않도록 조치한다. 이 때 돌 높이의 1/3정도는 된비빔 모르타르로 다져 넣고, 어느 정도 경화된 다음에 묽은비빔 모르타르를 부어 넣는다.

④ 줄눈 사이에 끼운 헝겊은 모르타르가 완전히 경화하기 전에 제거하고 일정한 깊이로 줄눈 파기를 한 다음 깨끗이 청소한다. 또한 돌 설치를 위해 끼웠던 나무쐐기는 1~2일 지난 후 깨끗이 제거하고 그 자리는 모르타르로 채워 넣는다.

⑤ 밑 켜의 사춤 모르타르가 경화된 다음 석재의 상하좌우, 돌의 맞댐면 또는 돌과 뒷벽 사이에 은장, 촉, 꺽쇠, 고정쇠 등의 연결철물을 설치하여 석재의 배내밀기를 방지하도록 한다.

⑥ 1일 쌓기 높이는 돌 높이 50cm내외의 것은 2켜 이하로 하고 모르타르의 사춤은 1 켜마다 하고 2켜 이내로 한다.

⑦ 쌓기 도중에 오염된 곳 또는 모르타르가 부착된 곳은 그 즉시 제거하고 물 씻기를 충분히 한다.

⑧ 돌 면에 묻은 시멘트 풀을 제거하기 위하여 염산류를 사용하는 것은 피하는 것이 원칙이나 부득이한 경우에는 희석시켜 사용하고 즉시 물 씻기를 하여 염산분이 내부로 침투하지 않도록 한다.

■ 치장줄눈

돌쌓기가 완료되고 사춤 모르타르가 경화하면 철선, 쐐기 등은 모두 제거하고 돌면의 밖으로 돌출된 철물 등은 1.5cm깊이까지 잘라 내거나 구부려 넣고 치장줄눈을 넣는다.

치장줄눈은 통줄눈 또는 막힌줄눈으로 하고, 줄눈의 나비는 갈기마무리일 때는 맞대기나 1~2mm, 잔다듬일 때는 3~6mm, 정다듬일 때는 6~9mm, 거친돌 막쌓기일 때는 9~25mm 정도로 한다.

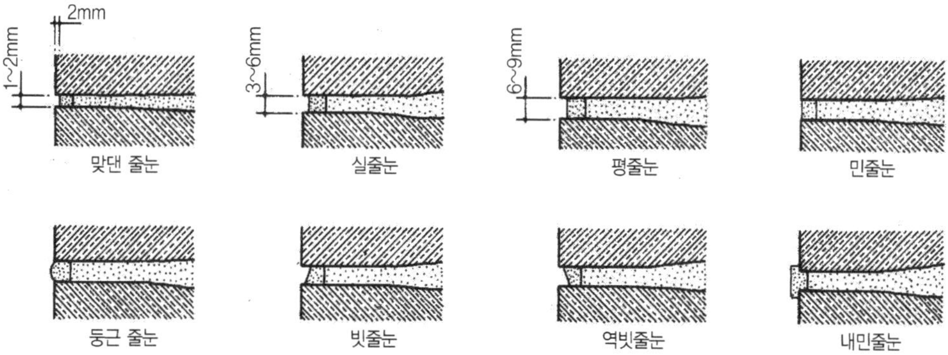

그림 4 - 7 석재의 치장줄눈

4 - 7 아치 및 각부 돌쌓기

1) 아치틀기

돌을 사용한 아치틀기도 벽돌조와 같이 아치돌의 줄눈은 아치의 중심에 모이도록 한다. 아치돌은 벽돌보다 큰 것이 일반적이므로 그 접합은 촉, 꺾쇠 등으로 더욱 튼튼하게 해야 하며 간사이가 클 때에는 뒤에 인방보로 반드시 보강해야 한다.

[Chapter 4]

석구조(石構造; Stone construction)

2) 문꼴

■ 인방돌(lintel stone)

창문 등의 문꼴 위에 걸쳐대어 상부에서 오는 하중을 받는 수평재를 인방이라 하며 석재는 휨과 인장에는 약한 재료이므로 석재만을 인방으로 사용하는 것은 가급적 피해야 한다.

문꼴의 간사이가 큰 경우 석재의 뒷부분에 철근콘크리트보 또는 벽돌아치를 혼용하여 상부에서 오는 하중은 이곳에 부담시키고 인방돌은 단순히 치장용으로만 사용하도록 하는 것이 바람직하다.

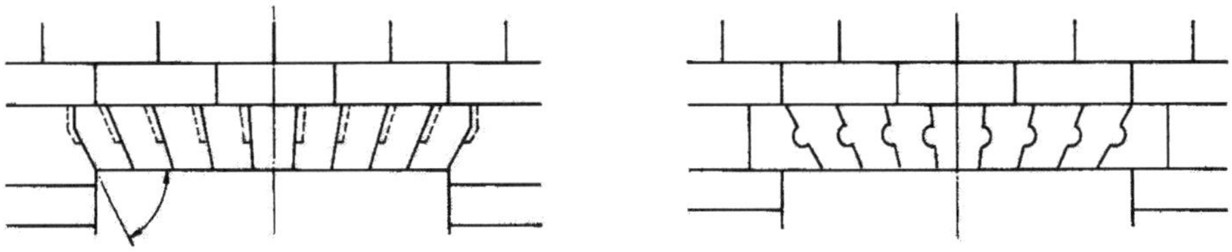

그림 4 - 8 인방돌의 구조

■ 창대돌(窓臺石 : window sill stone)

빗물 처리와 장식을 겸하여 창의 하부에 대는 돌을 창대돌이라 한다. 창대돌의 윗면에는 물 흐름 물매를 두고 돌의 옆면 및 밑면에는 물끊기 홈을 두어 빗물이 벽에 침투되는 것을 막고 물 흐름이 잘되도록 한다.

창의 나비가 넓으면 2개 이상의 돌을 이어 쓰기도 하지만 외관상, 방수상 하나의 돌로 하는 것이 유리하다.

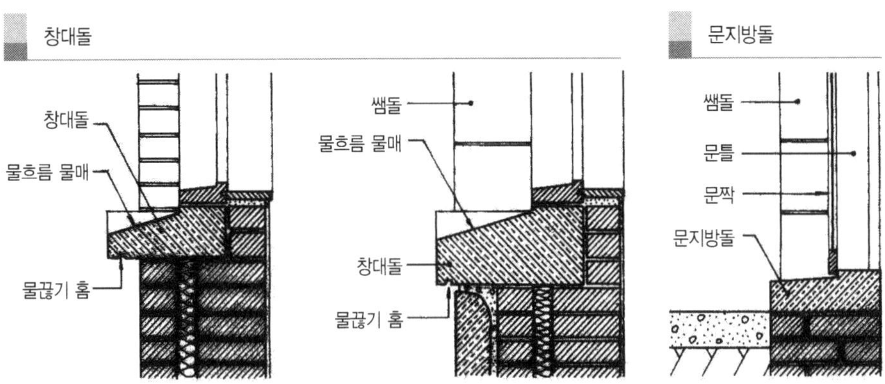

그림 4-9 창대돌

■ 문지방돌(門地枋石 : door sill stone)

출입문의 밑에 대는 돌로서 경질의 석재를 사용한다. 돌의 윗면은 문받이 턱을 두거나 바닥과 같은 높이로 평탄하게 하는 경우가 있으며, 평탄하게 할 때는 그 중간에 둥근 문받이 턱을 붙인다.

■ 쌤돌(抱石 : jamb stone)

창문의 벽두께 면에 치장을 목적으로 대는 것으로 벽돌조에도 쓰인다. 쌤돌은 면을 접거나 몰딩(moulding)처리를 하고 쌓을 때에는 촉과 연결철물로 바탕 구조체에 긴결(緊結)한다.

2) 각부 돌쌓기

■ 두겁돌(capping stone)

담장, 난간벽의 제일 윗부분에 빗물 처리와 장식을 겸하여 덮어 씌우는 돌로서 윗면에는 물 흐름 물매를 두고 돌의 밑면에는 물끊기 홈을 두어 빗물이 벽에 침투되는 것을 막고 물흐름이 잘되도록 한다.

쌓을 때에는 촉과 연결철물로 바탕 구조체에 긴결(緊結)한다.

■ 돌림띠

장식, 채양 겸 물끊기의 목적으로 벽면에서 내밀어 가로로 길게 두르는 것을 돌림띠라고 하며, 위치에 따라 허리 돌림띠와 처마 돌림띠로 구분한다.

허리 돌림띠(string course)는 각 층의 중간에 대는 것으로 그 내미는 두께가 적어 구조적으로는 간단하지만, 처마 돌림띠(conice)는 내밈이 커서 벽돌벽에 깊게 물리고, 내민 길이는 물림길이 보다 적게 하거나 여의치 않을 경우에는 철물로 보강하여야 한다.

벽돌벽에서 돌림띠를 내밀 경우에는 돌의 이음자리는 철물로 주 벽체에 튼튼히 긴결하고 돌의 상부에는 물 흐름 물매를, 돌의 밑면에는 물끊기 홈을 두어 빗물이 벽에 침투되는 것을 막고 물흐름이 잘되도록 한다.

■ 난간벽(欄干壁 : parapet wall) 및 부란(扶欄 : balustrade)

처마 위 옥상의 벽으로 된 난간을 난간벽이라 하며, 난간동자를 세워 댄 난간을 부란이라 한다. 난간벽 및 부란을 돌 또는 벽돌로 하는 경우에는 구조상 불안전한 것이 되므로 구조체와의 연결에 특히 주의해야 한다.

Chapter 5

철근콘크리트구조
(Reinforced concret construction)

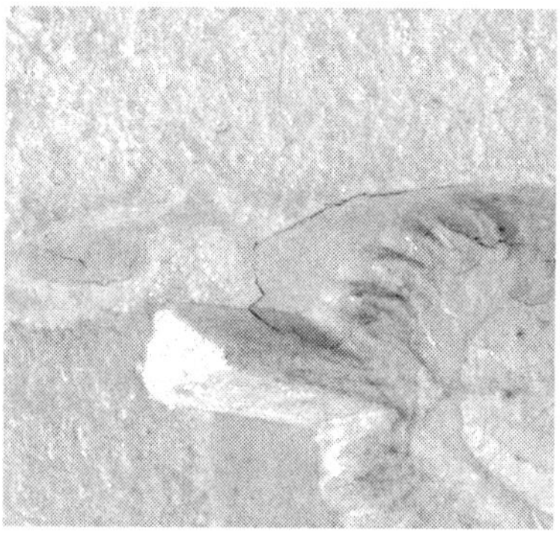

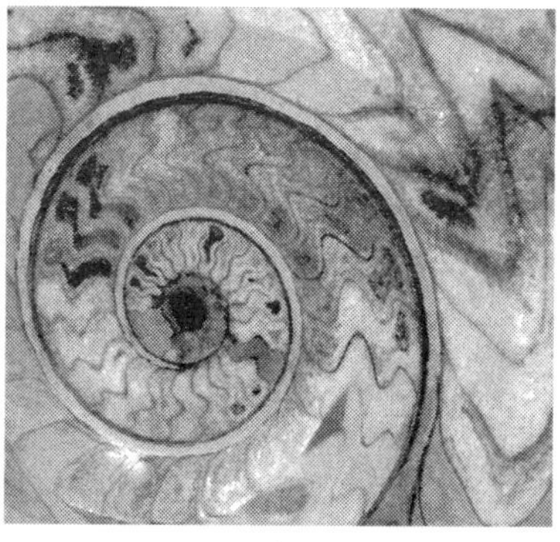

[Chapter 5]

철근콘크리트구조(Reinforced concret construction)

5 - 1 철근콘크리트구조의 개요(概要)

철근을 배근(配筋)하고 거푸집을 짠 후, 그 안에 콘크리트를 부어 일체식으로 구성한 것을 철근콘크리트구조(reinforced concrete construction)라 하며 압축력에는 강하나 인장력에는 약한 콘크리트의 단점을 인장에 강한 철근으로 보강하여 형성한 합성구조이다.

철근콘크리트구조는 내진, 내화, 내구적이며, 건물의 형태를 자유롭게 구성할 수 있고 대규모 건물에도 적합한 우수한 구조이나 반면에 중량이 크고 공사기간과 시공의 정밀도가 요구되며, 파괴 및 철거가 곤란하고 강도계산이 복잡한 것이 단점이다.

실내건축에서 철근콘크리트구조를 새롭게 구성하는 경우는 거의 없으나 필요에 따라 공간의 형태를 변화시켜야 하는 대수선 공사나 철거(撤去) 및 해체공사(解體工事)시는 건축물은 물론 공사에 참여하는 현장원의 안전과 직결되는 문제가 발생할 수 있으므로 기본적인 철근콘크리트의 구조는 숙지해야 한다.

철근콘크리트의 구조는 형식에 따라 다음과 같이 분류할 수 있다.

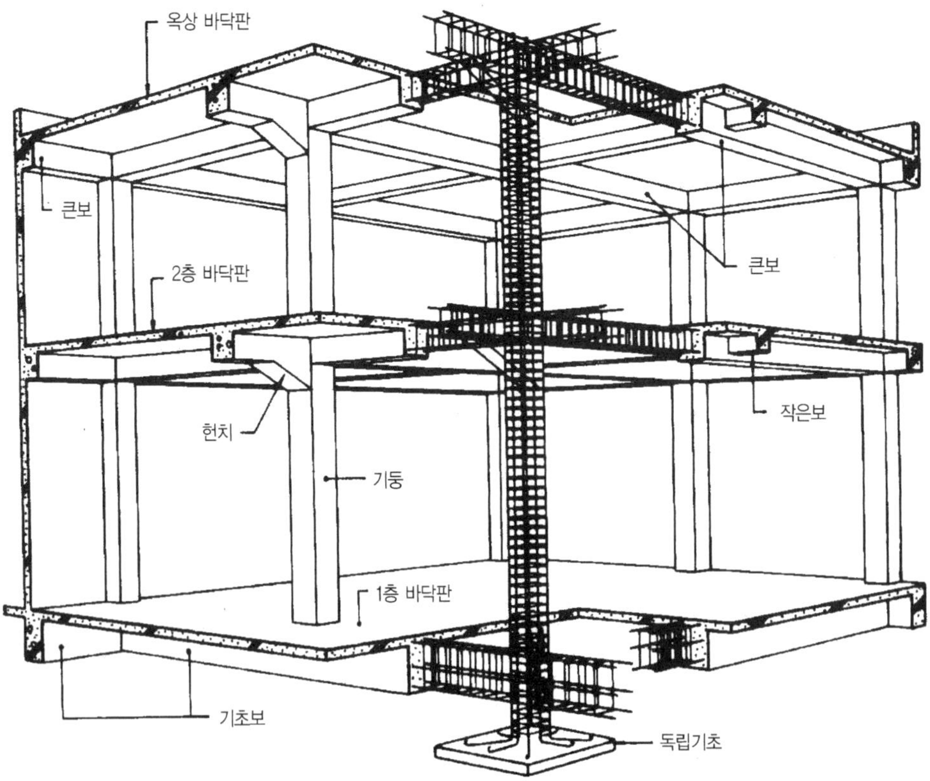

그림 5-1 철근콘크리트 구조

■ 라아멘(rahmen)구조

기둥, 보를 강접합 하고 이것에 모든 하중을 부담시키는 방식으로 벽, 바닥판, 기둥 및 보를 일체로 구성한 구조이다.

■ 벽식구조

판상(板狀)의 벽체와 바닥 슬래브를 입체적으로 구성한 구조이다.

■ 플랫 슬래브(flat slab)구조

실내공간을 크게 하기 위해 보를 설치하지 않고 슬래브가 보를 겸하게 한 형식이다.

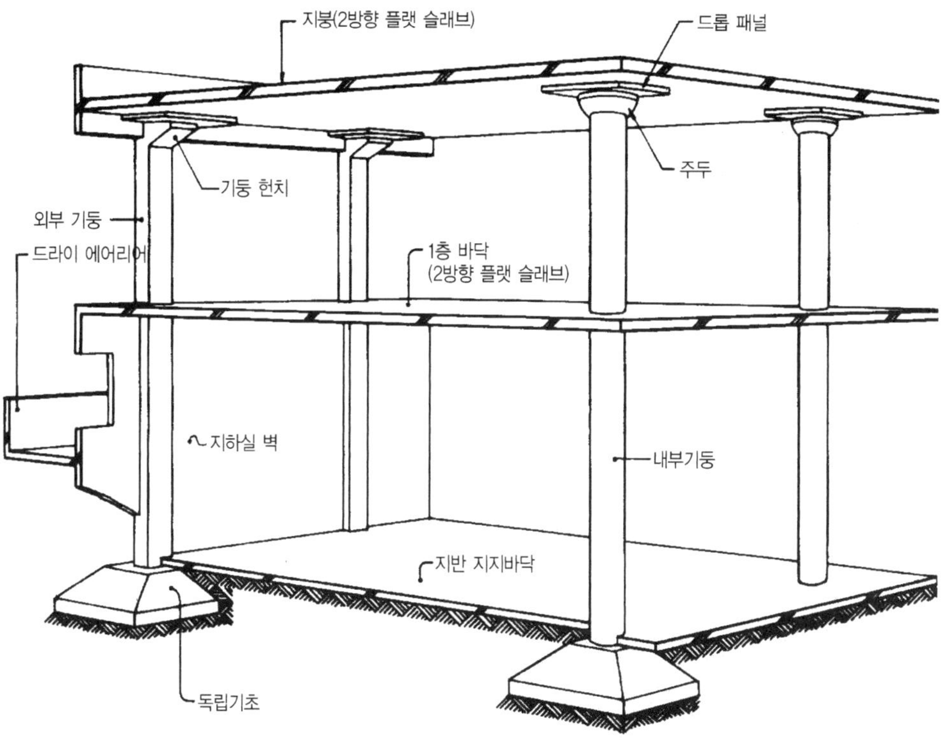

그림 5 - 2 무량판(flat slab) 구조

■ 쉘(shell)구조

얇은 원통쉘로 된 구조로 압축력이나 휨모멘트에 강한 역학적 특성이 있어 큰 간사이의 지붕이나 벽면을 경량으로 구성할 수 있다.

[Chapter 5]

철근콘크리트구조(Reinforced concret construction)

5 - 2 철근콘크리트(reinforced concrete)

철근콘크리트는 철근을 배근하고 물, 시멘트, 모래, 자갈 및 혼화재(混和材 ; admixture)를 혼합하여 성형 고착시킨 것으로 시멘트를 물로 반죽한 시멘트 풀(cement paste)의 화학작용에 의하여 경화된다.

콘크리트는 경화를 계속하여 28일이 경과하면 최종 압축강도에 도달하며, 이때까지는 시멘트의 화학작용이 계속되도록 습기와 온도를 유지해야 한다.

1) 철근콘크리트의 구성재료

■ 철근(鐵筋 ; steel bar)

원형강(圓形鋼 ; round steel bar), 이형철근(異形鐵筋 ; deformed steel bar)이 주로 사용되며 철선(鐵線), 피아노선, 용접철망(wire fabric) 등도 사용된다.

■ 시멘트(cement)

건축공사에 사용되는 시멘트의 종류는 대단히 많으나 일반적으로 보통 포틀랜드 시멘트가 사용된다.

■ 골재(骨材 ; aggregate)

골재는 입자의 크기에 따라 잔 골재와 굵은 골재로 구분하고, 비중에 따라 경량골재와 중량골재로, 채취유형에 따라 천연골재와 인공골재로 구분하기도 한다.

골재의 강도는 모르타르가 경화된 후의 강도보다 큰 것으로 유해량의 먼지, 흙, 유기불순물이 포함되지 않아야 하며 형태는 구형 또는 입방체에 가까운 것이 좋다.

잔 골재와 굵은 골재는 다음과 같이 구분한다.

① 잔 골재(모래 ; fine aggregate) : NO.4체(사방 5mm체)에서 중량비로 90%이상 통과하는 골재

② 굵은 골재(자갈 ; coarse aggregate) : NO.4체(사방 5mm체)에서 중량비로 90%이상 남는 골재

■ 용 수(用水)

물은 유해한 불순물인 기름, 산, 알칼리, 염류, 유기물 등이 포함되지 않은 청정한 것을 사용해야 하며, 일반적으로 지하수나 수돗물이 사용된다.

■ 혼화재(混和材 ; admixture)

혼화재는 콘크리트의 성질이나 양의 변화를 주기 위해 혼입하는 재료로서 사용 양에 따

라 다량(多量)을 사용하여 양에 관계되는 것을 혼화재(混和材)라 하고 소량을 사용하여 성질에 영향을 주는 AE제, 감수제, 응결촉진제, 지연제, 발포제, 방수제 등의 것을 혼화제(混和劑)라 한다.

2) 특수 콘크리트

철근콘크리트 이외의 콘크리트를 특수 콘크리트라 하며 무근콘크리트, 중량콘크리트, 경량콘크리트, 한중콘크리트, A.E콘크리트(AE concrete), 레디믹스트 콘크리트(ready mixed concrete), 프리팩트 콘크리트(prepacked concrete) 등이 있으나 무근콘크리트, 중량콘크리트, 경량콘크리트의 사용빈도가 높다.

■ 무근(無筋)콘크리트(plain concrete)

실제 실내건축공사에서 가장 많이 사용되는 것으로 철근 등의 보강재를 사용하지 않는 콘크리트의 총칭이다.

조적조의 기초, 지반 위 바닥다짐 등에 사용되며 콘크리트에 온도철근만을 삽입하거나 와이어 메시(wire mesh) 정도만을 보강한 것도 무근콘크리트로 간주한다.

■ 중량(重量)콘크리트(heavy concrete, high-density concrete)

골재로 비중이 큰 철광석 또는 중정석(重晶石)을 사용한 콘크리트로 방사선을 차폐하는 벽에 사용한다.

■ 경량(輕量)콘크리트(light-weight concrete)

경량골재를 사용한 콘크리트로 기건비중 2.0이하의 콘크리트이다. 건물의 중량을 감소시킬 목적으로 사용한다.

5 - 3 철근콘크리트 각부 구조

철근콘크리트는구조는 기초, 기초보, 기둥, 보, 바닥판 및 벽체, 계단 등을 일체로 구성한 것으로 각부의 구조는 다음과 같다.

[Chapter 5]

철근콘크리트구조(Reinforced concrete construction)

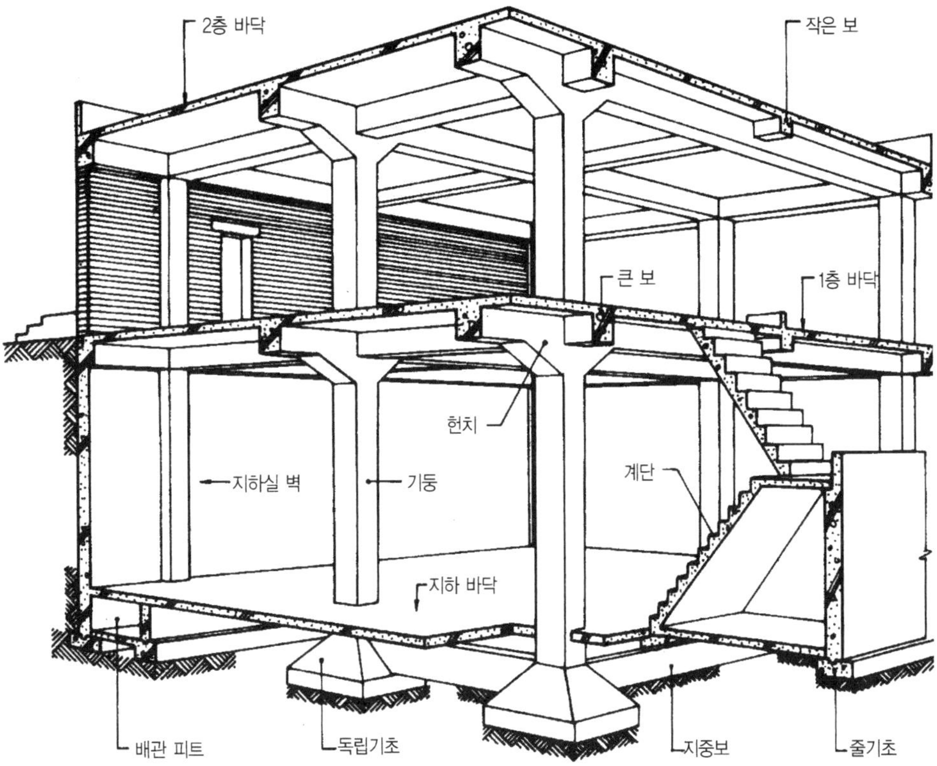

그림 5 - 3 철근콘크리트 각부 구조

보(beam)

기둥과 기둥 사이를 가로 건너는 보를 큰 보(girder)라 하고 보와 보 사이를 이어주는 보를 작은 보(beam)라 하며, 작용하는 하중 및 응력에 따라 철근을 배근한다.

인장력에 저항하는 재축방향의 철근을 보의 주근(主筋 ; main bar)이라 하고, 인장측에만 철근을 넣은보를 단근보(單筋梁), 중요한 보로서 압축측에도 철근을 배근한 것을 복근보(複筋梁)라고 한다. 또한 전단력에 저항하기 위해 보의 주근의 주위에 둘러 감은 철근을 늑근(肋筋 ; stirrup bar)이라 한다.

1) 보의 종류

■ 단순보(simple beam)

양단(兩端)이 벽돌, 블록 등의 벽에 단순히 얹혀 있는 상태로 된 보를 단순보라 한다. 보의 하부에는 인장력이 생겨 균열이 발생되므로 재의 축방향으로 철근을 넣어 보강하고 또 전단력에 의한 빗인장력(斜引張力) 때문에 보에 빗금이 생기므로 이에 대한 보강으로 늑근을 넣는다.

인장력에 저항하는 재축방향의 철근을 보의 주근(主筋 : main bar)이라 하고, 인장측에만 철근을 넣은 보를 단근보(單筋梁)라 하며, 중요한 보로서 압축측에도 철근을 배근한 보를 복근보(複筋梁)라 한다.

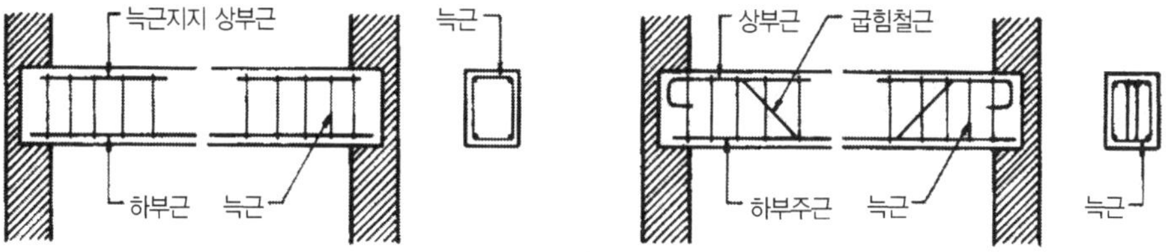

그림 5 - 4 단순보의 배근

■ 연속보(continuous beam)

2개 이상의 간사이에 일체로 연결된 보를 연속보(連續梁)라 하며 하중을 받으면 각 지점 부근에서는 위로 휘어 오르고 중앙 하부에서는 아래로 휘어내란 상태가 된다.

휘어오른 부분의 위쪽과 휘어내린 부분의 밑쪽에 인장력이 크게 작용하므로 보의 주근은 이곳에 배근하여 인장력에 저항하도록 해야 한다.

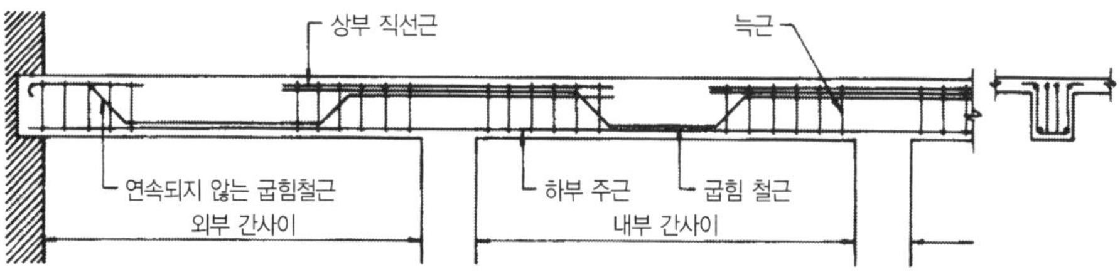

그림 5 - 5 연속보의 배근

■ 내민보(cantilever beam)

연속보의 한 끝이나 지점에 고정된 보의 한 끝이 지지점에서 내밀어 달려있는 상태의 보로 보의 하부측이 압축을 받고 상부측이 인장을 받으므로 상부측에 주근을 배치한다.

2) 보의 각부 상세

■ 보의 춤(depth) 및 나비

보의 유효춤은 간사이(span)의 1/15～1/10정도로 하고, 그 나비는 유효춤의 1/2～2/3정도(보통 30～45cm)로 한다.

■ 보의 주근

주요한 보에는 압축측에도 철근을 배근하는 복근보로 하고, 단근보라고 해도 늑근의 지지를 위하여 압축측에도 가는 철근을 배치하는 것이 일반적이다.

보의 주근지름은 φ12mm, 이형철근 D13 이상으로 하며 보통 16～25mm로 한다.

■ 굽힌 철근(折曲筋 ; bant bar) 및 늑근

굽힌 철근은 전단력의 보강에 유효한 것이지만 늑근과 병용해야만 효과가 있으며 상하주근의 간격을 유지하고, 늑근을 결속하는 지지역할을 한다.

굽힌 철근과 재축과의 각도는 30～45° 로 하고 보의 단면춤이 60cm이상일 때는 늑근의 옆휨을 고려하여 상하주근의 중간에 보조근을 넣는다.

늑근은 굽힌 철근의 유무에 관계없이 전단력의 분포에 따라 배치하며 계산상 필요하지 않더라도 사용하고 그 최대 간격은 보의 춤 3/4이하 또는 30cm이하로 한다.

기둥(colume)

기둥은 건물 각 층의 바닥하중을 기초에 전달하는 수직압축부재이다. 기둥을 보강하는 세로 철근이 주근이 되고 그 주위에 수평으로 둘러 감은 철근을 띠철근(帶筋 ; hoop tie hoop)이라 하며 원형, 다각형 기둥에서 나선형으로 둘러 감은 것을 나선철근(spiral hoop)이라 한다.

띠철근이나 나선철근은 주근의 좌굴(座掘 ; bulking)과 콘크리트가 수평으로 터져 나가는 것을 구속하며 수평력에 의한 전단보강의 작용을 한다.

■ 기둥의 단면

기둥의 최소단면치수는 20cm이상, 최소 단면적은 600㎠ 이상으로 하고 주요지점간 거리의 1/15이상으로 한다.

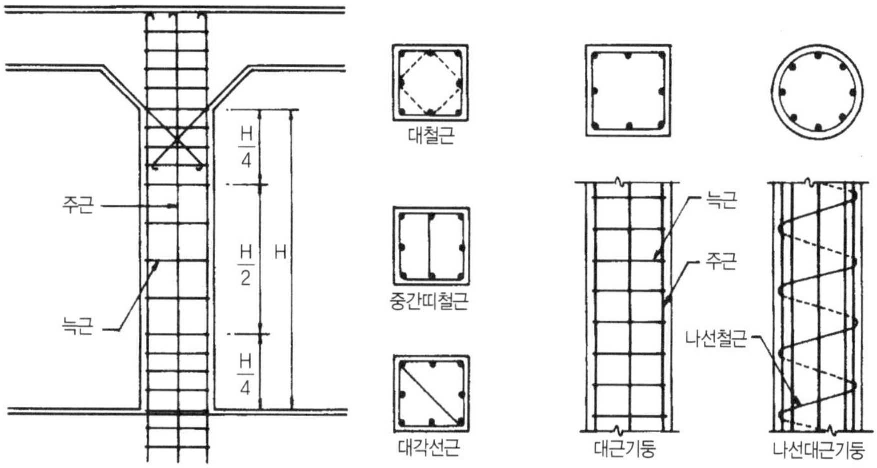

그림 5 – 6 기둥의 배근

■ 배근

기둥의 주근은 이형철근 D13이상, 사각형기둥은 4개 이상, 원형 및 다각형기둥에서는 6개 이상을 배근한다. 띠철근 및 나선철근의 지름은 6mm이상의 철근 또는 철선을 사용하며 그 간격은 보통 30cm이하, 또는 가는 주근 지름의 15배 이하로 한다.

바닥판(floor slab)

바닥판은 바닥의 하중을 주변의 보에 전달하며 동시에 각 부재를 연결하여 수평력을 고루 전달하는 부재이다.

바닥판은 휨모멘트의 분포에 따라 짧은 방향에 주근을 배치(1방향 슬래브)하고, 이에 직교하는 방향으로 배력근(부근)을 배치(2방향 슬래브)하며, 바닥판의 단변과 장변의 비에 따라 다음과 같이 구별하여 1방향과 2방향을 결정한다.

① 1방향 슬래브 : $\lambda = \ell_y / \ell_x > 2$일 때

② 2방향 슬래브 : $\lambda = \ell_y / \ell_x \leq 2$일 때

여기서, ℓ_x : 단변길이, ℓ_y : 장변길이

[Chapter 5]

철근콘크리트구조(Reinforced concrete construction)

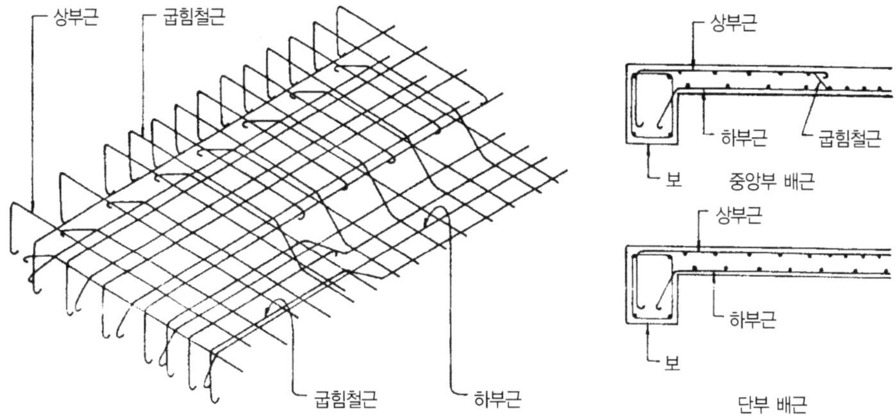

그림 5 - 7 바닥판의 배근

바닥판의 두께는 8cm이상(경량콘크리트는 10cm이상), 단변길이의 1/40이상으로 한다. 바닥판의 인장철근은 지름 9mm, D10이상으로 하고, 또 지름 6mm이상의 용접철망을 사용하고 바닥판의 배근간격은 다음과 같이 한다.

표 5-1 바닥판 두께 및 배근간격

바닥판 두께		배 근 간 격			비 고
보통콘크리트	경량콘크리트	방향	ϕ9, D10	ϕ9 이하 용접철망	
8cm 이상, 1/40lx	10cm 이상	단변방향 철근	20cm이하	15cm 이하	lx : 단변길이 t : 바닥판 두께
		장변방향 철근	30cm이하, 3t이하	20cm 이하	

1) 장선바닥판(ribbed slab, joist floor)

같은 간격으로 분할된 장선과 바닥판이 일체로 된 구조로 그 양단은 보 또는 벽체에 지지된다. 장선의 나비는 10cm이상(최대 20cm), 춤은 나비의 3.5배 이내로 하고 장선의 배치간격은 90cm이내로 한다.

바닥판의 두께는 장선 안목간격의 1/12이상 또는 5cm이상으로 하고 바닥판을 보강하는 인장철근은 지름 6mm이상의 용접철망 또는 이형철근 D10이상, 원형철근 ϕ9이상으로 한다. 바깥 판에 배관이 있는 경우 그 부분의 높이는 배관 높이에 2.5cm를 가산한 두께로 한다.

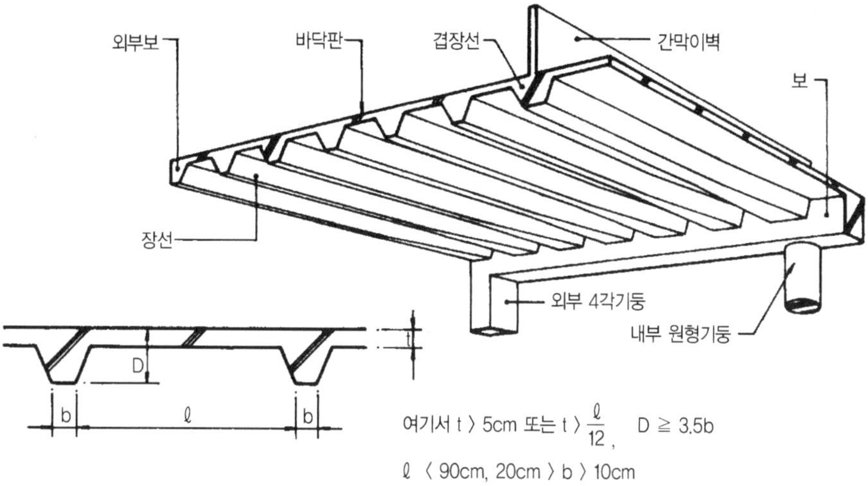

그림 5 - 8 장선바닥판 구조

2) 워플 플랫 슬래브(waffle flat slab)

장선 바닥판의 장선을 직교하여 구성한 우물 반자형의 2방향 장선바닥구조이다. 보통의 바닥판보다 기둥의 간사이를 크게 할 수 있으며 기둥상부에 직교하는 주간대 내에는 받침판을 구성하여 바닥판 지지부분을 보강한다.

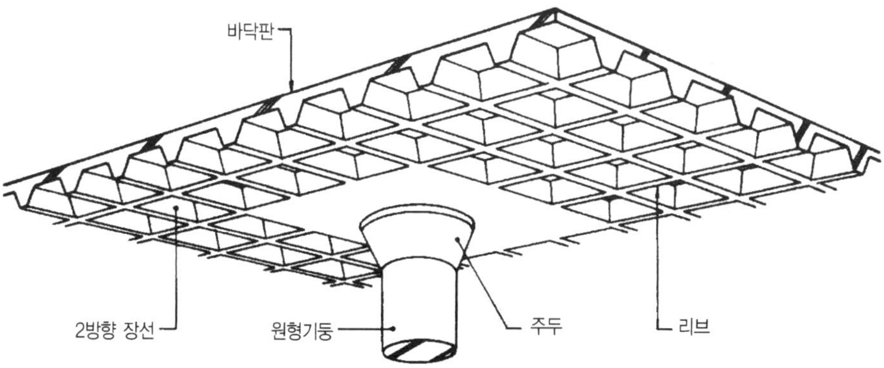

그림 5 - 9 워플 플랫 슬래브 구조

3) 플랫 슬래브(flat slab)

평바닥판 또는 무량판구조(無梁板構造 ; mushroom construction)라고도 하며, 건물의

철근콘크리트구조(Reinforced concrete construction)

외부보를 제외하고는 내부에는 보 없이 바닥판만으로 구성하고 그 하중은 직접 기둥에 전달하는 구조이다.

기둥의 상부는 주두 모양으로 확대하고 또 그 위에 받침판을 두어 바닥판을 지지한다. 일반적으로 바닥판의 두께는 15cm이상으로 한다.

벽체

철근콘크리트 벽체는 지하실벽, 계단실, 승강기실 등의 주변벽에 주로 사용되며 벽체는 내력벽과 비내력벽으로 대별된다. 철근콘크리트조 벽두께는 일반 주택 등에서는 15cm, 중요한 건물인 경우는 15～20cm, 지하실벽, 방화벽 또는 대규모 건축에서는 20～25cm로 한다. 벽체의 배근은 세로철근이 주근이 되고, 가로철근이 보조부근이 된다.

철근지름은 ϕ9, D10이상으로 하고, 창문 등의 개구부의 주위와 빗인장력에 대한 모서리의 균열보강으로 대각선방향에 벽철근보다 굵은 ϕ16, D16의 철근으로 배치한다.

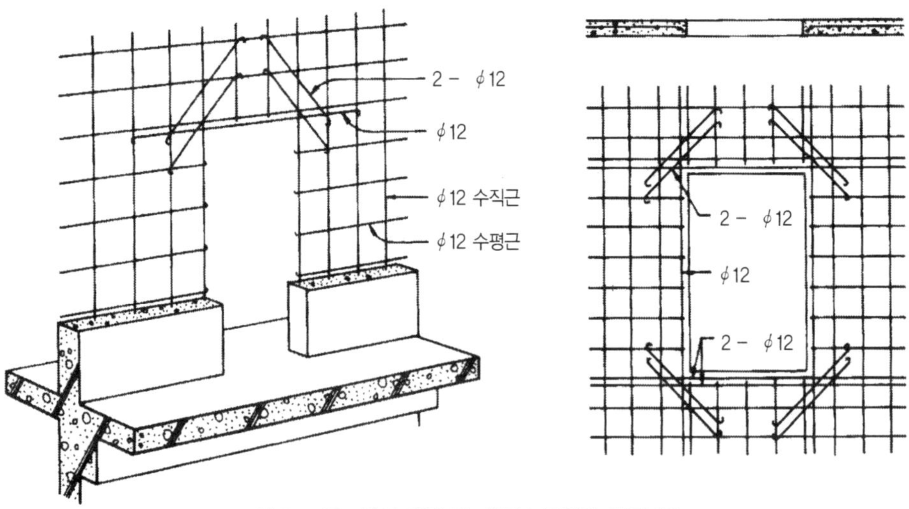

그림 5 - 10 벽의 배근 및 개구부 주위의 철근보강

철근콘크리트 벽체 | 철근콘크리트 기둥 | 철근콘크리트 벽 및 보

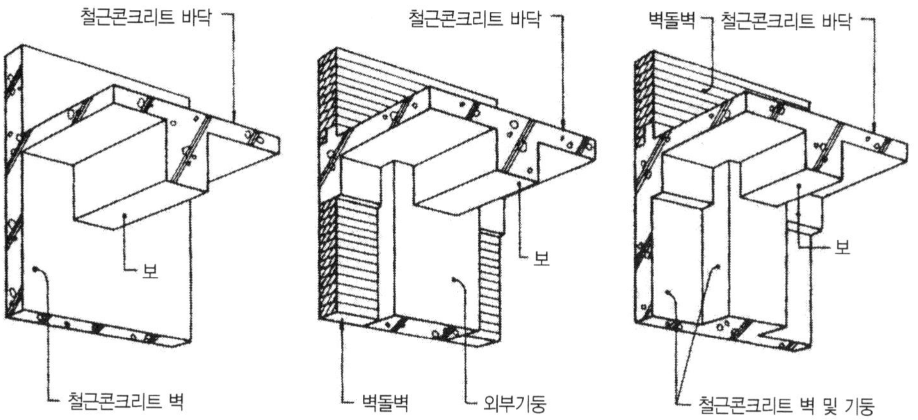

그림 5 - 11 철근콘크리트 벽체 및 벽기둥

Chapter 6

철골구조
(鐵骨構造; Steel construction)

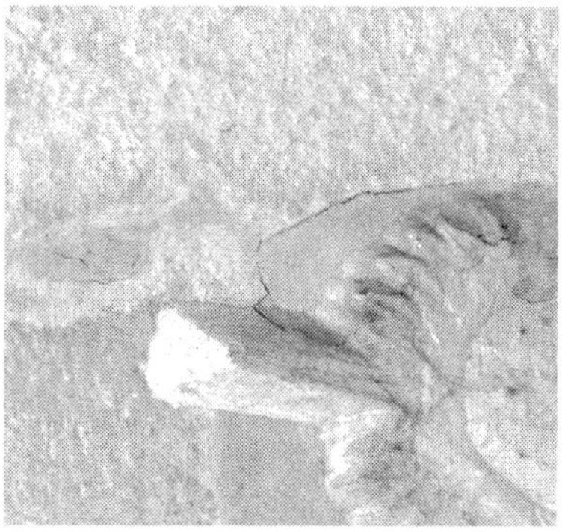

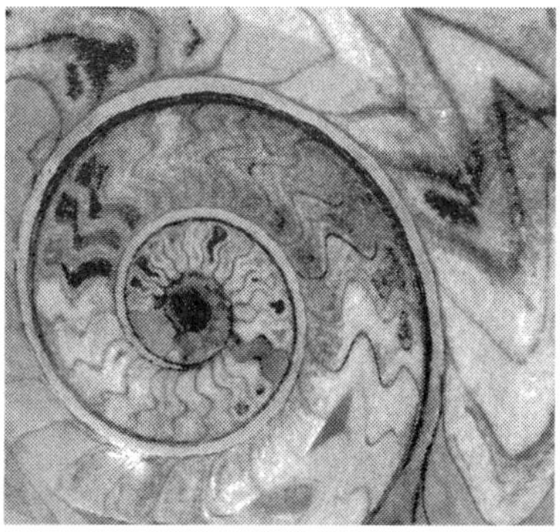

[Chapter 6]

철골구조(鐵骨構造; Steel construction)

6 - 1 철골구조의 개요(概要)

철골구조(鐵骨構造 ; steel construction)란 여러 단면 모양으로 된 형강(形鋼)과 강판(鋼板)을 짜 맞추고 리벳, 볼트 등으로 조임 또는 용접한 것으로 강구조(鋼構造)라고도 하며, 보통 철골조와 경량 철골조로 구분할 수 있다. 철골구조는 지진, 풍력 등의 횡력에 강하고 불연성이며, 큰 간사이 구조가 가능하고 적당한 피복을 하면 내화, 내구적으로 할 수 있으며 철근콘크리트구조에 비해 자중이 가벼운 장점이 있다.

반면에 단점으로는 단면(斷面)의 크기에 비하여 부재의 길이가 비교적 길어 좌굴하기 쉽고 고온에서는 강도가 저하되며 부식의 우려가 있고 용접외에는 일체식구조로 하기가 어려운 점이 있다.

실내건축의 경우 철골구조를 채용하는 경우는 극히 드문 일 이었으나 근래에 들어 활성화되고 있는 리모델링으로 인해 노후한 건물의 보강용으로 그 사용이 증가하고 있는 추세이다.

6 - 2 구조용 강재, 강판 및 강관

1) 구조용 강재(構造用 鋼材 ; structural steel)

구조용 강재에는 형강, 봉강, 평강 등이 있으며 강재는 모두 형상이 바르고 직선으로 된 것으로서, 유해한 흠, 들뜬 녹, 뒤틀림, 갈라짐 등의 결함이 없는 것으로 KS D 3502(열간압연 형강) 및 KS D 3530(일반구조용 경량형강)의 규격에 합격한 것을 사용한다. 실내건축에 사용되는 재료로는 다음과 같은 것이 있다.

■ 형 강(形鋼 ; shape steel)

주로 철골구조물에 사용되는 구조용 재료로 단면의 형상에 따라 앵글, 부등변 앵글 형강, I형강, T형강, ㄷ형강 등으로 분류되며, 실내건축공사에서도 구조물의 보강용으로 사용된다.

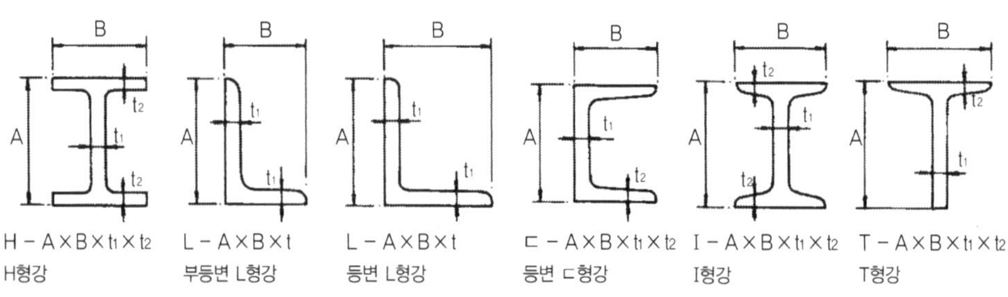

그림 6-1 형강의 종류

■ 경량형강(輕量形鋼 ; light weight shape steel)

구조재의 중량을 감소시킬 목적으로 만든 것으로 경량형강의 단면형태는 일반 형강의 단면형태와 같다.

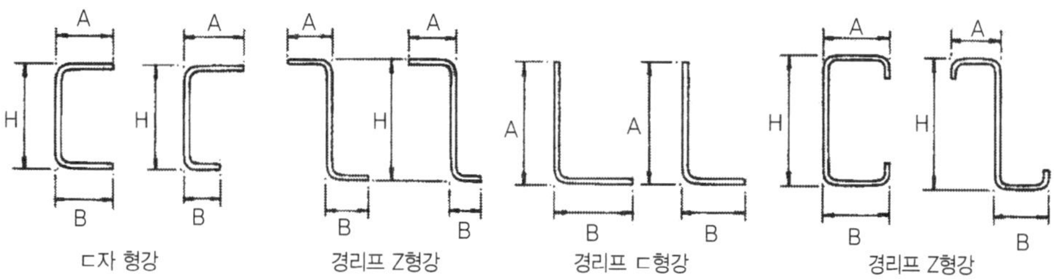

그림 6 - 2 경량형강의 종류

2) 강판(鋼板 ; steel plate) 및 강관(鋼管 ; steel pipe)

강괴를 압연하여 얇고 넓게 만든 철판으로서 판상형 강재의 총칭을 강판이라 하며 강판은 두께에 따라 박강판(두께 3mm이하의 강판), 중강판(두께 3mm초과, 6mm이하의 강판), 후강판(두께 6mm이상의 강판)으로 구분하고, 제조공정에 따라 열간압연강판, 냉간압연강판, 아연도금강판, 표면가공강판, 스테인리스 강판으로 구분한다.

■ 아연도금강판(亞鉛鍍金 鋼板 ; galvanized steel sheet)

강판의 부식을 방지하기 위해 박강판의 표면에 아연도금 한 것으로 녹이 슬지 않고 외관미가 있어 지붕재 또는 설비재로 많이 사용된다.

■ 무늬강판(무늬鋼板 ; chequered steel plate)

강판의 표면에 무늬를 만들어 미끄러짐을 방지하게 만든 강판으로 계단의 디딤판, 공장이나 창고의 바닥재로 사용한다.

■ 스테인리스강판(stainless steel plate)

내식성 및 내마모성이 우수하고 강도가 높으며, 광택이 아름다워 창호재, 주방용 기구, 위생설비 등에 사용되지만 가격이 고가인 것이 단점이다.

■ 강관(鋼管 ; steel pipe)

강철관이라고도 하며 형상에 따라 각형강관과 원형강관으로 구분하고, 용도에 따라 구조용관, 배관용관 등으로 구분한다. 또한 제조방법상, 직경의 크기로 구분하기도 한다.

[Chapter 6]

철골구조(鐵骨構造; Steel construction)

6 - 3 접합(接合)

강재를 접합하는 방법은 리벳접합, 볼트접합, 용접으로 대별할 수 있지만 리벳접합 및 볼트접합은 간략하고 본 절에서는 구조물을 일체화시키는데 가장 유효한 용접을 위주로 설명하기로 한다.

용접(鎔接, welding)

1) 용접의 종류

모재와 더불어 용융하는 용접금속(용접봉)으로 접합부위를 일부 용융시킴과 동시에 융착시키는 것을 용접이라 하며 접합방법은 용접법, 압접법으로 대별할 수 있다. 철골구조의 접합에는 전기저항용접, 아아크 용접, 가스압접이 가장 일반적으로 사용된다.

용접은 리벳 및 볼트 접합에 비해 부재의 단면결손이 없으며 접합부의 연속성과 강성을 얻을 수 있는 장점이 있으며, 반면에 시공불량에 의한 결함과 용접열에 의한 변위와 응력이 발생할 우려와 용접부의 양부를 육안으로는 판단하기가 어려운 단점이 있다.

■ 전기저항용접(電氣抵抗鎔接 ; resistance welding)

접합하고자 하는 부재를 서로 맞대고 낮은 전압의 전류를 다량으로 통하여 그 접촉면에 생기는 전기저항에 의하여 용융된 부위에 압력을 가하여 접합시키는 방법으로 스틸새시의 접합에 주로 사용되는 점용접(spot welding)이 대표적인 방법이다.

■ 아아크용접(電弧鎔接 ; arc welding)

용접하고자 하는 모재와 용접봉에 전류를 통하면 그 사이에 전기불꽃이 계속 생기며 3,500℃의 고열을 내는 아아크를 발생시켜 그 열에 의하여 용접하는 방법이다.

■ 가스압접(gas welding)

산소와 아세틸렌 가스의 고열 및 압력으로 금속을 용융시켜 용접하는 방법으로 산소아세틸렌용접(oxy-acetylene welding)이라고도 하며 현장에서 가장 흔하게 사용된다.

2) 용접법

■ 맞댄용접(butt resistance welding)

접합재를 동일평면으로 유지하며 그 끝을 적당한 모양으로 가공하여 앞벌림 홈에 용접하는 방법이다.

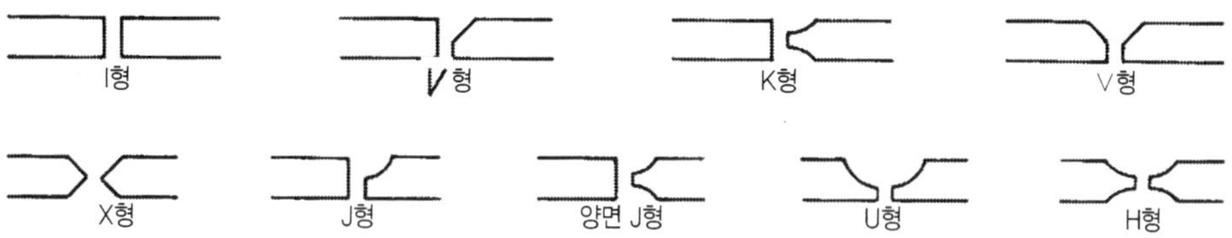

그림 6 - 3 앞벌림 홈의 종류

■ 모살용접(fillet welding)

두 접합재의 면을 직각 또는 60~120° 맞추어 그 모서리를 용접하는 방법으로 모살용접의 형식에는 연속용접, 단속용접, 병렬용접 등이 있다.

3) 용접기호

용접 종류별 기호 및 보조기호는 표 6-1, 6-2와 같다.

표 6-1 용접 종류별 기호

용접방법	용접의 종류		기 호	비 고
아이크 및 가스용접	홈 또는 맞댄 용접	I형	‖	•(※) 기선에 대칭으로 표시한다 •모살병렬용접은 기선에 대칭으로 표시한다. •모살엇모용접은 와 같이 표시한다.
		V형, X형(※)	V	
		U형, H형(※)	Y	
		V형, K형(※)	V	
		J형, 양면 J형(※)	V	
		플레어 V형, 양면 X형(※)	)(	
		플레어 V형, K형(※)	|(	
	모살용접	연 속		
		단 속		
	비이드	플러그(plug)		
		비이드(bead)		
저항용접		점 용 접		
		돌출용접		

[Chapter 6]

철골구조(鐵骨構造; Steel construction)

표 6-2 용접 보조기호

구 분		보조기호	비 고
용접부의 표면상태	평 탄(平)	−	
	볼 록(凸)	⌒	
	오 목(凹)	◡	
용접부의 마무리 방법	치핑(chipping)	C	마무리 방법의 구별이 있을 때는 F로 한다.
	연삭(갈아내기)	G	
	절삭(잘라내기)	M	
현장용접		●	
전둘레 용접		○	
전둘레 현장용접		⊙	

리벳 및 볼트접합

1) 리벳접합(rivet connection)

■ 리벳(rivet)의 종류

리벳은 머리의 모양에 따라 둥근머리, 민머리, 평리벳 및 둥근접시머리 리벳이 있으며, 둥근 머리리벳이 가장 많이 사용된다.

리벳의 지름은 16, 19, 22, 25mm등이 있으나 보통 16 또는 19mm가 주로 사용되며, 한 구조물에서는 동일 종류의 리벳과 동일한 지름의 리벳을 사용하는 것이 유리하다. 또한 구조상 주요한 부분의 리벳접합은 계산상 1개소에 1개가 나오더라도 최소 2개 이상 배치하고 리벳으로 접합하는 판의 총 두께(그립 ; grip)는 리벳지름의 5배 이하로 하는 것이 리벳의 내력저하를 막을 수 있다.

그림 6-4 리벳의 종류

■ 리벳의 배치

리벳의 배치방법에는 정렬배치와 엇모배치가 있으며 일반적으로 정렬배치가 많이 사용된다. 배치되는 리벳의 중심간격을 피치(pitch)라고 하며 최소 리벳지름의 2.5배 이상으로 하고, 보통 3∼4배를 표준으로 한다.

또한 재축방향에 평행인 리벳의 중심선을 게이지 라인(gauge line), 각 게이지 라인과의 거리 또는 게이지 라인과 재면과의 거리를 게이지(gauge), 리벳과 수직재 면과의 거리를 클리어런스(clearance)라고 한다.

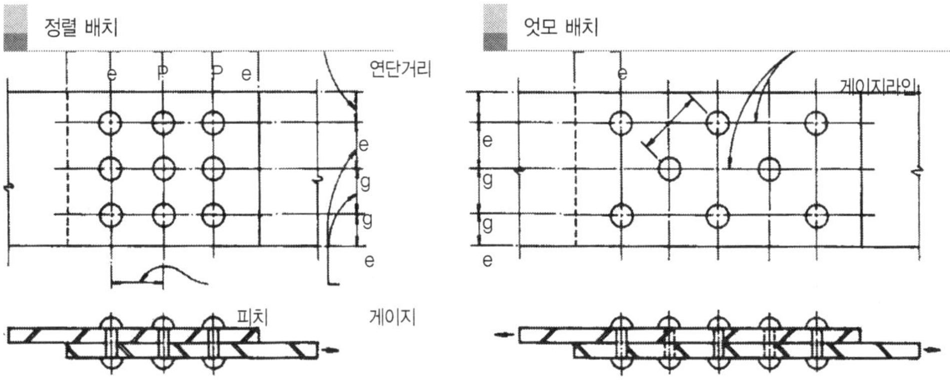

그림 6-5 리벳의 배치

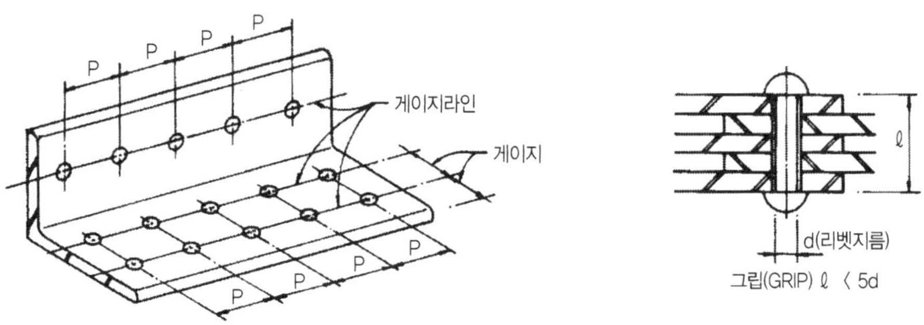

그림 6-6 게이지라인 및 그립

2) 볼트접합(bolt connection)

일반 구조용 볼트는 그 재질과 강도에 따라 보통볼트와 고력볼트가 있으며 볼트의 머리 모양이 6각인 볼트가 일반적으로 사용된다. 보통볼트는 리벳접합의 가조임용 또는 가설건물용으로 사용되며 강성(剛性)을 요하는 주요부분의 접합에는 구멍에서의 이완변형이 크기 때문에 사용하지 않는다.

고력볼트는 너트를 강하게 조여 볼트에 강한 인장력이 생기게 하여 그 인장력의 반력으로 접합된 판 사이에 강한 압력이 작용하여 이에 의한 접합재간의 마찰력을 이용한 접합으로

철골구조(鐵骨構造; Steel construction)

접합부의 강성이 높아 접합부의 변형이 거의 없고 피로강도가 높다.

6 - 4 각부 구조

보(beam)

간사이가 작거나 중도리, 장선 등의 보에는 ㄱ형강, ㄷ형강 또는 경량형강재를 사용하고 큰 보에는 I형강 또는 H형강을 사용하며 특히 큰 간사이일 때는 판보나 트러스보를 사용한다.

보의 형식은 단일재보와 조립보로 대별되며, 단일보는 ㄱ형강, ㄷ형강, I형강이 단독으로 사용되거나 2~3개를 단순한 접합으로 합쳐 쓴 것이고, 조립보는 형강 철판 등으로 구성 조립하여 큰 하중에 견딜 수 있도록 한 것이다.

실내건축에서 판보나 트러스보를 사용하는 경우는 드물며 단일보가 주로 사용된다.

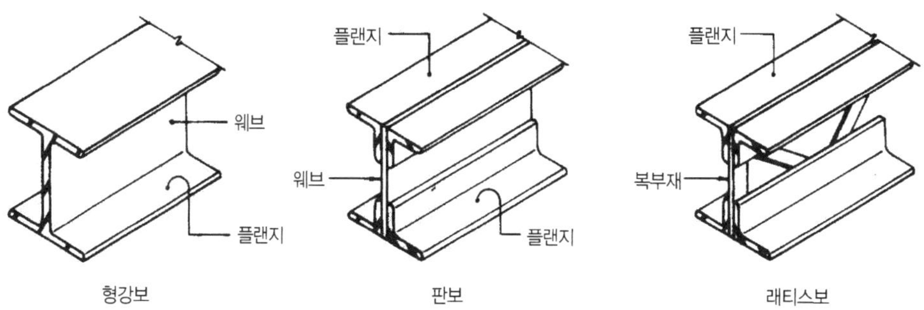

그림 6-6 철골보의 각부 명칭

1) 보의 구조

보는 플랜지와 웨브재로 구성되며 H형강, 판보 등에서 보의 단면의 상하에 날개처럼 내민 부분을 플랜지(flange)라 하고 중앙복부(中央腹部)를 웨브(web)라고 한다.

보의 구조는 주요 철골구조체의 경우 재 두께는 모두 6mm이상, 앵글의 일변 나비는 50mm이상으로 하고, 보의 춤(depth)은 간사이의 1/20이상, 보통 1/15이상으로 한다. 또한 플랜지판의 단면적은 플랜지 총 단면적의 60%이하로 한다.

2) 보의 종류

■ 형강보(形鋼梁 ; rolled steel beam)

형강보에는 I형강과 H형강이 주로 사용되며 임의단면을 선정할 수 있고 가공이 간단하고 현장조립이 신속하며 다른 철골구조보다 재료가 절약되어 경제적이다.

단면이 부족할 때는 플랜지 플레이트를 덧붙여 사용하고 보의 춤은 간사이의 1/15~1/30정도로 한다.

■ 판보(板梁 ; plate girder)

웨브에 철판을 쓰고 상하부에 플랜지 플레이트를 용접하거나 ㄱ형강을 리벳 접합한 것으로 설계 및 제작이 용이하고 전단력이나 충격 진동에도 강하다. 큰 하중을 받거나 간사이가 큰 구조물에 주로 사용한다.

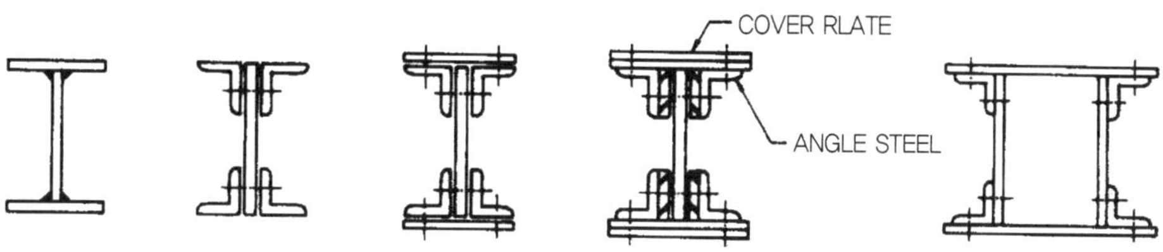

그림 6 - 7 각 종 판보의 단면

■ 래티스보, 격자보, 트러스보

상하부의 플랜지에 ㄱ형강을 쓰고 웨브재로 대철을 45°, 60°, 90° 등의 일정한 각도로 접합 한 조립보를 래티스보라고 하며, 웨브재를 플랜지에 90°로 댄 것을 격자보라 한다. 트러스보는 간사이가 15m이상이거나 보의 춤이 1m이상일 때 사용하며 상하면에 복재를 접합하여 만든 조립보이다.

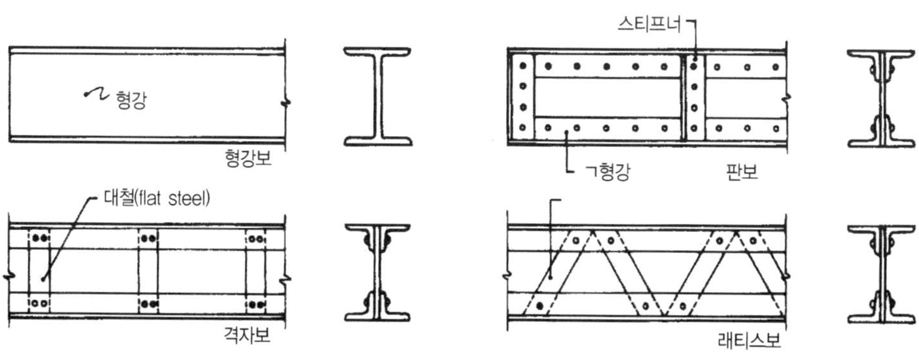

그림 6 - 8 격자보 및 래티스보

[Chapter 6]

철골구조(鐵骨構造; Steel construction)

기둥(柱; column)

역학적으로 압축력을 받는 부재를 기둥이라 하지만 일반적으로는 건축물의 수직 압축재를 뜻한다. 기둥의 형식에는 단일 형강기둥 또는 2개 이상의 형강기둥을 조립한 것, 또는 형강철판 등으로 구성 조립하여 큰 하중에 견딜 수 있도록 한 격자기둥, 판기둥, 래티스 기둥 등이 있다.

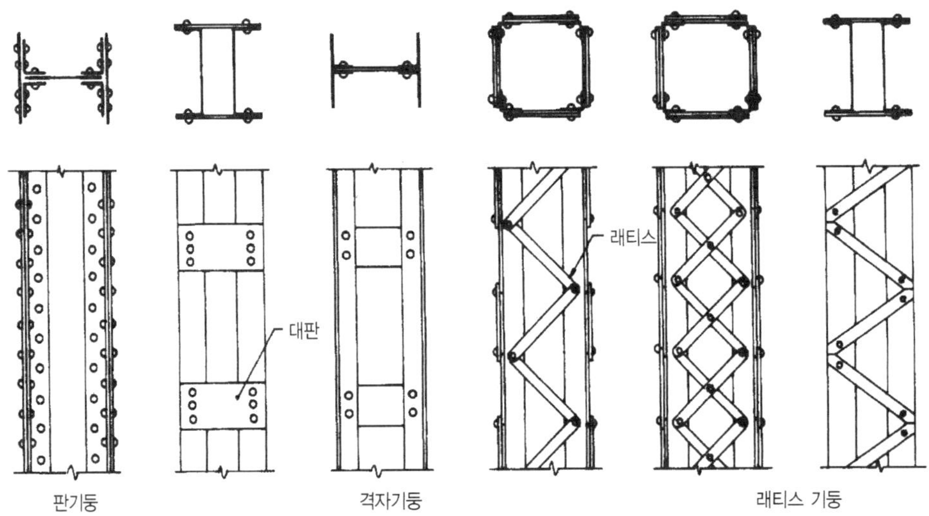

그림 6-9 조립기둥의 형식

6 - 5 가공(加工) 및 시공

1) 공장가공(工場加工)

구조용 강재 및 강판, 강관은 공장에서 가공하는 것을 원칙으로 하며, 공장작업은 가공공장의 능력여하에 따라서 현장작업에 영향을 미치는 경우가 많으므로 공작기계의 보유상태 및 능력, 기술자의 숙련도 등을 조사하여 선정하고 가공방법 및 규격, 접합방법 등은 도면 및 특기시방에 따른다.

공장에서 가공 또는 조립을 완료한 부재는 현장에 운반하기 전에 기름, 녹, 오염 등을 제거하고 녹막이 칠을 한다.

녹막이 칠은 마감되는 도료의 종별에 맞게 도장공사에 따르되, 특기 시방서에 정한바가 없을 때에는 다음과 같은 부분에 녹막이 칠을 하지 않는다.

① 콘크리트에 밀착 또는 매입되는 부분
② 조립에 의해 서로 밀착되는 부분
③ 현장 용접하는 경우 용접부에서 50mm이내
④ 고장력 볼트 마찰접합부의 마찰 면 등

2) 현장시공 및 설치

현장시공은 가결합(假結合) → 변형 바로 잡기 → 본접합의 순서로 하고, 접합방법 및 시공기계 등은 특기시방에 따르되, 다음과 같은 내용에 주의한다.

① 관련되는 공사에 맞추어 도면에 따라 바르게 설치하고, 접합방법 및 설치용 준비재의 종류 및 설치방법은 특기시방에 따른다.
② 현장 시공시 절단, 용접, 연마 등의 작업과정에서 손상된 표면은 즉시 보수하고, 손상의 정도가 심한 경우에는 부재를 교체하여 다시 시공한다.
③ 판재 및 파이프의 절단은 수평 또는 수직이 되게 하고, 그 허용오차는 ±0.25mm이내로 한다.
④ 스테인리스 제품을 시공할 경우 TIG용접봉 사용을 원칙으로 하며, 가급적 아르곤 가스를 사용하여 용접한다.
⑤ 기타 보강철물, 인서트, 앵커볼트 등의 설치용 준비재는 KS규격품으로 하고, 설치간격, 형상, 방청처리 등은 도면 및 특기시방에 따른다.

Chapter 7

목구조
(木構造; Wooden construction)

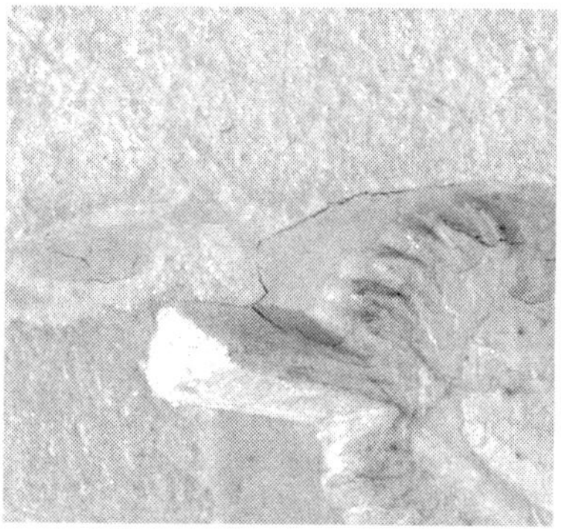

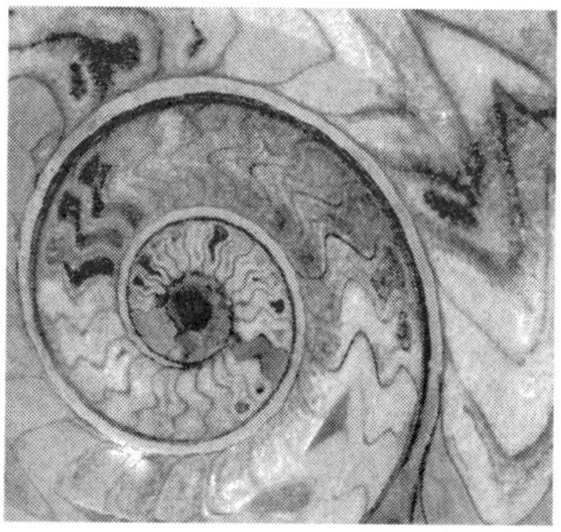

[Chapter 7]

목구조(木構造; Wooden construction)

7 - 1 목구조의 개요(槪要)

건물의 벽체, 바닥, 지붕 등의 골조를 목재로 짜서 세운 가구식(架構式)구조체를 나무구조 또는 목구조라고 한다. 목조건축은 철근콘크리트조, 조적조 건축물에 비하여 건물의 자중이 가볍고, 구조 및 공작이 쉬우며 공기를 단축시킬 수 있는 장점이 있으나 내화 및 내구성에 문제가 있는 것이 결점이다.

목구조는 나무구조로서 벽체를 벽돌이나 블록 등으로 두껍게 만든 목골구조(木骨構造 ; timber frame construction)와 비교적 가는 나무와 특수철물로 짜서 지붕틀을 구성하는 큰 간사이 목조(large span), 큰 간사이 구조를 소규모 건축물에 적용한 경골구조(輕骨構造 ; ballon cons- truction)로 구분할 수 있으며 실제 건축물을 구성하는 구조이기 때문에 실내 건축에서는 전체를 목구조로 하는 경우는 극히 드물며 필요에 따라 부분적으로는 사용하는 것이 일반적이다.

목조건물은 부위별로 벽체, 지붕, 마루바닥, 내부수장 등으로 구분할 수 있으며, 본 장에서는 주로 하중을 지지하는 구조들에 관하여 다루기로 하고 내부수장을 겸하는 구조들은 내부마감 목구조에서 다루기로 한다.

7 - 2 목재(木材 ; lumber, timber)

목조건축에서는 건물의 사용목적, 규모 등에 따라서 가장 적합한 목재를 가려서 사용해야 한다. 즉, 노출이 되는 부재(기둥, 도리 등)는 나무결, 무늬, 빛깔 등이 아름다우며 동시에 강도가 큰 것을 사용하고, 지붕속이나 마루 밑 등 감추어지는 부재는 모양은 없더라도 강도는 크며 또한 습기에 강한 목재를 사용해야 한다.

목재는 다른 재료에 비하여 가볍고 열전도율(熱傳導率)이 낮으며, 비중에 비해 인장강도, 휨강도, 압축강도가 크고 가공성이 우수하며, 외관이 아름답다.

또한 재료의 선택 및 공법의 조밀차를 자유롭게 할 수 있으며 생산 및 공급이 풍부한 장점이 있으나 가연성 재료로 비내화적이며, 건조습윤으로 인한 수축, 팽창과 충해를 받기 쉽고, 목재조직의 방향성과 목재 자체의 부분적 조직의 결함인 옹이, 썩음, 갈램, 껍질박이, 송진구멍 등을 갖고 있는 단점이 있다. 건물에 사용되는 목재는 구조용재와 수장용재로 대별할 수 있다.

1) 구조용재(構造用材)

구조용재는 건물의 뼈대로 사용되는 부재로 큰 하중을 받으므로 강도 및 내구성이 크고, 건조와 습윤으로 인한 수축팽창이 작으며, 내부식성이 크고 충해에 대한 저항성이 큰 것을 사용해야 하며 육송, 해송, 삼송나무, 전나무, 낙엽송, 가문비나무, 리기다소나무, 비자나무, 잣나무 등의 침엽수가 주로 구조용재로 사용된다.

표 7-1 대표적인 국내산 구조용재(침엽수)

수 종	산 지	재 질
소나무(陸松, 赤松)	전 국	가공성 및 탄력이 좋음. 뒤틀림이 심함.
해 송(海 松)	남 한	산출량이 적음. 비중이 크고 단단함. 충해에 강함.
솔송나무(鐵 杉)	경북, 울릉도	재질이 치밀하고 윤택이 있음. 내수, 내습, 내구력이 큼.
낙엽송(落葉松)	전 국	재질이 곧고 내구성이 큼. 강도가 약함. 탄력성이 큼.

표 7-2 대표적인 외국산 구조용재(침엽수)

수 종	산지	재 질
미 송(Douglas Fir Oregon pine	미국, 캐나다	결이 곧고 가벼우며 재질이 우수하고 내구성이 크다.
미솔송 나무 (Hemlock Fir)	알래스카, 남가주	표면이 조밀하고 아름답다. 내구성은 작으나 재질이 굳다. 침목 및 펄프의 원료.
미노송(실삼나무) Yellow cypress	북 미	결이 곧고 내구성이 크다.

2) 수장용재(修裝用材)

주로 실내의 치장을 위해 사용되는 부재를 수장용재라 하며 수장재, 창호재(窓戶材), 가구재(家具材)를 총칭한 것이다. 수장용으로 사용되는 목재는 무늬 및 결이 아름답고 뒤틀림이 작아야 하며 또한 함수율이 낮고 내마모성이 커야 한다.

밤나무, 느티나무, 오동나무, 참나무, 너도밤나무, 박달나무, 은행나무, 사시나무, 느릅나무, 자작나무 등의 활엽수가 주로 사용된다.

목구조(木構造; Wooden construction)

7 - 3 목재의 규격(規格) 및 취급단위

1) 목재의 규격

■ 각재(角材 ; rectangular timber)

단면의 두께가 6cm이상이고 폭이 두께의 3배 미만인 것을 각재(角材)라 하고, 두께가 6cm미만이고 폭이 두께의 3배 미만인 것을 소각재(小角材 ; 오림목)라 한다.

각재는 길이에 따라 정척물, 난척물, 단척물로 구분하며 길이 1.8m(6尺), 2.7m(9尺), 3.6m(12尺)의 3종을 정척물(定尺物), 길이 3.6m(12尺)이상인 것을 장척물(長尺物)이라 하며 0.9m씩 길어진 것을 표준으로 한다.

또한 길이 1.8m(6尺)미만인 것을 단척물(短尺物), 정척물 이외의 것을 난척물(亂尺物)이라 하며 각재의 기성재 단면치수는 다음과 같다.

표 7-3 각재의 표준제품 단면치수

기본치수	단위	1/2 쪽	1/2 각	1/3 쪽	1/4 쪽	1/5 쪽
120×120(4.0)	mm	120×60(4.0×2..0)	60×60(2.0×2.0)	120×40(4.0×1.3)	120×30(4.0×1.0)	120×24(4.0×0.8)
100×100(3.5)	mm	100×50(3.5×1.7)	50×50(1.7×1.7)	100×33(3.5×1.16)	100×25(3.5×0.8)	100×18(3.5×0.6)
90×90(3.0)	mm	90×45(3.0×1.5)	45×45(1.5×1.5)	90×30(3.0×1.0)	90×21(3.0×0.7)	90×15(3.0×0.5)

■ 판재(板材 ; board, plank)

두께가 6cm미만이고 폭이 두께의 3배 이상인 것을 판재(板材)라 한다. 판재의 기성품으로는 두께 6, 9, 12, 15, 18, 21, 24, 30, 36mm 등이 있고, 나비는 보통 9cm이상 10, 12, 13.5, 15, 18, 21, 24cm 등이 사용된다. 판재는 두께와 폭에 따라 다음과 같이 구분한다.

표 7-4 판재의 구분

구 분	두 께 및 폭
소판재(小板材)	두께가 3cm미만이고, 폭이 12cm미만인 것
후판재(厚板材)	두께가 3cm이상인 것
판 재(板 材)	두께가 3cm미만이고, 폭이 12cm이상인 것

■ 통나무(log)

통나무는 끝 마구리 지름 9cm이상의 것으로 10, 12, 13.5, 15, 18, 21, 24cm 등이 있고

길이는 각재의 정척길이와 같다.

2) 목재의 취급단위(取扱單位)

목재는 체적단위로 취급하며 m^3로 하는 것을 원칙으로 한다. 목재의 취급단위로는 일반적으로 재(才) 단위가 많이 사용되며 기타 목재의 관용단위는 표 7-5와 같다.

표 7-5 목재의 취급단위 환산표

명 칭	기 호	내 용	m^3	재(才)	B.F
입 방 미 터	m^3	1m×1m×1m	$1m^3$	299.475재	438.596B.F
재	才	1寸×1寸×12尺	$0.00324m^3$	1재	1.421B.F
보오드 피트	B.F	1inch×1inch×12feet	$0.00228m^3$	0.703재	1B.F

※ $1m^3$= 100cm×100cm×100cm = 1,000,000cm^3 = 299.475재(才) ≒ 300才
= 438.596B.F(Board Feet)

※ 1재(才) = 1寸×1寸×12尺 = $0.00324m^3$

※ 1석(石) = 1尺×1尺×10尺 = 10寸×10寸×10尺÷1寸×1寸×12尺 = 83.3才

※ 1B.F = 1inch×1inch×12feet = $0.00228m^3$ = 0.703才

7 - 4 부재의 접합(接合)

2개 이상의 부재를 1개의 부재로 만들기 위하여 길이 방향으로 길게 접합하거나 잇는 자리를 이음이라 하고, 두 재를 경사 또는 직각으로 접합하거나 접합한 자리를 맞춤이라고 한다. 또한 판재를 옆 대어 폭을 넓게 하는 것을 쪽매라고 하며, 이러한 일들을 모두 접합(接合 ; joint)이라 한다.

부재에 작용하는 응력(應力)은 압축, 인장, 구부림, 전단, 비틀림 등이 있으나, 하나의 응력이 작용하는 경우는 극히 드물고 대부분의 부재가 2개 이상의 응력을 받게 된다. 따라서 이음과 맞춤 등의 접합 방법은 그 부분에 생기는 응력에 따라 적당한 것을 선택해야 하고 또한 이음과 맞춤 부위는 구조상 부재의 약점이 되므로 충분한 보강이 있어야 하며, 부재의 가공 및 시공시에는 다음의 사항을 주의하여야 한다.

① 한 부재의 부분적 약점은 부재 전체의 약점이 되므로 부재는 되도록 작게 깎아내어 약해지지 않도록 한다.

목구조(木構造; Wooden construction)

② 이음과 맞춤의 위치는 구부림, 인장, 압축, 전단 등의 응력이 작은 곳에 두고, 국부적으로 큰 응력이 작용하지 않도록 한다.

③ 공작이 간단한 것을 쓰고, 큰 응력이 작용하는 곳에는 철물로 보강하며, 모양에 치중하지 않도록 한다.

④ 이음과 맞춤의 단면은 응력의 방향에 직각이 되도록 한다.

⑤ 맞춤의 면은 정확하게 가공하여 서로 밀착되고 빈틈이 없도록 한다.

1) 이 음(Joint)

이음은 맞댄 이음, 겹친 이음, 따내기 이음, 중복이음으로 구분하는 것이 일반적이며 이음 위치에 따라 심이음, 낸 이음, 보아지 이음, 벼개 이음으로 구분하기도 한다.

■ 맞댄 이음(Butt joint)

두 부재를 서로 맞대어 잇는 것으로 철판 또는 나무를 덧판으로 댄 후 큰 못을 박거나 볼트를 사용하여 조임 하는 이음으로 큰 압력이나 인장력을 받는 부재에 사용한다. 덧판과 부재사이에 산지나 듀벨을 사용하면 더 큰 응력에 저항할 수 있다.

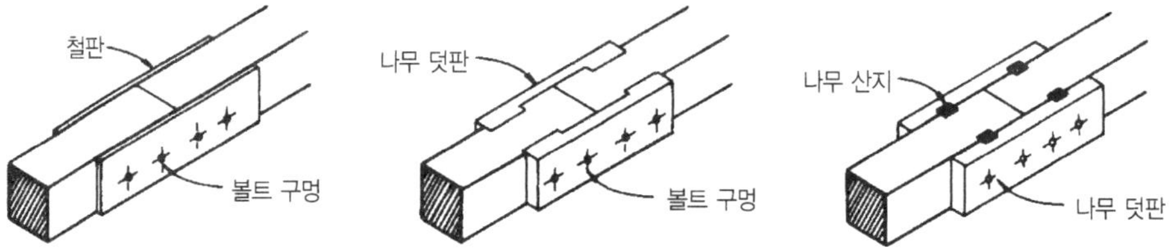

그림 7 – 1 맞댄 이음

■ 겹친 이음(Lap joint)

2개의 부재를 단순히 겹쳐대고 산지, 볼트, 듀벨 등으로 보강하여 잇는 방법으로 볼트와 듀벨을 사용하면 큰 간사이의 Truss에도 사용 가능하다.

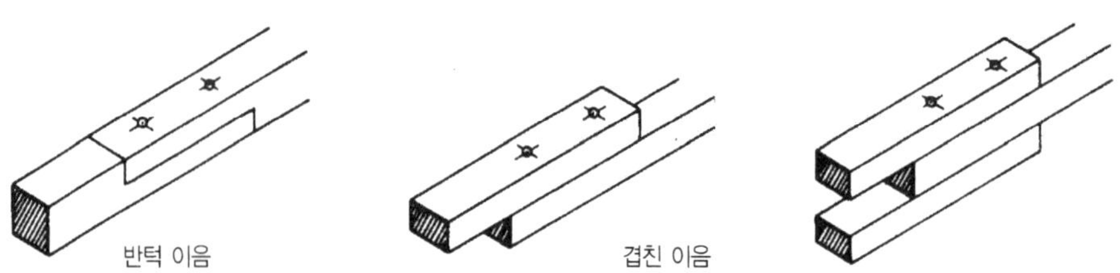

그림 7 – 2 겹친 이음 및 반턱 이음

■ 반턱 이음(Half lap joint)

2개의 부재를 반턱모양으로 따내고 큰못이나 볼트 또는 나사로 보강하는 이음으로 가장 일반적으로 사용하는 방법이지만 큰 응력이 작용하는 곳에는 사용하지 않는다

■ 따낸 이음(Lap joint)

두 부재를 서로 물려지도록 부재를 가공하여 맞추는 이음으로 부재를 더욱 튼튼하게 하기 위하여 큰 못, 산지, 볼트 등으로 보강하는 것이 일반적이다.

① 주먹장 이음(Dovetail joint) : 한 부재의 끝을 주먹모양으로 만들어 다른 부재에 내리 물려 빠지지 않게 한 이음으로 가장 간단히 사용할 수 있는 방법이다. 휨응력이 크게 작용하는 곳에서는 사용할 수 없고 토대, 멍에, 중도리 등의 이음에 사용한다.

② 메뚜기장 이음(Cutter tail joint) : 주먹장 이음에 비해 약간 튼튼한 이음으로 인장력을 받는 곳에 사용할 수는 있으나 효과는 크지 않다.

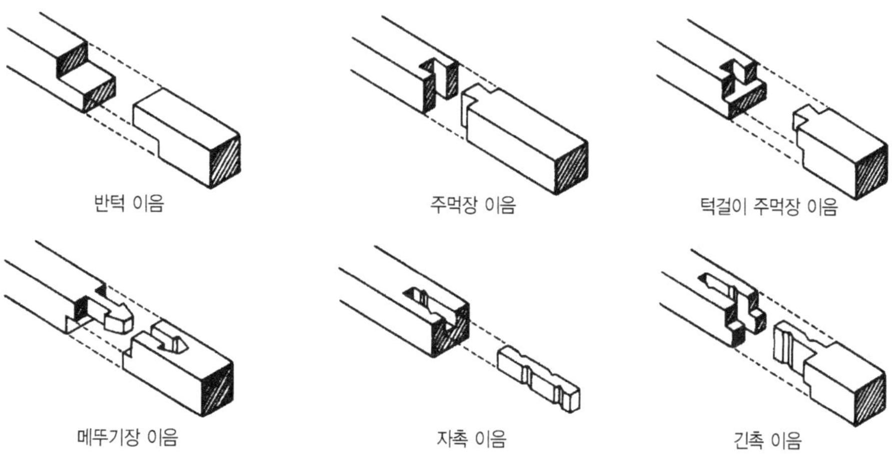

그림 7 - 3 따낸 이음

③ 엇걸이 이음(Oblique scarf joint) : 휨에 대하여 가장 효과적인 이음으로 중요한 부재의 이음은 모두 엇걸이 이음으로 한다. 이음의 길이는 부재 춤(Depth)의 3.0~3.5배로 하며 엇걸이 이음의 종류에는 다음과 같은 것들이 있다.

- 엇걸이 산지이음 : 엇걸이 이음에 산지를 사용한 것으로 이음길이는 재 춤의 2.5배 이상, 중간 경사는 춤의 1/10, 산지의 크기는 15~18mm각으로 한다. 도리나 중도리 등의 휨응력을 받는 곳에 적당한 이음이다.
- 엇걸이 촉이음 : 재의 끝에 촉이 있고 중간턱을 수직으로 하여 맞대어 맞추고 윗면

[Chapter 7]

목구조(木構造; Wooden construction)

에서 산지를 박은 이음이며, 엇걸이 산지이음보다 강력한 이음이다. 이음의 길이는 부재 춤(Depth)의 3.0~3.5배로 하며 기둥, 도리 등에 사용한다.

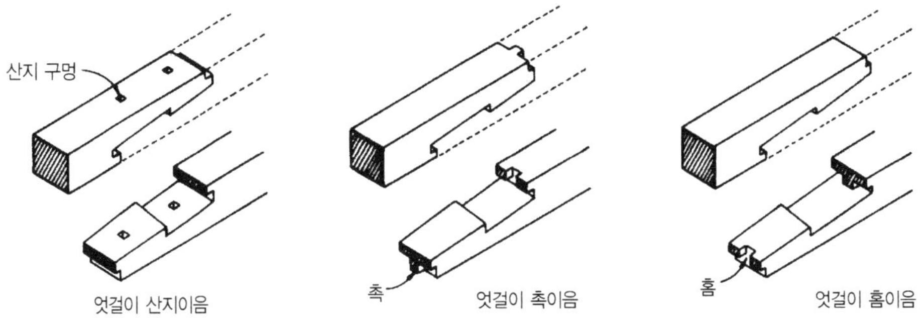

그림 7 - 4 엇걸이 이음

④ 빗 이음(Splayed joint) : 두 재를 서로 경사지게 잘라 잇는 이음으로 이음길이는 부재 춤의 1.5~2.0배 정도로 한다. 서까래, 지붕널, 마루널, 장선 등에 쓰인다.

⑤ 엇빗 이음(Herring bone joint) : 두 부재를 가위모양으로 엇갈리게 잘라 잇는 이음으로 반자틀, 반자살대 등에 사용한다.

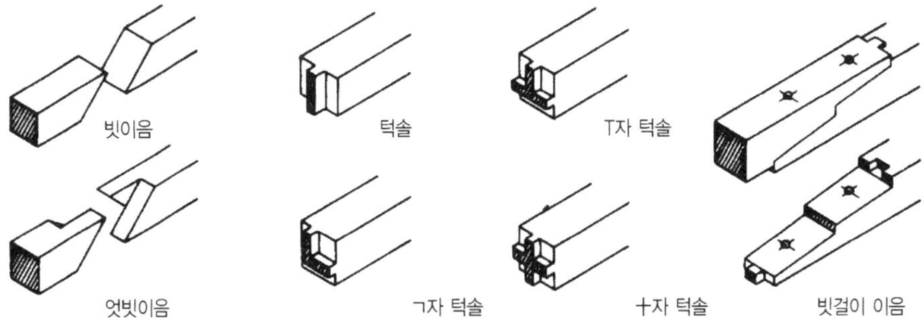

그림 7 - 5 반이음 및 턱솔이음

■ 이음의 위치

① 심 이음 : 지지재(支持材)의 중심부에서 잇는 이음

② 내 이음 : 이음자리에 직교하는 부재의 맞춤자리를 피해서 있는 이음

③ 보아지 이음 : 수직재에 끼워 보의 짜임새를 보강하는 짧은 부재로 구성한 이음

④ 벼개 이음 : 수직재 위에 간막이 도리 또는 보를 걸고 그 위에서 잇는 이음

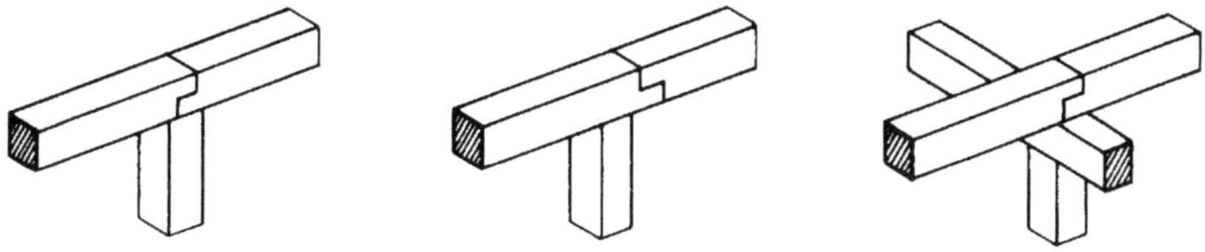

그림 7 - 6 이음의 위치

3) 맞춤(Connection joint)

두 부재를 장부와 장부구멍으로 만들어 맞춰지게 한 것이 일반적이며 맞춤의 종류는 다음과 같은 것이 있다.

■ 간단한 맞춤

일반적으로 사용하는 맞춤으로 맞춤한 부재 그 자체로는 약하므로 보강철물을 사용하여 맞춤부위를 튼튼하게 하여 사용하는 것이 바람직하다.

① 턱 맞춤(Shoulder joint) : 기둥에 부재의 크기가 작은 가로재를 맞출 때 주로 사용하며 두 재에 턱을 만들어 서로 물리게 하는 간단한 맞춤방법이다.

② 숭어턱 맞춤 : 한식 목구조에서 기둥사이의 보에 턱을 만들어 끼워 넣는 맞춤으로 기둥과 도리의 맞춤에 쓰인다.

③ 장부빗턱 맞춤(Oblique butt joint) : 기둥에 층도리와 같은 가로재를 접합시킬 때 사용하는 맞춤으로 기둥과 보, 기둥과 도리 기둥과 하인방의 맞춤에 주로 사용된다. 접합부를 보강하기 위해 산지를 박거나 꺾쇠치기 또는 감잡이쇠를 대기도 한다.

④ 통 맞춤(Housed joint) : 기둥에 부재의 크기가 작은 가로재를 맞출 때 사용하며 큰 재에 구멍을 파고 작은 부재가 통으로 맞추어지는 것이다.

⑤ 가름장부 맞춤 : 한 부재를 두 갈래로 오려내고 다른 부재를 오려낸 홈에 끼워 맞춤 한 것으로 산지나 감잡이쇠 못 등으로 보강한다.

⑥ 안장 맞춤(Bevel shoulder notch) : 평보와 ㅅ자보의 맞춤에 사용하는 것으로 ㅅ자보를 두 갈래로 오려내고 평보의 쌍 구멍에 끼워 맞추어 옆으로 이동되지 않게 한 맞춤이다.

⑦ 걸침턱 맞춤(Cogged joint) : 수평재의 양쪽에 턱을 내고 직교하는 수평재를 통으로 내리 끼우는 맞춤으로 큰 보에 작은 보를 걸칠 때나 멍에 위에 장선을 걸칠 때 주로 사용한다.

목구조(木構造; Wooden construction)

⑧ 반턱 맞춤(End lap joint) : 두 부재를 반턱으로 따내고 서로 끼워 맞추는 간단한 맞춤으로 직각부분의 맞춤이나 중요하지 않은 부재의 맞춤에 일반적으로 사용된다.

⑨ 허리 맞춤(Abutting joint) : 부재를 따내지 않고 한 재의 마구리를 다른 재의 옆에 대어 접합하는 간단한 맞춤이다.

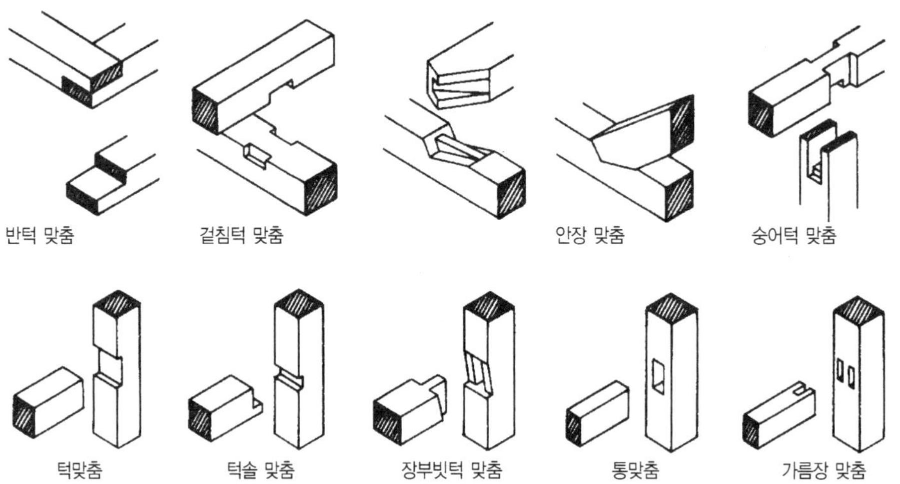

그림 7 - 7 각종 맞춤

■ 주먹장 맞춤

보강철물을 사용하지 않아도 튼튼한 맞춤으로 다음과 같은 종류가 있다.

① 주먹장부 맞춤(Dovetail joint) : 장부가 주먹모양으로 된 것으로 토대와 멍에의 맞춤, 또는 반자틀의 달대에 쓰인다.

② 두겁주먹장 맞춤(Capping dovetail joint) : 주먹장 위에 턱을 낸 두겁모양으로 씌우고 밑은 주먹장으로 물리게 된 맞춤이며 계단난간이나 지붕보의 맞춤에 사용된다.

③ 턱걸이주먹장 맞춤 : 주먹장에 턱걸이 및 턱솔을 만든 것으로 간단하고 튼튼하여 철물로 보강하지 않아도 된다.

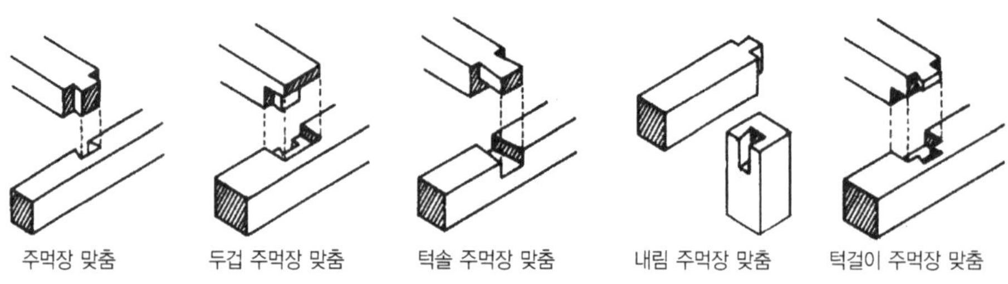

그림 7 - 8 주먹장 맞춤

■ 연귀 맞춤(Mitre joint)

마구리가 보이지 않도록 귀를 45°로 접어서 맞추는 것으로 문선, 판벽의 두겁대, 걸레받이 등에 사용한다.

① 반연귀 맞춤(Mitred and rebated joint) : 연귀를 반만 내고 안쪽 또는 바깥쪽은 직각으로 잘라내어 맞추는 것으로 토대의 모서리에 쓰인다.

② 안촉연귀 맞춤(Tongue and groove mitre joint) : 연귀의 안쪽에 촉을 내고 다른 재는 구멍을 뚫어 꿰뚫어 넣은 후 바깥쪽은 연귀로 한 맞춤이다.

③ 밖촉연귀 맞춤(Tongue and groove mitre joint) : 바깥쪽은 연귀로 하고 안쪽에 촉을 내어 물리게 한 맞춤이다.

④ 안팎촉연귀 맞춤 : 연귀의 안팎에 촉과 홈을 파서 물리게 하는 방법이다.

⑤ 사개연귀 맞춤 : 귀를 45°로 접고 안쪽에 여러개의 촉과 홈을 내어 물리게 한 것으로 치장을 요하는 곳이나 직각 모서리에 쓰인다.

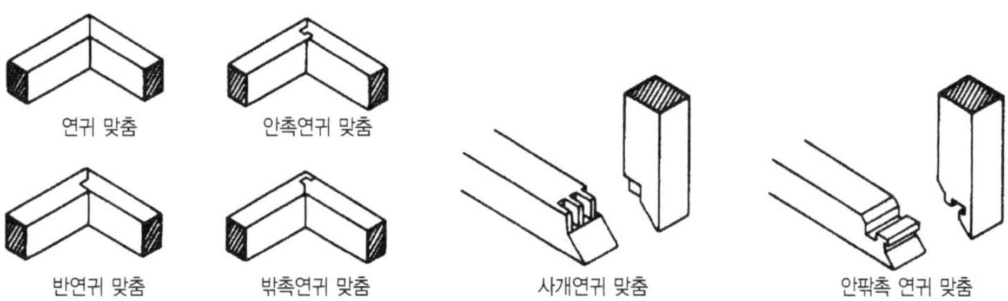

그림 7 - 9 연귀맞춤의 종류

■ 장부 맞춤(Mortise and tenon joint)

한 부재에는 장부를 내고 다른 부재에는 장부구멍을 파서 끼우는 맞춤으로 가장 튼튼한 맞춤방법이다. 턱솔장부 맞춤, 턱장부 맞춤, 쌍턱장부 맞춤, 빗장부 맞춤, 쌍장부 맞춤, 부채장부 맞춤 등 여러 종류가 있으나 일반적으로 사용하는 장부맞춤은 다음과 같다.

① 내다지장부 맞춤(Through mortise and tenon joint) : 장부를 길게 하여 맞춰지는 재를 꿰뚫어 넣게 한 맞춤으로 본기둥 또는 주요 구조재의 위치고정에 쓰이며, 재의 바깥으로 꿰뚫어 나온 장부에 산지나 벌림쐐기 등을 박아 빠짐을 방지한다.

② 긴장부 맞춤(Full mortise and tenon joint) : 장부의 길이가 맞춰지는 재 춤의 1/2 이상인 것으로 기둥의 상하 맞춤에 사용하며 가로산지를 박아 보강한다.

③ 반다지(짧은장부) 맞춤(Stub mortise and tenon joint) : 맞춰지는 재 춤의 1/2~

1/3정도의 깊이로 뚫어 넣는 짧은 장부로 샛기둥, 동바리 등의 맞춤에 쓰인다.

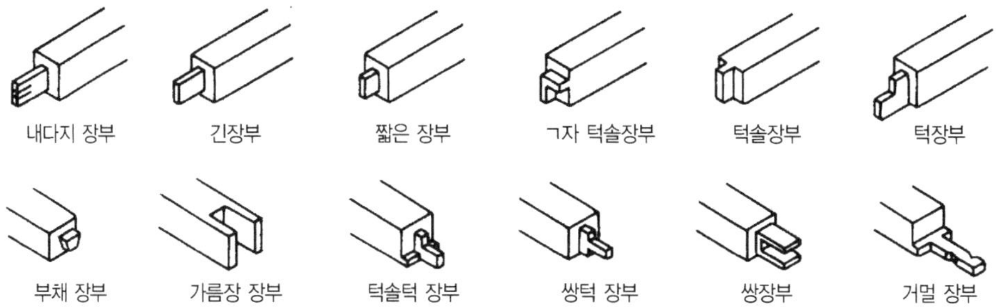

그림 7 – 10 각종 장부맞춤

■ 쪽매(Joint)

폭이 좁은 널을 옆 대어 붙여 그 폭을 넓게 하는 것으로, 주로 마루널의 접합에 사용되며, 양판문의 양판제작에도 사용된다.

① 맞댄 쪽매(Plain butt joint) : 널 옆을 대패질 마무리하여 서로 맞댄 후 널 위에서 못질하는 것으로 정밀도를 필요로 하지 않는 실용적인 툇마루에 쓰인다.

② 반턱 쪽매(Slip lap joint) : 널의 옆을 널 두께의 반만큼 깎아서 맞댄 면의 틈을 감추게 하는 것으로 두께 15mm미만의 널 깔기에 사용된다.

③ 틈막이 쪽매(Panel strip joint) : 징두리 판벽에 주로 사용하며 쪽매하여 댄 널의 틈을 가리기 위하여 좁은 널을 덧댄 것이다.

④ 오니 쪽매(Herring bone joint) : 널의 옆에 살촉모양으로 솔기를 낸 것으로 흙막이 널에 쓰인다.

⑤ 양끝 못 맞댄 쪽매(Doube point nail plain joint) : 맞댄 쪽매에 양끝 못을 사용한 것으로 용도는 맞댄 쪽매와 같다.

⑥ 빗 쪽매(Splayed joint) : 널의 옆면을 경사면으로 대패질 한 것으로 반자널 쪽매 등에 사용한다.

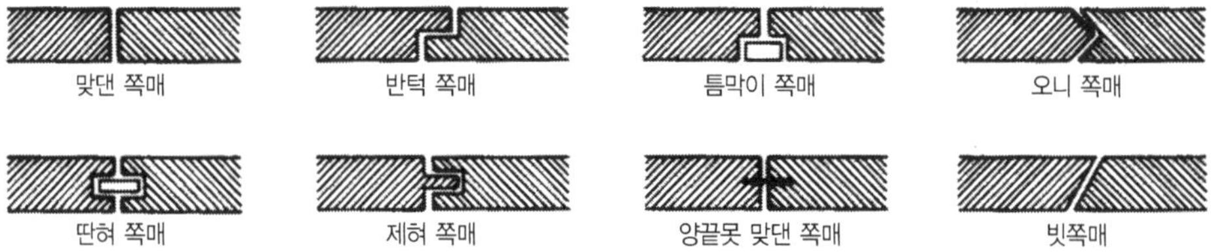

그림 7 – 11 쪽매의 종류

⑦ 제혀 쪽매(Tongued and groove joint) : 널의 한 옆을 제물로 혀를 내고 다른 재의 옆면은 혀가 물리도록 홈을 판 것으로 혀의 위에서 빗못질 하므로 못머리가 감추어진다. 보행진동 이 있는 마루널 깔기에 가장 적합한 방법이며, 양판문의 양판 또는 징두리 양판문의 징두리판에도 사용한다.

⑧ 딴혀 쪽매(Spline joint) : 널의 양옆에 홈을 파고 혀를 따로 끼워 댈 수 있게 만든 것으로 마루널 깔기에 쓰인다.

7 - 5 보강철물(補强鐵物) 및 접착제(接着劑)

1) 보강철물

■ 에어 툴 핀(Air tool pin ; 타카 핀)

못의 대용품으로 사용하는 고정용 철물로 공기의 단축 및 시공의 편리함으로 인해 근래에는 못을 사용하지 않고 거의 에어 툴 핀을 사용한다.

현장에서는 타카핀이라는 명칭으로 불리며 에어 툴(Air tool ; 압축기(compressor)에서 보낸 압축공기에 의해 못의 대용품인 Air tool pin(타카핀)을 순간적으로 쳐 박는 기계)을 사용하여 박는다. 핀의 종류에는 석고보드나 두께가 얇은 합판에 사용하는 ㄷ'자형과 MDF, 걸레받이, 반자돌림대, 몰딩 또는 두께가 두꺼운 건축판에 사용하는 I'자형, 콘크리트나 벽돌, 블록벽체에 사용하는 콘크리트용이 있다.

■ 못(Nail)

구조용으로 사용하는 못은 재질 및 형상에 따라 수많은 종류가 있으나 에어툴 핀의 사용증 가로 인해 특별한 경우를 제외하고는 그 사용이 급격하게 감소하고 있다.

목재의 접합시 못의 지름은 널 두께의 1/6이하로 하고 길이는 박아대는 나무두께의 2.5~3.0배로 하되, 재의 마구리부분에 사용하는 못은 3.0~3.5배로 하며 널두께가 10mm 이하인 때에는 4배를 표준으로 한다. 또한 못을 박을 때는 15˚도 정도 기울게 박는다.

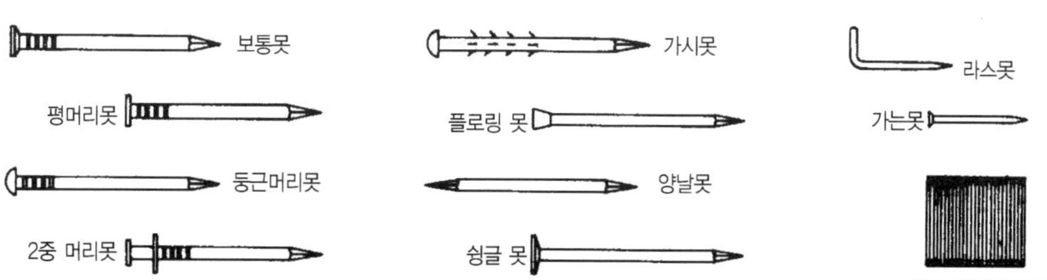

그림 7 - 12 못의 종류

[Chapter 7]

목구조(木構造; Wooden construction)

■ 나사못(Screw)

나사못은 처음부터 틀어박는 것을 원칙으로 하고 망치로 때려 박더라도 나사못 길이의 1/3은 틀어박아야 한다. 나사 조이기에 앞서 나사못 길이의 1/2정도의 구멍을 부재에 미리 뚫어 놓는다.

그림 7 - 13 나사못의 종류

■ 볼트(Bolt)

볼트는 두 부재를 강력하게 당겨 조이는데 사용하며, 보통 6각 볼트 및 너트가 일반적으로 사용된다. 구조용 볼트는 지름 12mm이상, 경미한 구조부에서는 지름 9mm의 것을 주로 사용한다.

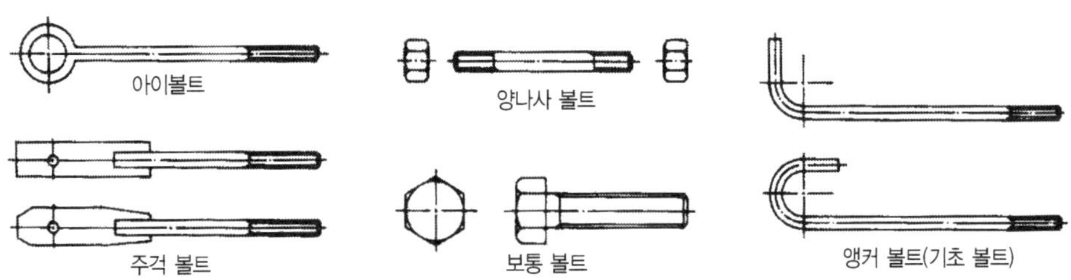

그림 7 - 14 볼트의 종류

■ 꺽쇠(Clamp)

꺽쇠는 2개의 부재를 잇거나 엇갈리게 고정시킬 때 사용하는 철물로 강봉(鋼奉)으로 만든다. 보통꺾쇠, 엇꺾쇠, 주걱꺽쇠 등으로 구분하며 강력하게 당겨 조일 수 없으므로 하중을 많이 받는 곳이나 중요한 부재에는 사용하지 않고 두 재를 간단히 고정할 수 있는 곳에 사용한다.

단면의 모양이 원형인 꺽쇠가 일반적으로 사용되며 꺽쇠치기를 할 때에는 접합하는 두 부재를 밀착시키고 꺽쇠를 두 부재에 같은 길이로 걸친 후 양 어깨부분을 교대로 쳐 박고 필요할 때에는 꺽쇠자리 파기를 한다.

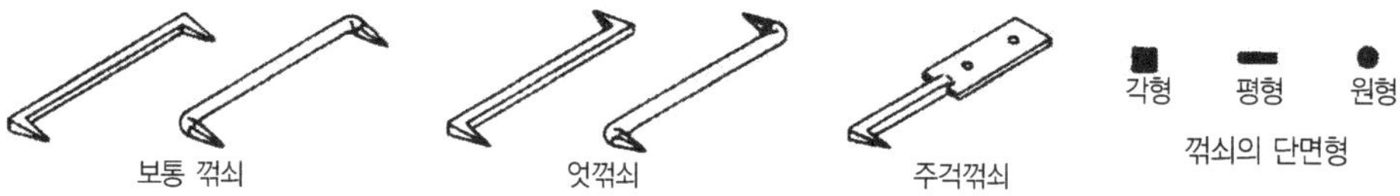

그림 7 - 15 꺽쇠의 종류

■ 띠쇠(Strap)

띠쇠는 띠형의 평철(平鐵)에 가시 못 또는 볼트구멍을 뚫어 만든 철물로 목재의 이음 및 맞춤부분에 대는 보강철물로 사용한다.

띠쇠는 지름 6mm이상의 가시 못 또는 볼트를 병용하고 판의 두께는 3~6mm, 나비는 20~60mm정도로 한다. 녹막이칠을 하여 사용하며, 형상 및 용도에 따라 다음과 같은 종류가 있다.

① 감잡이쇠 : ㄷ자형으로 구부려 만든 띠쇠로서 왕대공과 평보, 평보와 ㅅ자보 등의 맞춤부분에 보강철물로 사용한다.

② ㄱ자쇠(L-strap) : ㄱ자형으로 구부려 만든 띠쇠로서 모서리 가로재의 연결이나 가로재와 세로재의 긴결에 사용한다.

③ 안장쇠 : 안장모양으로 만든 철물로서 큰 보에 걸쳐 작은 보를 받게 할 때 사용한다.

■ 듀벨(Dowel)

주로 보의 이음부분에서 보강철물로 사용되는 것으로 두 부재 사이에 끼워져 전단력에 저항하게 하는 일종의 산지로 볼트와 같이 사용한다.

그림 7 - 16 띠쇠의 종류

2) 목재용 접착제

목재용으로 사용하는 접착제는 동물질, 식물질 및 합성수지질 접착제로 대별할 수 있으나 동물질 및 식물질 접착제는 합성수지질 접착제가 보편화된 이후에는 잘 사용되지 않고 있으며 합성수지질 접착제의 종류 및 특성은 다음과 같다.

■ 비닐수지 접착제(vinyl resin paste)

초산비닐 또는 초산비닐과 염화비닐의 공중합체를 주성분으로 하는 접착제로 용제형과 에멀젼형의 2가지로 분류된다.

용제형은 초산비닐을 아세톤이나 메탄올 등에 용해시킨 것으로 용도는 넓으나 0℃ 이하 또는 60℃ 이상으로 되면 접착강도가 저하되며 내수성 및 크리프 저항이 적은 것이 단점이다. 에멀젼형은 용제를 포함하지 않기 때문에 화재나 독성의 위험이 적다.

비닐수지 접착제는 값이 저렴하고 작업성이 우수하여 가장 일반적으로 사용되는 접착제지만 내수성이 부족하기 때문에 옥외에는 사용하지 않는 것이 좋다.

■ 요소수지 접착제(ureaformaldehyde resin paste)

주로 목재 및 내수합판의 접착에 사용된다. 요소수지와 포르말린의 초기 축합물을 탈수하여 축합한 열경화성수지 접착제로 무색투명하며 내수성 및 접착성이 우수하다.

내수성은 비닐계 접착제보다는 크지만 멜라민수지나 페놀수지 접착제 등에는 미치지 못한다.

■ 멜라민수지 접착제(acrylic resin paste)

주로 목재와 내수합판의 접착제로 사용한다. 요소수지 접착제와 같이 열경화성수지 접착제로 멜라민과 포르말린을 원료로 하여 제조되며 내수성 및 내열성 등이 요소수지 접착제보다 우수하나 고가이다.

가열경화성이므로 사용시에는 70℃ 이상의 열압처리를 한다.

■ 페놀수지 접착제(phenol resin paste)

주로 목재나 내수합판의 접착에 사용하며 페놀수지의 초기 축합체에 메탄올 용액 50%를 혼합한 접착제로 접착력, 내수성, 내열성 및 내한성이 우수하다. 상온에서 경화하는 것도 있으나 20℃ 이하에서는 접착력을 충분히 발휘하지 못하므로 60~110℃ 정도로 열압처리를 한다.

■ 폴리에스테르수지 접착제(polyester resin paste)

불포화 폴리에스테르를 주원료로 하고 경화제, 촉진제 등을 가하여 만든 것으로 상온에서도 경화가 빠르고 접착력이 크며 경화수축은 작다. 목재와 석재 등의 접착에 사용한다.

7 - 6 목조벽체(木造壁體)

목조벽체는 토대, 기둥, 층도리, 깔도리, 처마도리, 샛기둥, 가새, 인방 꿸대 등으로 구성되며 부재의 크기 및 접합방법 등의 내용은 다음과 같다.

1) 토대(土臺 ; Ground sill)

토대는 기초 위에 가로놓아 상부에서 오는 하중을 기초에 전달하며, 기둥 밑을 고정하고 벽을 치는 뼈대가 되는 부재로 밖벽 및 간막이벽체의 토대 및 귀잡이 토대로 구분할 수 있으며, 설치 및 부재의 접합은 다음과 같이 한다.

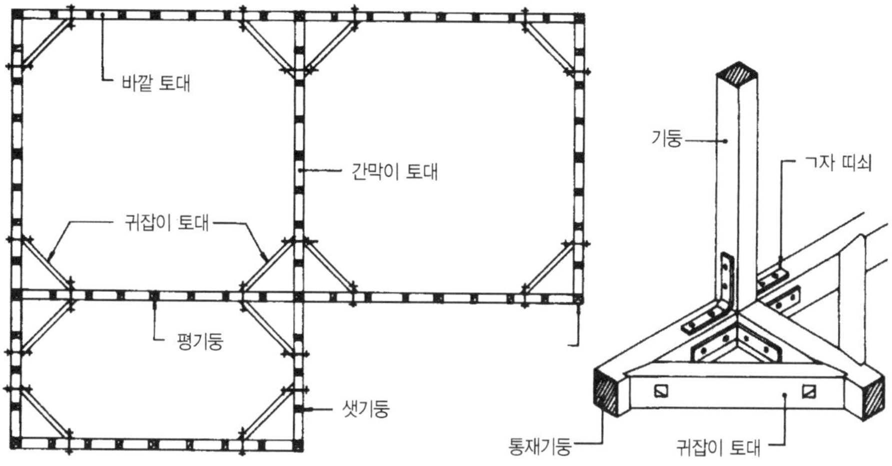

그림 7 - 17 토대

■ 이음 및 맞춤

토대와 토대의 이음은 턱걸이 주먹장이음 또는 엇걸이 산지이음으로 하고, 간막이 토대와의 맞춤은 통넣은 주먹장으로 한다.

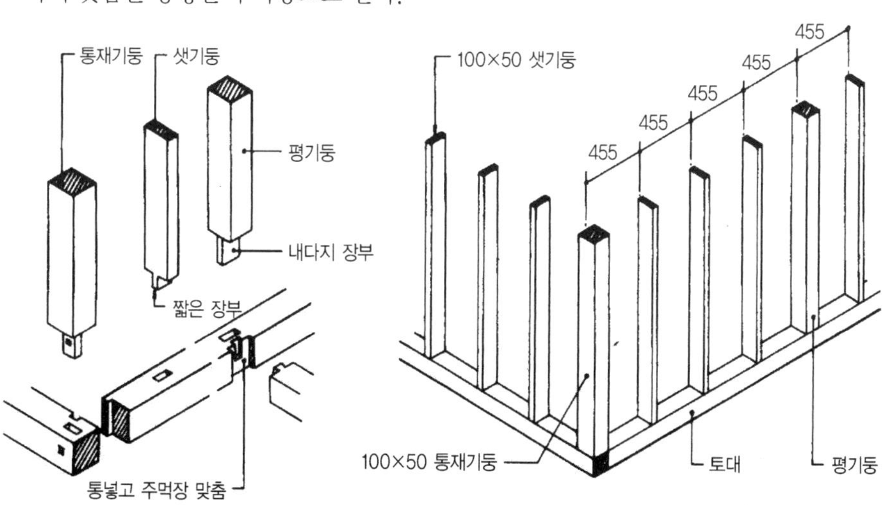

그림 7 - 18 토대의 이음 및 맞춤

목구조(木構造; Wooden construction)

■ 설치(設置)

완성된 기초 콘크리트에 매입된 앵커 볼트의 위치를 확인한 후 토대를 번호순으로 기초 위에 놓은 다음 가설치(假設置)된 앵커볼트의 위치에 맞게 볼트구멍을 뚫고 토대와 기초를 연결시킨다.

이 때 토대의 심먹은 기초의 심먹과 일치하여야 하며 기초와 접하는 토대의 밑 부분에는 방부제를 반드시 칠해야 한다. 토대의 크기는 기둥과 같거나 약간 크게 한다.

2) 기둥(Column)

지붕과 2층마루 등의 하중을 받아 토대에 전달하는 수직구조재로 본기둥과 샛기둥으로 대별하며, 본기둥은 통재기둥과 평기둥으로 다시 구분할 수 있다.

기둥의 크기는 수직하중 및 수평하중에 대한 강도계산으로 산정하지만 일반적인 본기둥의 크기는 표 7 - 6을 기준으로 한다.

표 7-6 기둥의 크기 (단위 : cm)

기둥의 길이	270cm 일 때	300cm 일 때	360cm 일 때
최 상 층	9×9	10×10	12×12
2층	10.8×10.8	12×12	14.4×14.4
1층	12.3×12.3	13.65×13.65	16.4×16.4

■ 맞춤

기둥과 가로부재와의 맞춤은 짧은 장부맞춤으로 하고 꺾쇠, 주걱볼트, 띠쇠 등으로 보강하며 모서리 기둥은 토대에 부채장부맞춤 하고, 보강철물로 보강한다.

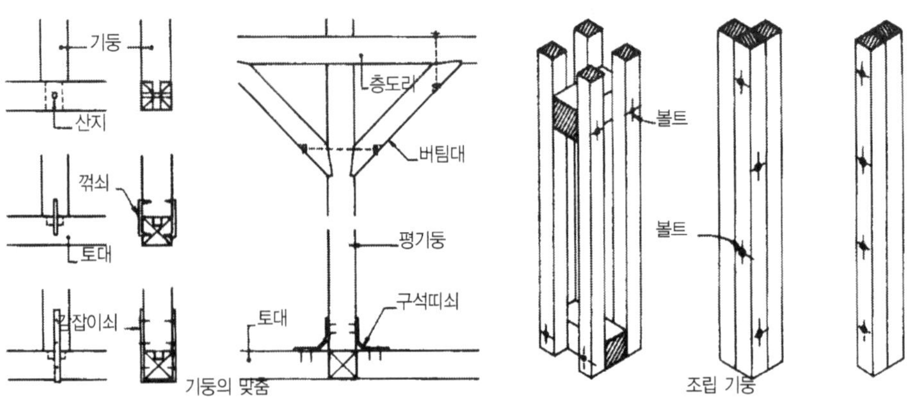

그림 7 - 20 기둥의 맞춤

■ 설치(設置)

건물의 모서리나 간막이벽과의 교차부 또는 집중하중이 오는 곳에 통재기둥을 수직으로 세워 이동이 되지 않도록 가새 또는 버팀대로 고정하고 이를 기준으로 하여 평기둥 및 샛기둥을 공정순서대로 세워 나간다.

이때 본기둥의 간격은 2m내외로 배치하고, 샛기둥의 간격은 본기둥 간격의 1/4정도로 하며 샛기둥의 크기는 본기둥의 반쪽 또는 1/3쪽 정도로 한다.

3) 가새(Brace)

목조뼈대는 일반적으로 사각형 모양으로 부재를 짜게 되므로 사각형의 귀 부분에 집중하중을 받게 되면 그 형상이 일그러지지가 쉽다.

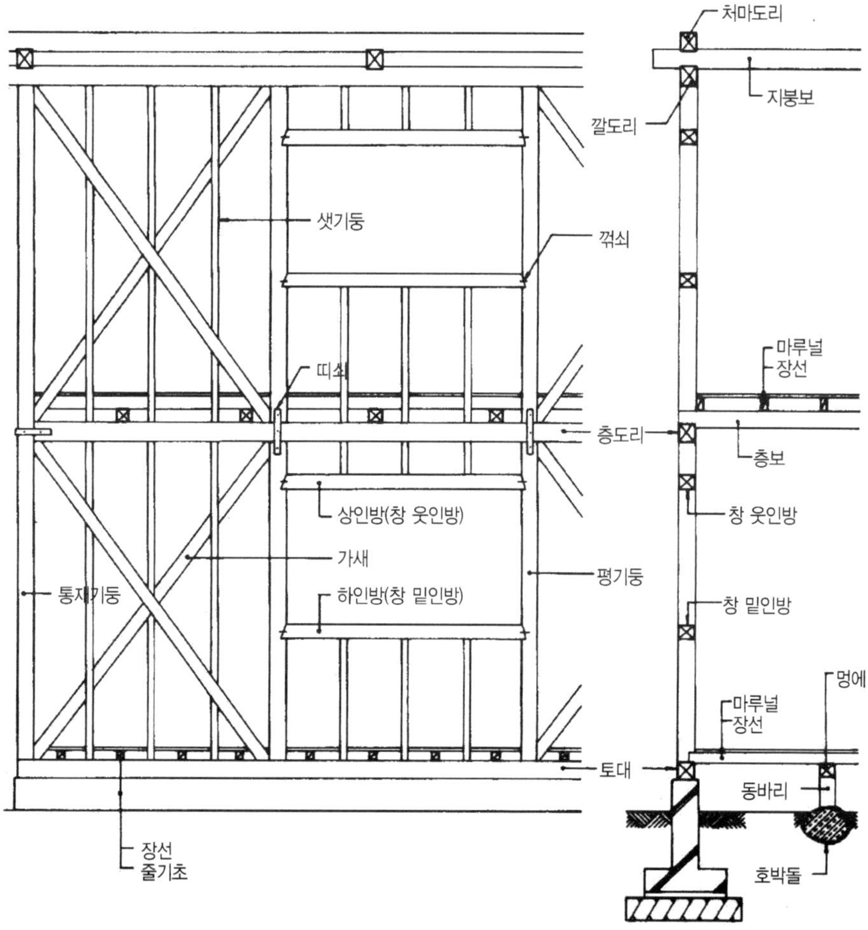

그림 7 - 22 벽체의 구조

[Chapter 7]

목구조(木構造; Wooden construction)

이것을 막기 위해 대각선 방향으로 부재를 빗대면 부재의 변형을 방지할 수 있는데 이때 대각선 방향으로 대는 부재를 가새라고 한다. 또한 가새를 댈 수 없을 때 그 모서리에 수평으로 짧게 빗댄 것을 귀잡이라 하고 수직으로 빗댄 것은 버팀대라 하며 가새, 귀잡이, 버팀대는 벽체에 가해지는 횡력에 유효한 부재이다.

■ 가새(Diagonal bracing)

목조벽체를 횡력에 견디게 하고 안정한 구조로 하기 위하여 벽면에 45° 로 빗대어 X자형, V자형으로 배치하는 부재로 인장력을 부담하는 가새는 기둥의 1/5이상의 단면적을 가진 목재 또는 지름 9mm이상의 철근을 사용하여야 한다. 압축력을 받는 가새는 기둥 단면적의 1/3이상으로 한다.

■ 버팀대(Knee brace)

가새를 댈 수 없거나 실내 사용에 지장이 없는 곳에 수직으로 빗대는 부재로 그 경사도는 45° 로 한다. 벽체의 버팀대는 기둥과 같은 크기를 사용하고 기둥과 보, 기둥과 지붕틀의 버팀대는 기둥의 1/2 또는 1/3쪽을 기둥의 양옆에 대고 볼트로 조임한다.

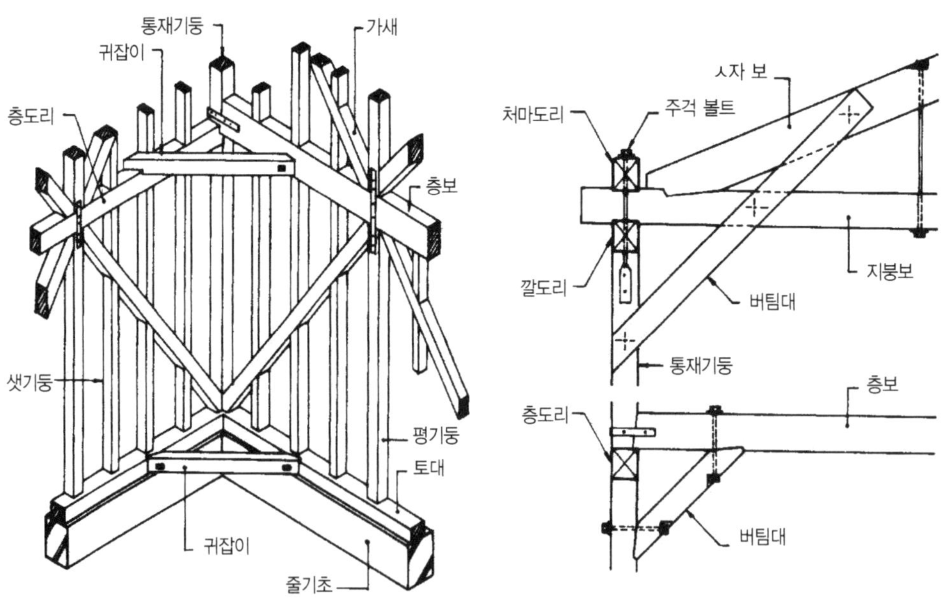

그림 7 - 23 가새 및 버팀대

■ 귀잡이(Horizontal bracing)

토대, 보, 도리 등의 가로재가 수평으로 맞추어 지는 귀를 3각형 구조로 하기 위하여 빗방향 수평으로 대는 부재로 가로재와 같거나 1/2정도의 크기를 사용한다.

4) 층도리, 깔도리, 처마도리

■ 층도리(Girder)

층도리는 2층 마루바닥이 있는 부분에 수평으로 대는 가로재로 기둥을 연결하고 보를 받으며 웃기둥의 토대가 된다. 부재의 크기는 구조계산을 하여 정하는 것이 원칙이나 일반적으로 나비는 기둥과 같은 크기로 하고, 춤은 나비의 1~2배 정도로 한다.

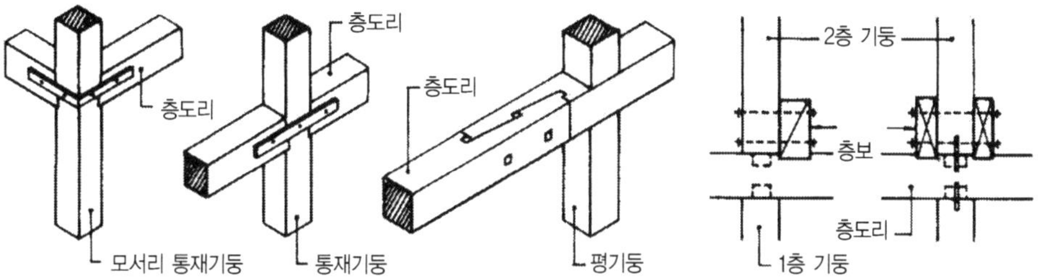

그림 7 - 24 층도리와 보

■ 깔도리(Wall plate)

기둥머리를 고정하고 지붕틀의 하중을 받아 기둥으로 전달하는 가로재이다. 부재의 크기는 구조계산을 하여 정하는 것이 원칙이나 일반적으로 층도리와 같은 크기로 한다.

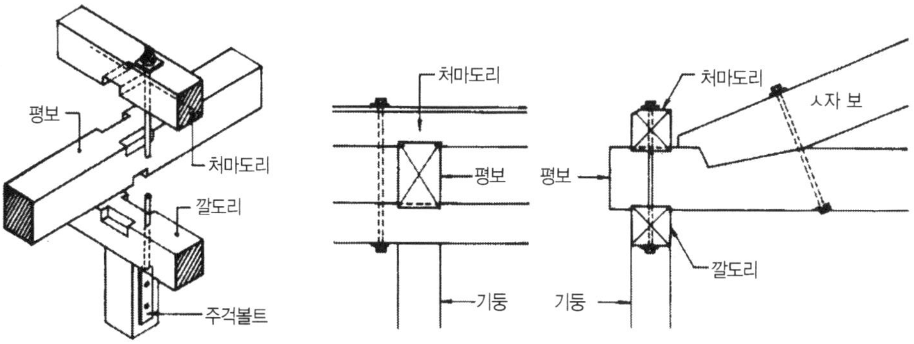

그림 7 - 25 깔도리와 처마도리

■ 처마도리(Pole plate)

양식구조에 사용하며, 깔도리 위에 지붕틀을 걸고 지붕틀의 평보 위에 깔도리와 같은 방향으로 걸쳐 대는 부재로, 그 크기는 층도리 또는 처마도리와 같거나 다소 작게 한다.

5) 인방(引枋) 및 홈대

인방은 기둥과 기둥 사이에 가로대어 창문틀의 상하벽을 받고 하중은 기둥으로 전달하는 가로재로 창문틀을 끼워 대는 뼈대이다.

벽의 윗 쪽에 있는 것을 상인방(lintel), 중간에 있는 것을 중인방, 하부에 있는 것을 하인방이라 하며, 또한 창 밑의 것을 창대(window sill), 문 밑의 것을 문지방(door sill)이라 한다. 인방의 크기는 기둥간의 거리가 2m정도면 기둥의 2/3정도의 것을 사용하고 그 이상이면 기둥의 것과 같은 크기의 것을 사용한다.

한식 또는 절충식목구조에서는 인방 자체가 수장을 겸하는 창문틀이 되는데 이를 홈대라 하고, 그 위치에 따라 윗홈대, 중간홈대, 밑홈대로 구분한다.

7 - 7 마루 및 지붕틀

1) 마루(Floor)

마루는 그 위치에 따라 일층마루와 이층마루로 대별할 수 있으며 실내건축에서 주로 쓰이는 일층마루구조는 내부마감 목구조에서 자세히 설명하기로 한다. 이층마루는 구조상 홑마루틀, 보마루틀, 짠마루틀의 3가지로 구분할 수 있으며며 그 내용은 다음과 같다.

■ 홑마루틀(Single floor framing)

복도 또는 간사이가 적을 때 사용하는 마루로 보를 쓰지 않고 층도리와 간막이도리에 직접 장선을 50cm정도의 간격으로 걸쳐대고 그 위에 마루널을 깐 것이다. 이렇게 한 마루를 홑마루 또는 장선마루라고 한다.

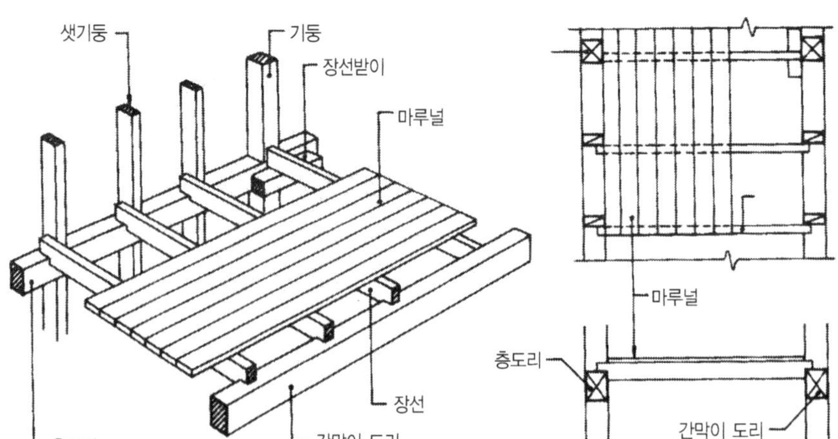

그림 7 - 26 홑마루틀

■ 보마루틀

간사이가 2.5m이상일 때 사용하는 마루로 보를 걸어 장선을 받게 하고 그 위에 마루널을 깐 것이다. 보의 간격은 2m정도로 한다.

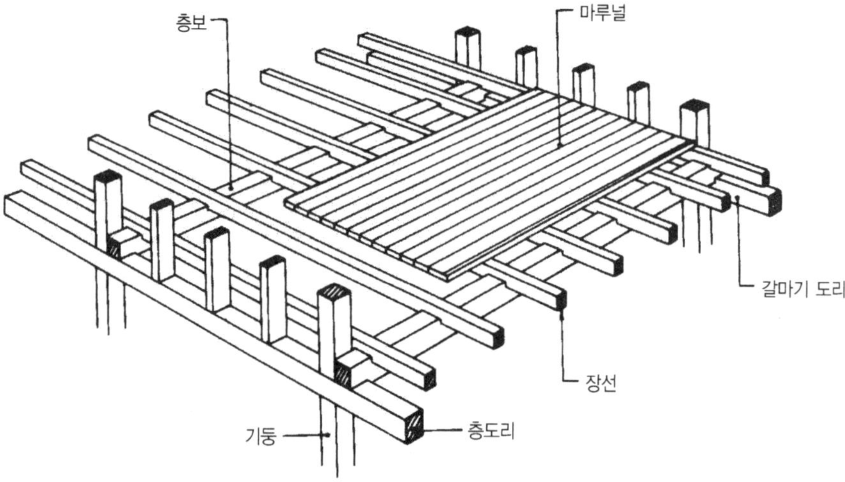

그림 7 - 27 보마루틀

■ 짠마루틀

간사이가 6m이상일 때 사용하는 마루로 큰보 위에 작은 보를 걸고 그 위에 장선을 대고 마루를 깐 것이다. 간사이가 클 때에는 작은 재를 여러 개로 구성한 합성보를 사용하고, 하중이 클 때에는 덧기둥을 대어 보강하거나 버팀대로 보강한다.

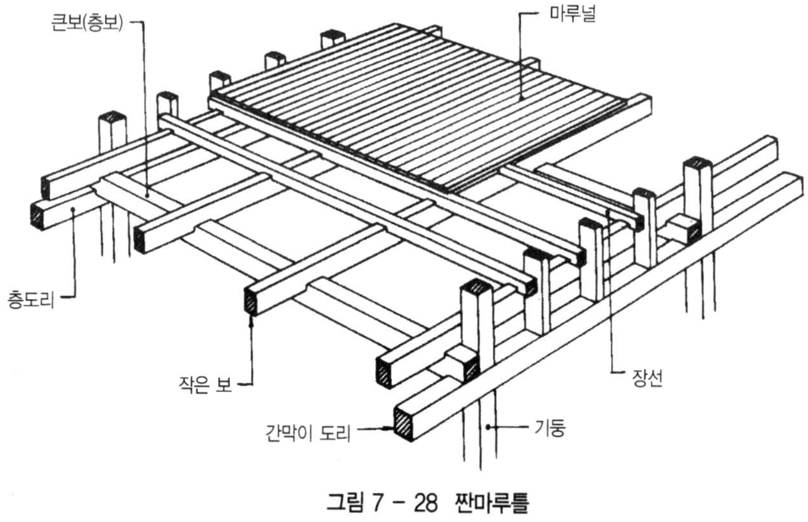

그림 7 - 28 짠마루틀

2) 지붕틀(Roof truss)

실내에서 지붕틀을 설치하는 경우는 극히 드문 일이지만 한식이나 일식 등 특별한 디자인이 요구되는 실내의 천장에는 목적상 지붕틀을 일부 설치하는 경우도 있다.

그러나 지붕틀 자체가 건축적인 요소이기보다는 디자인적인 요소가 더욱 강하므로 지붕틀의 하중을 고려한 구조물과는 거리가 멀다고 볼 수 있다.

■ 한식 및 절충식 지붕틀

지붕보와 처마도리를 걸고 그 위에 대공, 동자기둥을 세운 후 중도리 및 용마루대를 걸어 고정하고 서까래를 중도리 위에 건다.

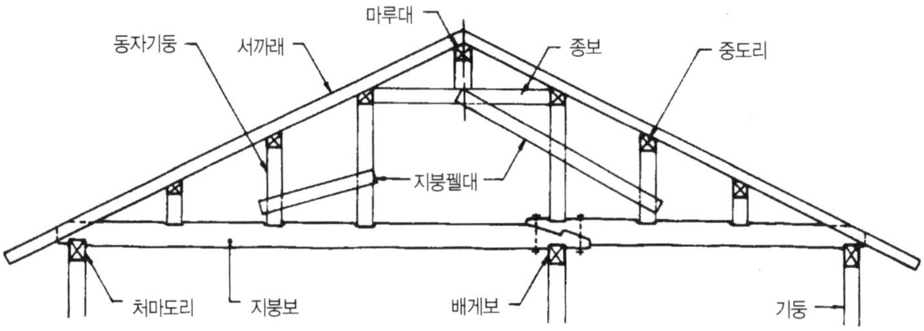

그림 7 - 29 절충식 지붕틀

■ 양식 지붕틀

가급적이면 지상에서 완전히 조립한 후 기계장치를 사용하여 달아 올려 깔도리 위에 걸고 처마도리, 중도리, 용마루대, 가새, 대공 밑잡이 등으로 연결 고정한다.

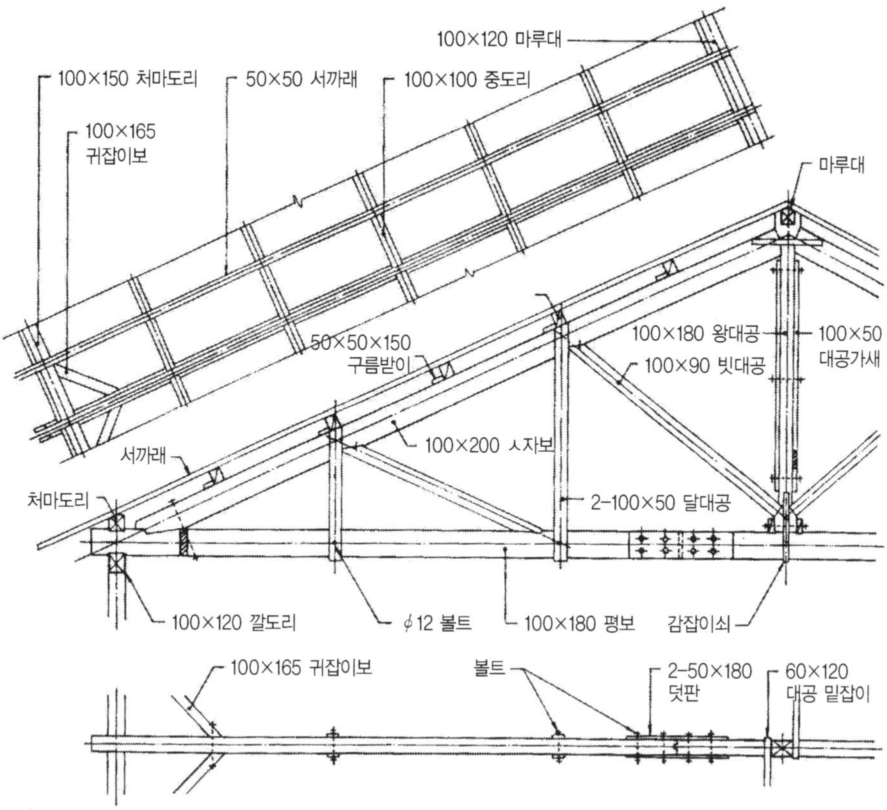

그림 7 - 30 왕대공 지붕틀(양식 지붕틀)

Chapter 8

내부마감 목구조 (修粧木構造)

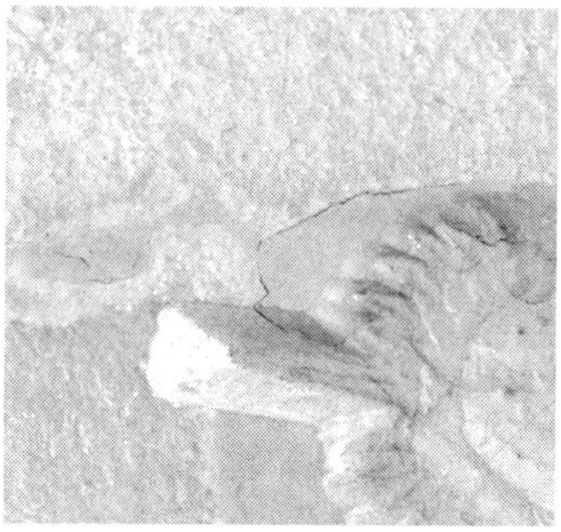

[Chapter 8]

내부마감 목구조(修粧木構造)

8 - 1 내부마감 목구조의 개요(槪要)

내부마감 목구조라는 용어는 없으나 목구조, 조적조, 철근콘크리트조 등의 실내에서 치장을 겸하여 끝마감이 되는 구조를 내부마감 목구조라 칭하였으며 내부마감 목구조는 거의 모든 실내건축공사에서 가장 큰 비중을 차지하는 부분이다.

내부마감 및 목구조에 사용하는 목재 및 목재가공품은 대부분이 겉보기 제물 치장재이므로 재질 및 외관이 좋고, 건조가 잘 된 것으로, 공사 후에 수축, 뒤틀림, 휨 등의 변형이 없어야 한다. 내부마감 목구조는 시공부위에 따라 천장구조, 일층마루구조, 간막이벽 및 가벽구조, 목조계단구조 등으로 분류할 수 있다.

8 - 2 내부마감 및 구조용 재료

내부마감 및 구조용 재료는 목재 및 목재가공품으로 대별할 수 있으며 공정상 목공사에서 처리해야 하는 석고보드, 불연보온 단열재, 불연천장판, 흡음판 등의 바탕재 및 표면마감재도 포함시킬 수 있다.

1) 목재(木材)

■ 대표적인 마감용 목재의 종류

수장재, 가구재 및 창호재 등 실내 마감용으로 사용되는 목재는 함수율이 낮고 건조가 잘 된 것으로 무늬 및 색이 아름답고, 내마모성이 크며 뒤틀림 및 수축변형이 적은 것을 사용해야 하며 대표적인 마감용 목재로는 다음과 같은 것들이 있다.

표 8-1 대표적인 국내산 마감용재(침엽수)

수 종	산 지	재 질	용 도
리기다 소나무 (美國 三葉松)	전 국	나무결이 곧음, 강도가 약하고 가벼움. 수축성이 매우 작음.	수장재 창호재
잣나무(홍 송) 五葉松	전 국 (전라도 제외)	가볍고 연함, 나무결이 곧고 수축성이 작음. 강도가 약함.	수장재 창호재
전나무(杉 松)	전 국	비중이 작고 강도가 약함. 변형이 크고 내습성이 작음.	가구재 수장재
비자나무(榧子木)	남 부	재질이 치밀하고 탄성이 있음. 내수, 내습, 내구성이 큼.	수장재 조각재

표 8-2 대표적인 국내산 마감용재(활엽수)

수 종	산지	재 질	용도
사시나무(白楊木)	전라 · 충북 제외, 전국	결이 약간 거칠고 연함. 가볍고 내구성이 작음.	가구재 수장재
박달나무(朴達木)	전라 · 황해 제외, 전국	비중 및 수축성이 큼. 강도가 매우 크고 비틀림이 적음.	수장재 가구재
너도 밤나무 (山毛榉)	경 북 울릉도	재질이 치밀하고 단단하며 가벼움.	수장재 창호재
밤나무(栗木)	전 국	가볍고 연함. 강도는 약하나 내구성 및 내수성은 큼.	가구재 수장재
오동나무(梧桐)	전 국	가볍고 연함. 방습, 방충성이 있음. 변형이 작고 결이 아름다움.	가구재 수장재

표 8-3 대표적인 외국산 마감용재(침엽수)

수 종	산 지	재 질	용도
미국 삼나무 (Red wood)	북미의 중북부	결이 곧고, 재질이 연해 가공성이 우수함. 강도 및 내구성 우수.	가구재 수장재
미 송(Douglas Fir Oregon pine)	미 국 캐나다	결이 곧고 가볍다. 재질이 좋고 내구성이 큼.	수장재
미국 전나무 (Spruce)	북 미 캐나다	표면이 조밀하고 결이 곧음. 광택이 있고 가벼움.	수장재
미솔송나무 (Hemlock Fir)	알래스카 남가주	표면이 조밀하고 아름답다. 내구성은 작으나 재질이 굳다(펄프의 원료).	수장재

표 8-4 대표적인 외국산 마감용재(활엽수)

수 종	산 지	재 질	용도
적나왕(Red Lauan)	열 대 아시아	비중이 작고 가공성, 접착성 우수. 합판, 창호재로 사용	가구재 수장재
백나왕(White Lauan)	열 대 아시아	재질 및 용도는 적나왕과 비슷하나 장식적 가치가 적음.	가구재 수장재
티 크(Teak)	태 국 미얀마	결이 곧으며 수축성 및 흡수율이 작고 내구성이 큼. 고급 가구용으로 사용.	수장재 가구재
마호가니 (Mahogany)	중남미	재질이 치밀하고 견경함. 색채, 광택이 미려함.	수장재 가구재
오크(Oak)	미 국	비중이 크고 견경함.	수장재 가구재
월넛(Walnut)	미 국	강인하며 결이 아름답고 광택이 있다. 가공성이 우수하고 내구성이 큼.	수장재 가구재
흑단(Ebony)	태 국 필리핀	강도, 내구성 매우 큼. 재질이 미려함. 조각재, 공예품재.	가구재 수장재
자단 (Red Sandal)	태 국 미얀마	강도, 내구성 매우 큼. 재질이 미려함. 조각재, 공예품재.	가구재 수장재

[Chapter 8]

내부마감 목구조(修粧木構造)

■ 목재의 재질

내부마감 및 구조용으로 사용하는 목재의 종류 및 재질은 다음 표를 기준으로 한다.

표 8-5 목재의 종류 및 재질

구 분	수장재	구조재
재 질	설계도면에 따른다.	라왕, 육송 등
함수율	12% 이하(증기 건조목)	24% 이하(증기 건조목)
품질등급	1등급 무절	1등급 소절
단면치수	마무리 치수	제재치수
마무리 정 도	경사진 광선을 비추어서 거스러미 및 대패자국이 전혀 보이지 않고 뒤틀림이나 휨이 극히 적어 기준대를 맞대어 보아 틈이 보이지 않을 것.	외부에 노출되는 부분만 대패질한다.

2) 합판(Plywood)

단판(veneer)인 얇은 판을 최소 3매 이상, 3, 5, 7매의 홀수로 1매마다 섬유방향이 직교하도록 접착제로 겹쳐서 붙여 만든 제품으로 보통합판과 특수 가공화장합판, 천연무늬 화장합판, 구조용 합판등의 특수합판으로 대별되며 KS규격품을 사용해야 한다.

■ 보통합판

내부마감 목구조에서 가장 일반적으로 사용하는 합판으로 접착형식에 따라 내수합판, 준내수합판, 비내수합판으로 구분하고 합판면의 품질 및 겉모양에 따라 1급, 2급, 3급 합판으로 분류한다.

■ 화장합판

합판의 표면을 아름답게 처리하여 가치를 높인 합판으로 합판자체가 마감재가 된다. 표면 치장재 및 가공방법에 따라 다음과 같이 분류한다.

① 무늬목 화장합판 : 합판표면에 괴목, 미송 등의 얇은 단판을 붙인 합판으로 미관을 목적으로 한 것이다.

② 멜라민 화장합판 : 표면에 종이 또는 섬유질 재료를 멜라민수지와 결합하여 입힌 합판.

③ 폴리에스테르 화장합판 : 폴리에스테르수지를 쓴 것으로 합판의 표면에 오버레이 가공을 한 합판

④ 염화비닐 화장합판 : 표면에 염화비닐수지 시트 또는 필름을 오버레이 가공을 한 합판

⑤ 프린트 합판 : 합판의 표면에 천연목재의 목리나 무늬 등을 인쇄 가공한 합판

■ 방화합판 및 방부합판

화재의 연소방지와 방부를 목적으로 방화제 및 방부제로 처리하여 만든 합판이다.

3) 집성목재(Glue-laminated timber)

두께 1.5~3cm의 판재를 접착제로 섬유평행방향으로 겹쳐 붙여만든 제품으로 목재의 강도를 자유롭게 조절할 수 있으며, 응력에 따라 필요한 단면을 자유로이 만들 수 있고, 표면마감을 자유롭게 처리할 수 있어 목구조의 보, 기둥, 아치, 트러스 등의 구조재로는 물론 계단의 디딤판, 노출된 서까래, 가구용 등의 장식재로도 사용된다.

4) 마루판(Flooring)

마루판은 참나무, 단풍나무, 미송 등 무늬가 아름다운 목재를 인공 건조하여 규격화된 판재로 만든 제품으로 재종 및 시공방법은 설계도 및 특기시방에 따르고 함수율 8%이내의 것을 사용함을 원칙으로 한다.

구조재 또는 감추임재는 낙엽송, 미송 또는 라왕(lauan)으로 하거나 담당원이 승인하는 재료를 사용하고 하부 바탕재는 충분한 강도와 탄성을 지닌 KS내수합판을 사용함을 원칙으로 하며 규격(두께)은 상부의 하중 및 하부 구조재의 설치간격에 따라 정한다.

마루판은 규격 및 가공방법에 따라 다음과 같이 분류할 수 있다.

■ 플로링 보드(fooling board)

가장 일반적으로 사용되는 목재 바닥마감재이다. 재질이 굳고 무늬가 아름다운 참나무, 미송, 단풍나무 등의 것이 사용되며 표면은 상대패 마감하고 양측면을 제혀쪽매로 하여 접합을 편리하게 한 것으로 두께 9mm, 나비 60mm, 길이 600mm정도가 많이 사용된다.

■ 플로링 블록(flooring block)

플로링 길이를 그 나비의 정수배로 하여 3장 또는 5장씩 붙여서 정사각형으로 만든 것으로 4면을 제혀쪽매로 가공한다.

■ 쪽매널(wood mosaic)

무늬가 아름다운 참나무, 자단, 흑단, 느티나무 등을 작게 모양을 내서 잘라 맞춘 것으로 마루널 위에 붙여 깐다.

■ 파키트리 보드(parquetry board)

두께 9~15mm, 나비 60mm, 길이는 나비의 3~5배로 한 것으로 제혀쪽매 및 상대패로 마감한 판재이다.

내부마감 목구조(修粧木構造)

■ 파키트리 패널(parquetry panel)

두께 15mm의 파키트리 보드를 4매씩 조합하여 24cm角板으로 만든 판재이다.

■ 파키트리 블록(parquetry block)

파키트리 보드를 3~5매씩 조합하여 18cm각이나 30cm角板으로 만들어 방습처리 한 것으로 콘크리트나 모르타르 바탕에도 시공이 가능하다.

5) MDF(medium density fiber board)

톱밥을 압축가공해서 목재가 가진 리그닌(lygnin) 단백질을 이용하여 목재섬유를 고착시켜 만든 섬유판의 일종으로 중밀도 섬유판이라고도 하며, 정확한 마감이 요구되는 실내건축공사의 바탕용으로 많이 사용된다.

재질이 균질이며, 강도도 크고 변형이 적은 장점이 있으나 습기에 약해 지하실이나 물을 사용하는 장소에서는 사용을 금해야 한다.

6) 파티클 보드, 파티클 보드 치장판(dressed particle board)

파티클 보드는 목재나 식물질을 절삭 또는 파쇄하여 삭편(削片 ; particle)으로 만들어 충분히 건조시킨 후 합성수지 접착제를 첨가하여 열압제판 한 보드로 칩보드(chip board)라고도 한다. 변형이 적고 음과 열의 차단성이 우수하여 상판, 가구 등에 이용된다.

파티클 보드 치장판은 보드의 표면을 아름답게 치장한 것으로 표면에 치장단판을 접착하여 만든 단판처리 파티클 보드 치장판, 보드의 표면에 합성수지계 시트 또는 필름을 접착하여 만든 플라스틱 처리 파티클 보드 치장판, 표면에 합성수지 도료를 사용하여 소부도장 처리한 도장 파티클 보드 치장판으로 구분한다.

7) 코펜하겐 리브(copenhagen rib)

목재루버라고도 하며, 코펜하겐 방송국의 벽에 음향효과를 내기 위해 사용한 것이 시초이다. 두께 50mm, 나비 100mm정도의 긴 판재의 표면을 리브로 가공하여 집회장, 강당, 영화관, 극장 등의 천장 또는 내벽에 붙여 음향조절의 효과 및 장식의 효과를 주는데 주로 사용한다.

8) 코르크 보드(cork board)

코르크나무 표피를 원료로 분말을 만들고 톱밥, 삼, 접착제 등을 첨가하여 열압제판한 제품으로 비중이 작고 탄성, 단열성, 흡음성 등이 우수하여 보온재 및 흡음재로 많이 사용된다.

9) 무늬목(wood grain)

색상 및 결이 아름다운 목재를 얇게 켠 것으로 석고보드나 합판의 표면에 접착제를 사용, 가열가압 부착하여 표면을 아름답게 장식할 때 사용한다.

홍송(himekomatu), 버드나무(yanagi), 미송, 티크(teak), 마호가니(mahogany), 오크(oak), 월넛(walnut) 등이 주로 사용된다.

10) 쇠시리(moulding) 및 걸레받이

원목이나, MDF 등을 사용하여 만든 제품으로 천장과 벽, 벽과 바닥 모서리부위의 마감에 사용한다.

11) 코어 합판(Lumber Core Plywood)

목재의 단판 사이에 각재를 심재로 사용한 보드로서 코어합판이라 하며 강도는 크나 중량이 많이 나간다. 하중을 받는 내장용재나, 가구재로 사용한다.

12) O.S.B(Oriented Strand Board)

길고 얇은 나무 조각들(aspen)을 사용하여 표면 층은 보드방향으로 심층은 보드의 횡 방향으로 배열시키고, 내수수지로 압착가공한 보드이다. 밀도와 강도가 높으며, 보온 및 단열성이 우수하다. 내장용, 외장용으로 사용한다.

13) 합성수지 제품

재료의 특성 및 공종상 목공사에서 사용하는 재료에는 폴리에스테르 강화판, 폴리에스테르 치장판(polyester decorated board), 멜라민 치장판(melamine board), 염화비닐 수장판(polyvinyl chloride board), 페놀수지 경화판(phenol formaldehyde hard board), 페놀수지 화장판(化粧板) 등이 있다.

14) 석고 보드(gypsum board)

소석고를 주원료로 하고 이것에 혼화제를 넣은 물로 반죽하여 강인한 보드용 원지 사이에 넣어 결정상태의 석고로 환원시켜 판상으로 제조한 것으로 천장 및 벽의 내부마감재로 주로 사용하며 성능 및 형상에 따라 표 8-6과 같이 분류한다.

[Chapter 8]

내부마감 목구조(修粧木構造)

표 8-6 석고보드의 분류

구분	품 명	특 징 및 용 도
성능에 따른 분류	일반 석고보드	일반적인 실내건축의 마감공사에 사용되는 보드로 가장 흔하게 사용한다.
	방화 석고보드	소석고에 무기질 섬유와 벤토나이트 클레이, 질석 등의 혼화제를 첨가하여 만든 제품으로 계단실, 내화구조 칸막이 등에 사용한다.
	방수 석고보드	소석고에 혼화제, 방수제 접착증강제 등을 첨가하여 만든 제품으로 습기가 우려되는 화장실, 주방, 지하실벽 등에 사용한다.
	미장 석고보드	일반 석고보드 위에 벽지, 페인트 등을 2차 가공하거나 석고보드 원지 표면을 인쇄 가공하여 표면의 가치를 높인 보드이다.
형상에 따른 분류	석고 평보드 (gypsum square board)	표면 및 보드의 길이 및 폭 방향 양단이 평면인 제품으로 가장 일반적으로 사용된다.
	석고 테파드 보드 (gypsum tapard board)	보드 길이방향 양단을 경사지게 처리한 것으로 건식공법의 결점인 이음매 처리를 완전히 해결한 새로운 공법인 일매이음 처리용으로 개발한 보드이다.
	베벨 에지 보드 (bevel edge board)	보드의 길이방향 양면을 45° 경사지게 하여 이음매처리를 용이하게 하도록 만든 보드이다.

표 8-7 목공사용 플라스틱 제품의 용도에 의한 분류

구 분	플 라 스 틱 제 품
외 벽 재	폴리에스테르 경화평판, 염화비닐 평판, 페놀수지 합판 등
내 벽 재	염화비닐 치장판, 멜라민 치장판, 폴리에스테르 치장판 등
채 광 재	아크릴 투명판, 염화비닐 투명판, 셀룰로오스 투명판 등
천 장 재	폴리에스테르 강화판, 염화비닐 적층판 등
단 열 재	폴리에스테르 발포제, 합성고무 스폰지, 염화비닐 스폰지 등

8 - 3 천장구조(天障構造)

1) 개요(槪要)

천장(Ceiling)을 가리워 댄 구조체 또는 마감재를 반자라 하고 반자는 달반자와 제물반자로 대별된다. 상층 바닥틀 또는 지붕틀에 달아맨 천장을 달반자라고 하며, 바닥판 밑을 제물로 또는 바름마감한 반자를 제물반자라고 한다.

반자는 마감재료와 구성형식에 따라 바름반자, 건축판반자, 널반자, 구성반자 등으로 분류할 수 있으며, 건축물에 설치하는 거실의 반자(반자가 없는 경우 보 또는 바로 위층 바닥판의 밑면)높이는 건축법 제39조 제2항, 시행령 50조에 규정되어 있다.

표 8-8 거실의 반자높이

거실의 종류	반자높이	비 고
일반적인 거실	2.1m이상	-
문화 및 집회시설(전시장, 동 · 식물원 제외), 의료시설 중 장례식장, 위락시설 중 주점영업, 관람석 및 집회실의 바닥면적이 200㎡ 이상인 것.	4.0m이상(노대 아래 부분의 높이는 2.7m 이상	기계환기장치를 설치한 경우는 예외
거실의 반자를 설치하지 않아도 되는 건축물 : 공장, 창고시설, 위험물저장 및 처리시설, 동물 및 식물 관련시설, 분뇨 및 쓰레기 처리시설, 묘지관련 시설 등		

2) 재료(材料)

구조재 또는 감추임재의 경우 육송, 삼송, 홍송, 낙엽송, 미송 또는 라왕으로 하고, 마감재와 치장재는 증기건조목을 사용하는 것을 원칙으로 한다.

반자 구성재의 치수는 다음과 같다.

표 8-9 반자구성재의 치수 (단위 : mm)

명칭		단면치수		
반자구성재	세부항목	A 종	B 종	C 종
반자널	살대반자	두께 9 이상	두께 6 이상	두께 4.5 이상
	우물반자	두께 9 이상	두께 6 이상	두께 4.5 이상
	치받이 널반자	두께 15 이상	두께 12 이상	두께 9 이상

내부마감 목구조(修粧木構造)

명 칭		단 면 치 수		
반자구성재	세부항목	A 종	B 종	C 종
반자틀	반자틀, 달대, 반자틀받이, 반자돌림대	30×30, 30×36, 36×36, 36×40, 40×40, 36×45, 45×45	30×30, 30×36, 36×36 36×40, 40×40, 36×45, 45×45	30×30, 30×36, 36×36, 36×40, 40×40, 36×45, 45×45
	달대받이	90×45, 90×60	90×45, 90×60	90×45, 90×60
우물반자, 살대반자	우물반자대	45×45, 45×60, 60×60, 60×75, 75×90	36×36, 45×45, 45×60, 60×60,	36×36, 45×45, 45×60, 60×60
	우물반자소란대	30×30, 36×36, 45×45	24×60, 30×30, 36×36	24×60, 30×30, 36×36
	살 대	30×60, 36×36	30×30, 30×36	30×30, 30×36
바탕재	졸 대	9×36	7×36	7×36
	라 스	12×100	12×100	12×100

3) 반자의 종류

■ 건축판 반자

합판, 섬유판, 석고보드, MDF 등의 건축판(建築板)을 사용한 반자를 건축판 반자라고 한다. 합판 및 석고보드가 가장 일반적으로 사용되며, 표면이 치장된 건축판을 사용했을 경우에는 그대로 마감면이 되고 합판, 석고보드 등을 사용한 경우에는 도장 공사나 도배 공사의 바탕면이 된다.

건축판 반자는 그 크기에 따라 합판이나 석고보드 등을 사용한 넓은 판 반자와 합판 또는 섬유판 등을 소형으로 잘라 쓰거나, 유공 흡음판 등을 사용한 작은 판 반자로 구분한다.

■ 널반자

반자틀에 널을 치올려 못박아 댄 반자를 치받이 널반자라고 하며, 건축판 반자의 반자널에 살대를 격자형으로 댄 반자를 살대반자라 한다.

살대는 면을 접고 반자돌림에 통맞춤 한다.

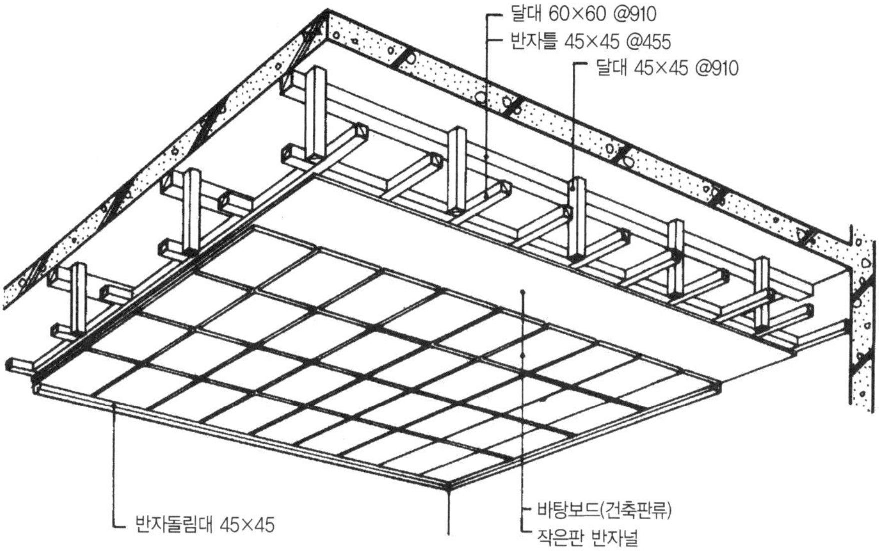

그림 8 - 1 건축판 반자(작은판 반자)

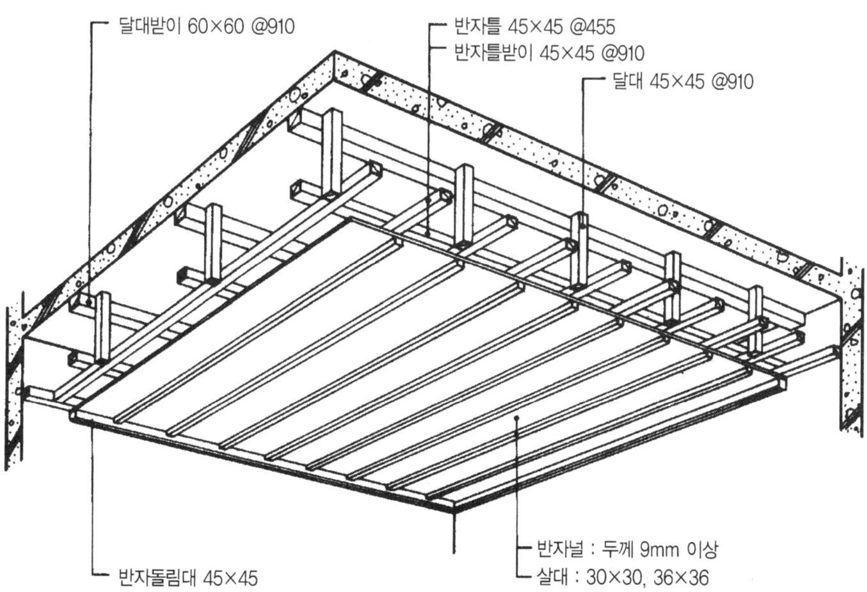

그림 8 - 2 살대반자

[Chapter 8]

내부마감 목구조(修粧木構造)

■ 우물반자

반자틀을 격자로 짜고, 널은 틀 위에 덮어 대거나 틀에 턱솔을 파 끼워 넣어 마무리한 것으로 그 형상이 우물 정(井)자 모양이 된다. 반자틀이 교차하는 곳은 연귀턱 맞춤으로 하고 이음은 턱솔 또는 주먹장으로 한다.

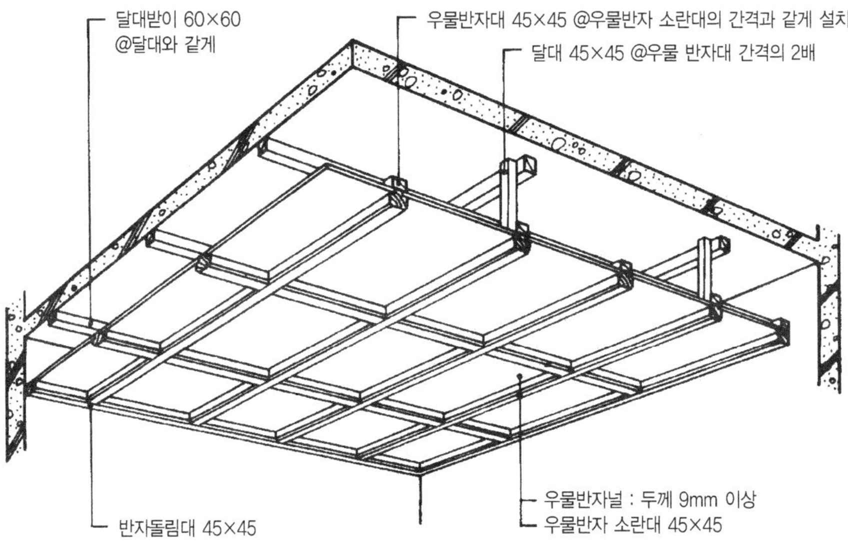

그림 8 - 3 우물반자

■ 구성반자

반자를 층이 지게 구성한 반자로 조명장치를 매입하거나 음향조절용으로 사용한다. 장식성이 우수하여 상업공간의 반자로도 많이 사용된다.

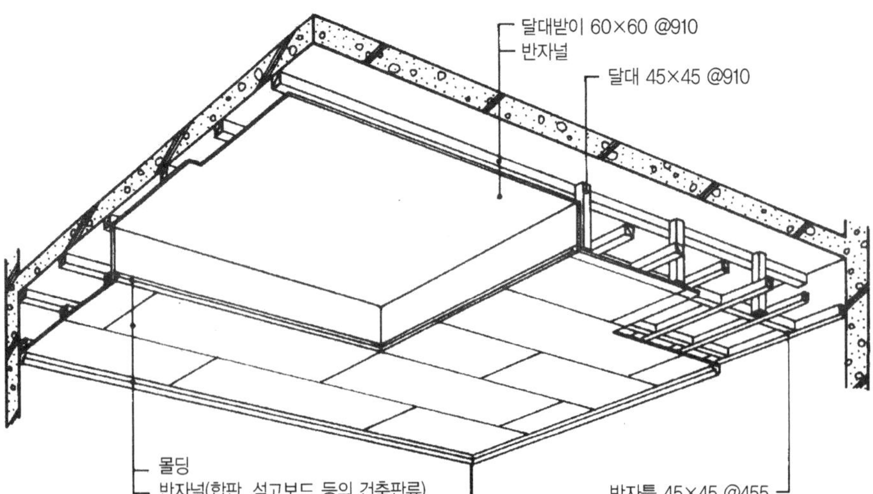

그림 8 - 4 구성반자

■ 바름반자

바닥판 밑을 미장바름으로 마감하거나 반자틀에 졸대나 메탈라스, 와이어 라스를 대고 미장재로 마무리한 반자이다.

4) 반자(Ceiling frame)

■ 반자돌림대

벽과 천장 교차부의 감추임재 또는 반자를 받는 치장재로서 벽면의 가장자리나 샛기둥, 나무벽돌에 못박아 댄다. 몰딩(Moulding)이라고도 한다.

■ 반자틀(Ceiling joist)

반자대라고도 하며, 반자널의 바탕이 되는 부재이다. 일반적으로 450mm간격 수평으로 건너대거나 격자형으로 짠 후 반자틀 받이 또는 달대에 못박아 댄다.

부재의 이음은 반자틀의 이음위치를 피하여 엇빗 이음으로 하고 벽에 접하는 부재는 기둥, 샛기둥 또는 목벽돌의 중심에서 맞대기하고 못박기를 한다.

또한 반자틀은 바닥에서 격자로 짠 후 들어올려 달대에 못박기하고 바름반자 및 치받이 널 반자틀의 경우 반자틀을 한 방향으로 배치하여 반자틀받이 밑면에 대고 못박기 한다.

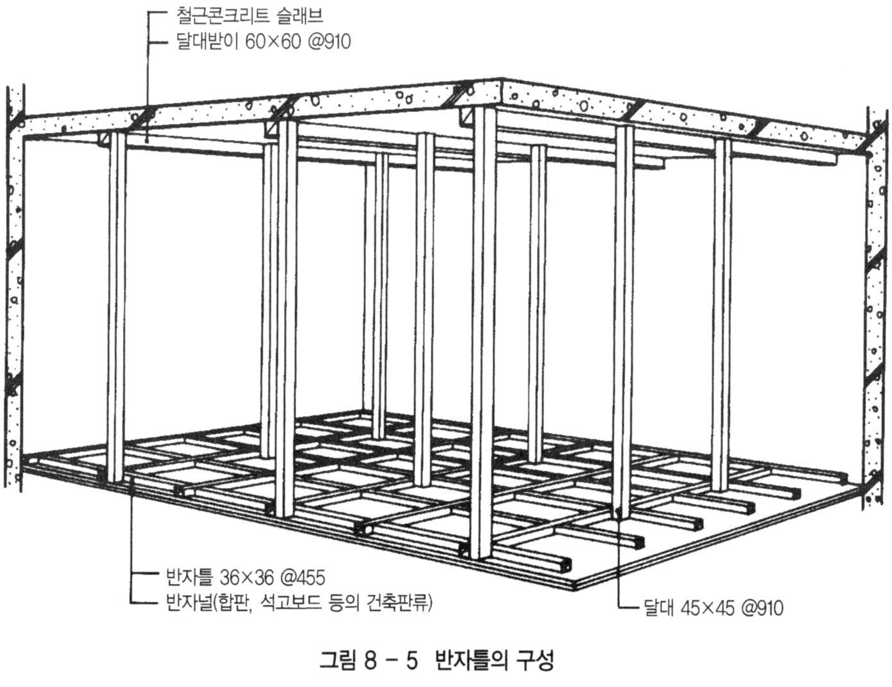

그림 8 - 5 반자틀의 구성

내부마감 목구조(修粧木構造)

■ 반자틀받이(Runner)

격자형으로 반자틀을 구성할 때는 사용하지 않으며 한 방향으로만 반자틀을 구성할 때 반자틀 위에 직각으로 대는 수평 가로재이다.

반자틀받이의 배치간격은 900mm내외로 하고, 부재이음의 위치는 엇갈리게 반자틀의 이음위치를 피하여 엇빗 이음으로 하고 못박기 한다. 또한 벽에 접하는 부재는 기둥, 샛기둥 또는 목벽돌의 중심에서 맞대기하고 못박기를 하고 살대반자는 반자널의 윗면에 대고 살대반자의 돌림띠받이에 못박기 한다.

■ 달 대(Strap)

달대받이를 제외한 반자 구성재의 모든 하중을 지탱하는 수직부재를 달대라고 한다. 배치간격은 900mm내외로 하고, 달대하부는 반자틀 또는 반자틀받이에 반주먹장으로 따내서 끼워 못박기 하고, 상부는 달대받이에 옆대어 못박기 한다.

■ 달대받이(Carring rod of ceiling)

상층 바닥판 밑에 고정시켜 달대받이를 지탱하는 가로재로 바닥판에 미리 묻어둔 앵커볼트에 고정시키거나 목벽돌에 못박아 댄다. 900mm정도의 간격으로 배치한다.

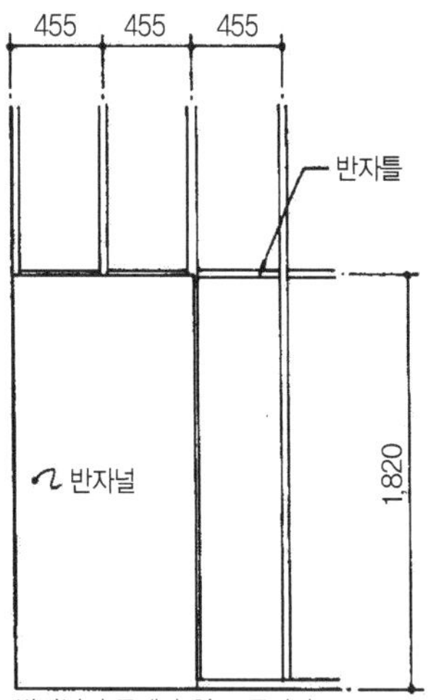

반자널의 두께가 얇고 규격이 910×1,820인 경우

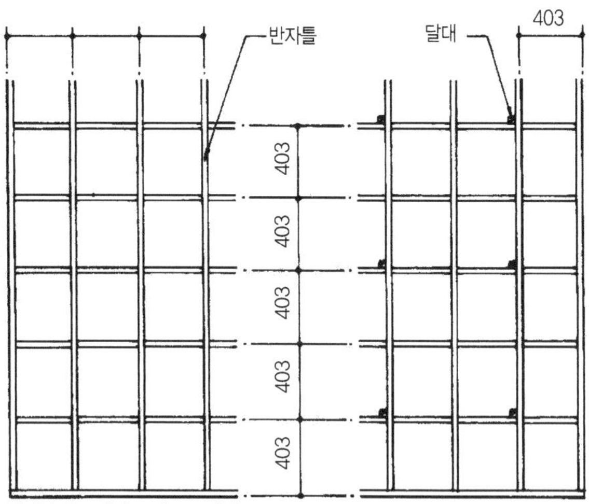

반자널의 두께가 두껍고 규격이 1,210×2,420인 경우

구성 반자인 경우

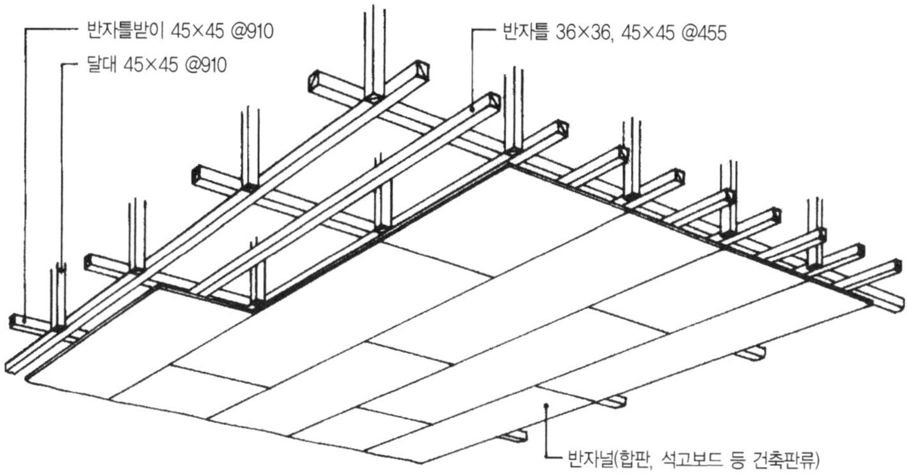

그림 8 - 6 반자틀부재의 배치간격

8 - 4 가벽구조(假壁構造)

1) 개요(槪要)

실내건축에서의 목조가벽은 상부하중을 지지하는 구조체의 일부가 아니라 공간을 구획하는 비내력벽으로서 실내디자인을 효과적으로 하기 위한 바탕구조의 성격이 크다.

이는 조적조나 콘크리트조 바탕에는 미장재와 벽지, 도장재 등의 제한적인 마감재료 밖에 사용할 수 없고, 디자인한 구조 및 마감재를 디자이너의 의도대로 표현하기에는 거칠고 단단하기 때문이다.

목조 가벽구조는 기존의 콘크리트나 조적조의 내부벽체를 감싸는 내부벽 구조와 단순히 공간만을 구획하는 간막이벽 구조로 구분할 수 있으며 목재골조의 구성은 부재명칭과 부재의 크기만 차이가 있을 뿐 그 구조는 천장과 거의 같다.

2) 재료(材料)

구조재 또는 감추임재의 경우 육송, 삼송, 홍송, 낙엽송, 미송 또는 라왕으로 하고, 마감재는 도면 및 특기시방서에 따르되, 치장재는 증기건조목을 사용하는 것을 원칙으로 하며 벽틀 구성재의 간격 및 치수는 표 8-10을 기준으로 한다.

[Chapter 8]

내부마감 목구조(修粧木構造)

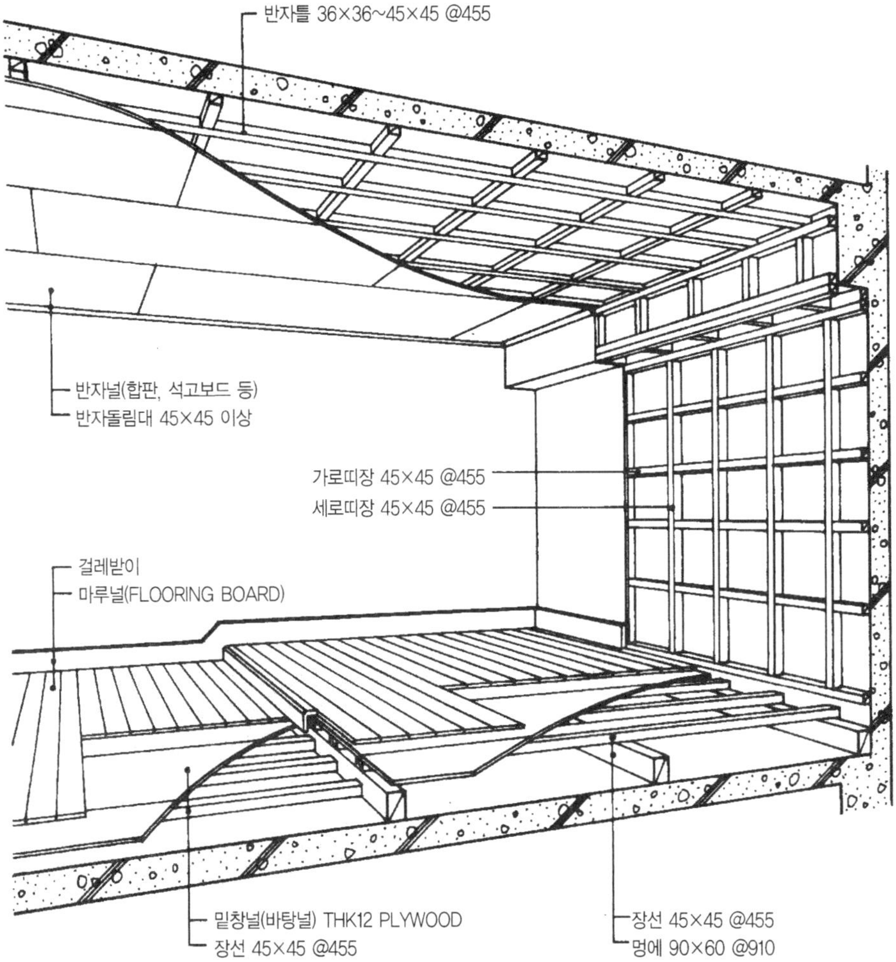

그림 8 - 7 목조바탕과 목조가벽의 구조

2) 재료(材料)

구조재 또는 감추임재의 경우 육송, 삼송, 홍송, 낙엽송, 미송 또는 라왕으로 하고, 마감재는 도면 및 특기시방서에 따르되, 치장재는 증기건조목을 사용하는 것을 원칙으로 하며 벽틀 구성재의 간격 및 치수는 표 8-10을 기준으로 한다.

표 8-10 벽틀 구성재의 치수

(단위 : mm)

마감재의 두께	부착방법	배치간격	부재(각재)의 크기
9	가로방향(가로띠장), 세로방향(세로띠장)	450 내외	45×45 이상
	격자틀	450 내외	45×45 이상
12	가로방향(가로띠장), 세로방향(세로띠장)	600 내외	45×45 이상
	격자틀	600 내외	45×45 이상
15	가로방향(가로띠장), 세로방향(세로띠장)	600 내외	45×45 이상
	격자틀	600 내외	45×45 이상

3) 목조 가벽구조

콘크리트 또는 벽돌벽 바탕의 실내벽에 목조틀을 사용하여 또 하나의 벽을 구성하는 것으로 바탕틀의 구성은 마감재의 설치방향에 따라 다음과 같이 분류할 수 있다.

■ 가로틀(가로띠장)

세로판벽을 붙일 때 바탕이 되는 부재로 띠장은 미리 매입된 목벽돌에 빗 못질 고정한다. 가로띠장의 배치간격은 450mm내외로 하되, 마감재의 두께 및 크기에 따라 배치간격은 조절할 수 있으며 그 간격은 표 8-10을 기준으로 한다. 또한 부재이음의 위치는 엇갈리게 하고 목벽돌의 중심에서 맞대기하고 못박기를 한다.

■ 세로틀(세로띠장)

마감재로 가로판벽을 붙일 때 바탕이 되는 부재이다. 세로띠장의 배치간격은 450mm 내외로 하되, 마감재의 두께 및 크기에 따라 배치간격은 조절할 수 있으며 그 간격은 표 8-10을 기준으로 한다. 또한 부재이음의 위치는 엇갈리게 하고 목벽돌의 중심에서 맞대기하고 못박기를 한다.

■ 격자틀

합판, 섬유판, 파티클 보드, 석고보드, MDF 등의 건축판을 붙일 때 바탕이 되는 부재로 가로띠장과 세로띠장을 교차시켜 격자형으로 짠것이다.

격자틀의 배치간격은 450~600mm내외로 하되, 마감재의 두께 및 크기에 따라 배치간격은 조절할 수 있으며 그 간격은 표 8-10을 기준으로 한다.

[Chapter 8]

내부마감 목구조(修粧木構造)

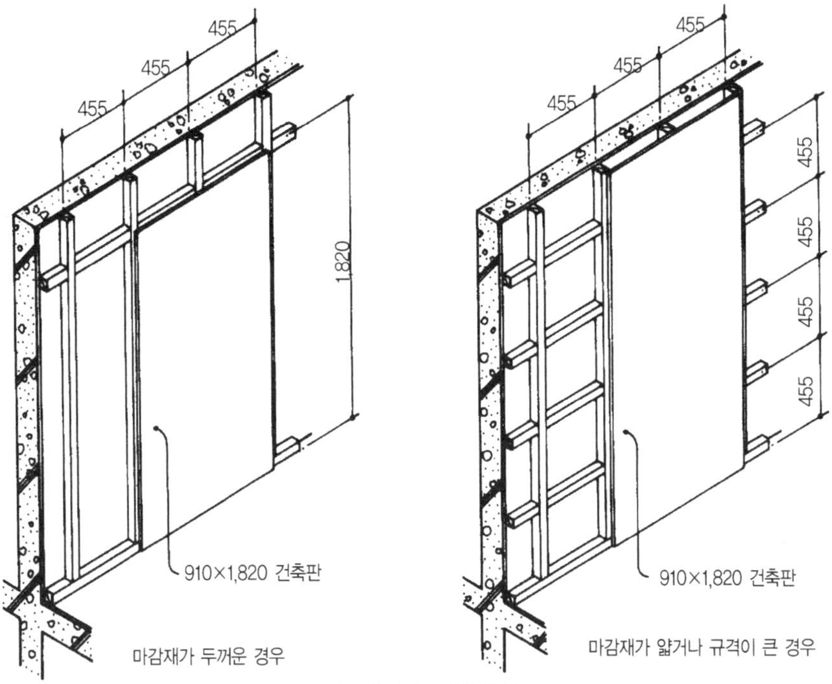

그림 8 - 8 목조가벽의 구조

■ 마감재 부착

바탕보드의 이음부분은 가로 및 세로띠장의 중심에 오도록 하고 반대 벽면의 이음새와는 엇갈리게 배치하고 에어 툴 핀으로 고정시킨다.

치장보드는 보드를 높이에 맞추어 칼로 정확하게 절단한 후 세로띠장에 수직이 되게 붙인다. 에어 툴 핀의 고정간격은 225mm이하로 한다.

4) 목조 간막이벽 구조

목조 간막이벽구조는 상부의 하중을 지지하지 않는 비내력벽구조로 목적에 따라 방음 및 단열벽구조로 자유롭게 구성할 수 있으며, 단순히 공간만을 구획하는 경량칸막이구조와는 그 내용이 다르다.

■ 상 · 하부 가로 받침재(Runner)

먹매김한 중심선을 따라 천장과 바닥에 받침재를 설치한다. 받침재는 콘크리트용 못이나 에어 툴 핀으로 고정하는 것을 원칙으로 하며 그 간격은 900mm이하로 한다.

■ 격자틀

합판, 섬유판, 파티클 보드, 석고보드, MDF 등의 건축판을 붙일 때 바탕이 되는 부재로 가로띠장과 세로띠장을 교차시켜 격자형으로 짠것이다.

격자틀의 배치간격은 450~600mm내외로 하되, 마감재의 두께 및 크기에 따라 배치간격은 조절할 수 있으며 그 간격은 표 8－10을 기준으로 한다.

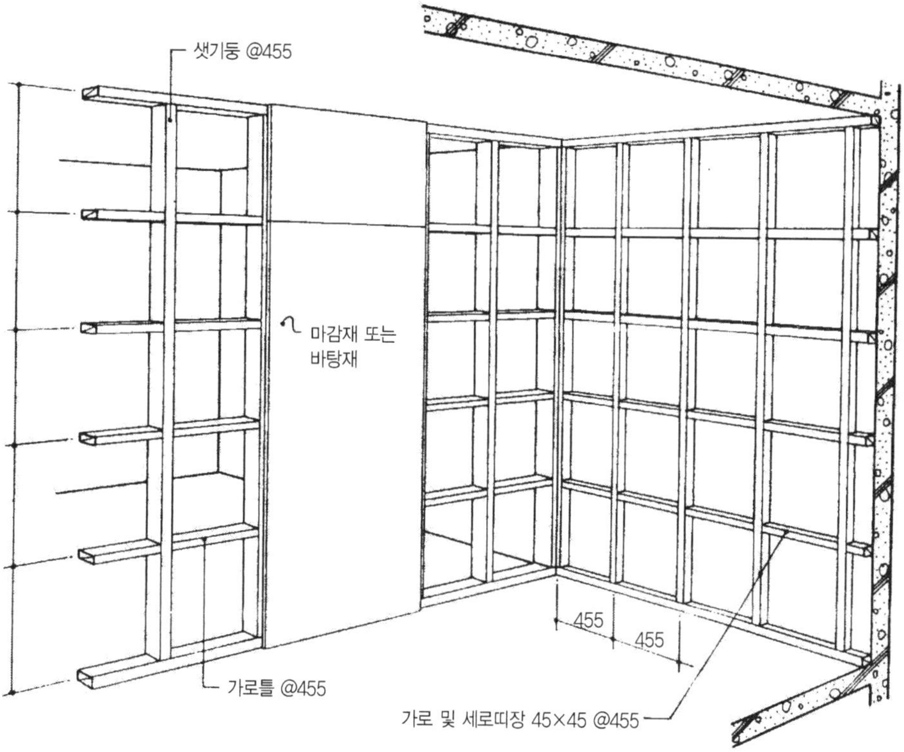

그림 8 － 9　목조 간막이벽의 구조

■ 마감재 부착

바탕보드와 치장보드의 설치방법은 목조벽틀의 마감재 부착방법에 준한다.

5) 내부판벽구조(內部板壁構造)

목조 판벽구조는 마감재의 설치방법에 따라 가로판벽과 세로판벽구조로 대별할 수 있으며 가로판벽은 실외에, 세로판벽은 실내에 주로 사용한다.

■ 가로판벽(Siding panel)

기둥, 샛기둥 또는 벽돌벽에 세로띠장을 대고 띠장의 직각방향으로 널을 붙여 마무리 한 것이다. 널은 반턱 쪽매 또는 제혀 쪽매로 하고, 틈이 생기지 않도록 시공한다.

[Chapter 8]

내부마감 목구조(修粧木構造)

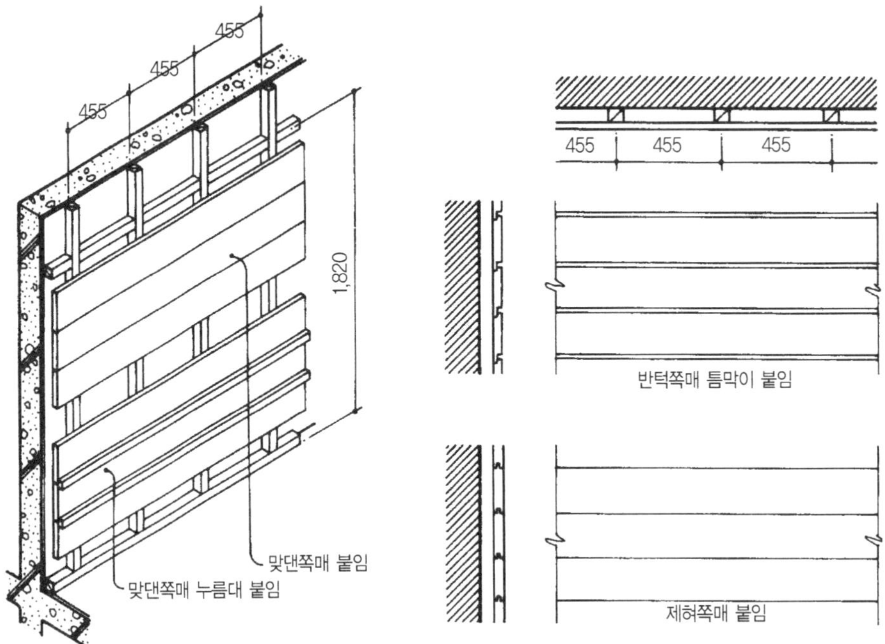

그림 8 - 10 가로판벽

■ 세로판벽(Upright panel)

기둥, 샛기둥 또는 벽돌벽에 가로띠장을 대고 띠장의 직각방향으로 널을 세워 붙여 마무리한 것이다. 가로띠장의 배치간격은 450mm내외, 널은 반턱 쪽매 또는 제혀쪽매로 하고, 틈이 생기지 않도록 시공한다.

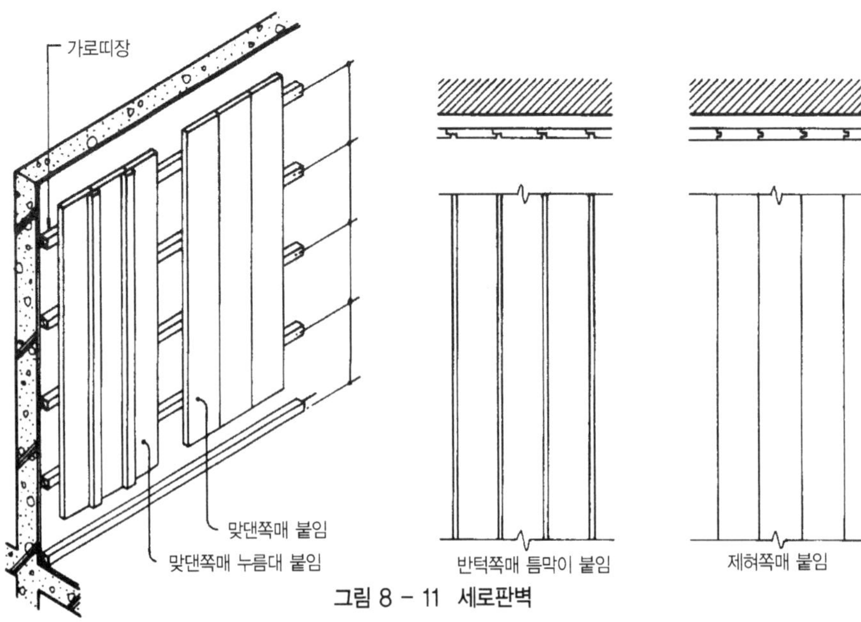

그림 8 - 11 세로판벽

■ 코펜하겐 리브(Copenhagen rib)

코펜하겐 방송국의 벽에 음향효과를 내기 위하여 오림목을 특수한 단면으로 만들어 사용한 것이 시초이지만 지금은 음향효과가 필요없는 곳이라도 의장이 좋아 많이 사용된다. 목재루버라고도 하며, 리브재 사이의 빈틈과 바탕틀의 공기 층이 고음을 처리하도록 한 구조이다. 시공방법은 세로판벽에 준한다.

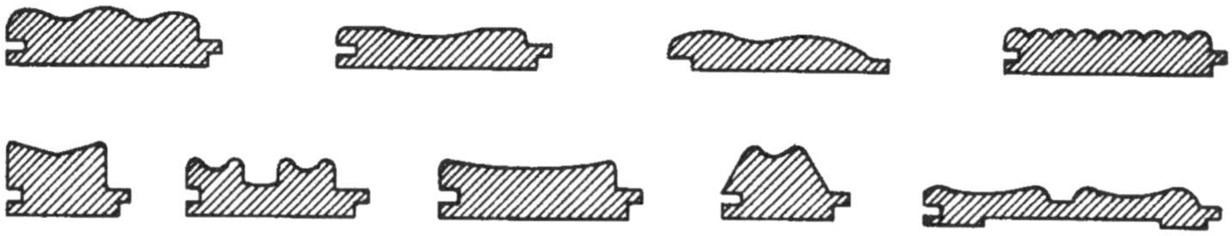

그림 8 - 12 코펜하겐 리브의 단면 형상

■ 징두리 판벽(Wainscot), 징두리 양판벽

벽의 하부를 징두리 또는 굽도리라고 하며 실내벽 하부에서 높이 1~1.2m정도의 널을 대어 만든 벽을 징두리 판벽이라 한다.

징두리 판벽은 하부벽의 의장을 좋게 하고 오염을 방지할 목적으로 설치한다. 널은 띠장에 못박아 대고 널의 밑은 걸레받이에, 위는 두겁대에 홈파 넣어 만든다. 또한 걸레받이와 두겁대 사이에 틀을 짜대고 그 사이에 넓은 널을 끼워 만든 벽을 징두리 양판벽이라 하고, 끼운 널을 양판(panel board)이라 하며, 고급실내에 사용한다.

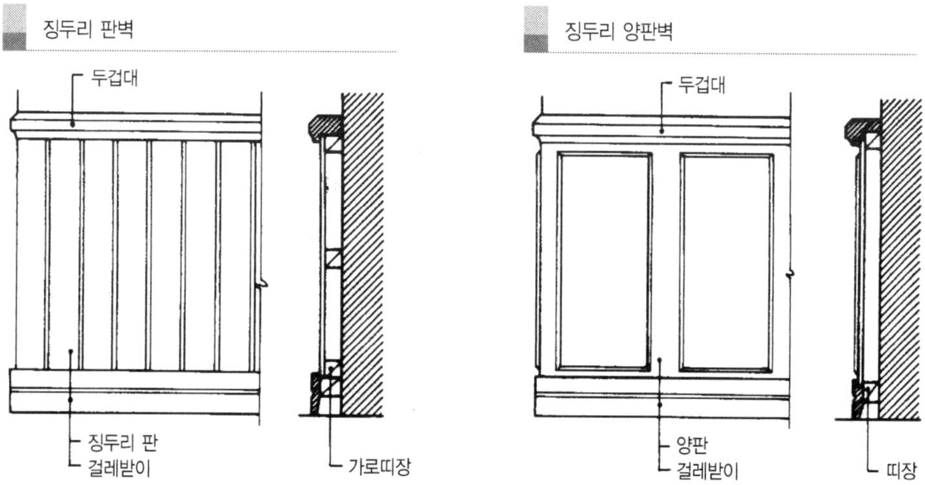

그림 8 - 13 징두리 판벽

■ 걸레받이(Base board)

벽의 최 하단부와 바닥이 접하는 부위에 대어 의장을 좋게 하고 벽 마감재의 오염 및 손상을 방지하며, 깨끗이 청소할 수 있게 할 목적으로 설치하는 것으로 보통 벽보다 1~2cm정도 내밀거나 드려 밀어 댄다.

걸레받이의 재종, 규격, 부착방법은 도면 및 특기시방서에 따르되, 기성제품을 사용하는 것이 시공상 유리하다.

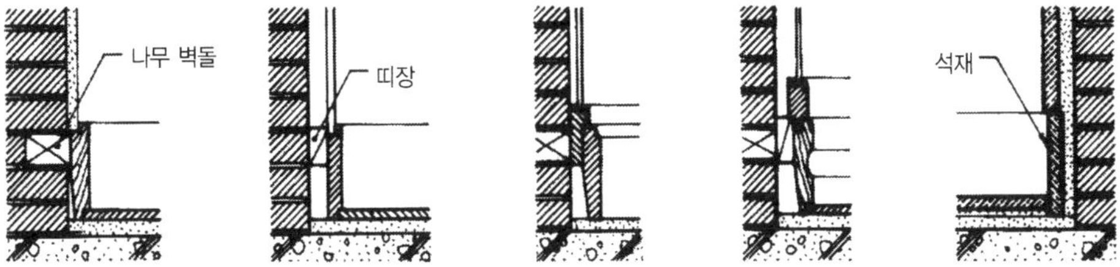

그림 8 - 14 걸레받이

■ 돌림대(String course)

벽과 천장의 접속부 또는 벽의 중간부위에 대는 것으로, 천장에 대는 것을 반자돌림대, 벽의 중간부위 대는 것을 허리돌림대라 하며, 반자돌림대는 천장공사에 허리돌림대는 걸레받이에 준하여 시공한다.

8 - 5 목조계단구조(木造階段構造)

1) 개요(槪要)

계단은 상하층을 연락하는 복도의 연장으로서 통행에 불편이 없어야 하고 실내장식요소로서 시각적인 초점이 될 수 있으므로 미관에도 신경을 써야한다.

또한 계단은 화재시 피난통로로 이용되므로 용도에 따른 계단의 설치기준은 건축법(건축법 제39조, 시행령 제48조)의 규정을 따른다.

목조계단은 주로 주거공간에 사용되는 계단으로 자연스러운 질감과 의장성이 우수하여 상업공간에도 그 사용이 늘어나고 있는 추세이다. 목조계단은 그 구성형식에 따라 사다리 계단, 틀 계단, 정식계단으로 구분할 수 있으며, 사다리 및 틀계단은 보행이 많은 통로에는 사용하지 않고, 임시용 또는 정식계단을 만들 수 없는 장소의 간이계단으로 사용된다.

■ 계단의 설치기준

연면적 200㎡을 초과하는 건축물에 설치하는 계단은 다음 기준에 적합해야 한다.

① 높이가 3m를 넘는 계단은 3m이내마다 너비 1.2m이상의 계단참을 설치해야 한다.

② 높이가 1m를 넘는 계단 및 계단참의 양옆에는 난간(벽 또는 이에 대치되는 것 포함)을 설치해야 한다.

③ 너비가 3m를 넘는 계단에는 3m이내마다 중간난간을 설치해야 한다. 단, 단높이 15cm이하, 단너비 30cm이상인 경우에는 예외로 한다.

■ 계단의 설치구조

표 8-11 계단 및 계단참의 각부 치수

계단의 용도	단 높 이	단 너 비	계단 및 계단참의 너비
초등학교의 계단	16cm 이하	26cm 이상	150cm 이상
중, 고등학교의 계단	18cm 이하	26cm 이상	150cm 이상
문화 및 집회시설(공연장, 관람장, 집회장), 판매영업시설(도매시장, 소매시장, 상점) 의 계단			120cm 이상
바로 위층 거실의 바닥면적 합계가 200㎡ 이상이거나, 거실바닥면적의 합계가 100㎡ 이상인 지하층			120cm 이상
기타의 계단			60cm 이상

2) 재료(材料)

목조계단에 사용하는 목재는 구조재 또는 감추임재의 경우 낙엽송, 미송 또는 라왕을 일반적으로 사용하며 마감재의 경우에는 설계도면에 기재된 재료를 사용한다.

3) 계단의 구성 및 용어의 정의

계단이 있는 방을 계단실(stair case)이라 하고, 계단 한 단의 바닥을 디딤면(디딤바닥 ; tread)이라 하며, 수직면을 챌면(riser)이라 한다.

또한 계단의 중간에 다리쉼과 돌림에 쓰이는 부분을 계단참(stair landing pace)이라 하며, 계단 각 부의 명칭은 다음과 같다.

① 계단나비 : 한 계단의 나비

② 계단높이 : 한 계단의 높이

③ 계단참 높이 : 밑 층 바닥에서 계단참까지 또는 계단참에서 윗 층 바닥까지의 높이

④ 단나비 : 디딤바닥면의 나비

⑤ 단높이 : 계단 한단의 높이(챌판의 높이)

[Chapter 8]

내부마감 목구조(修粧木構造)

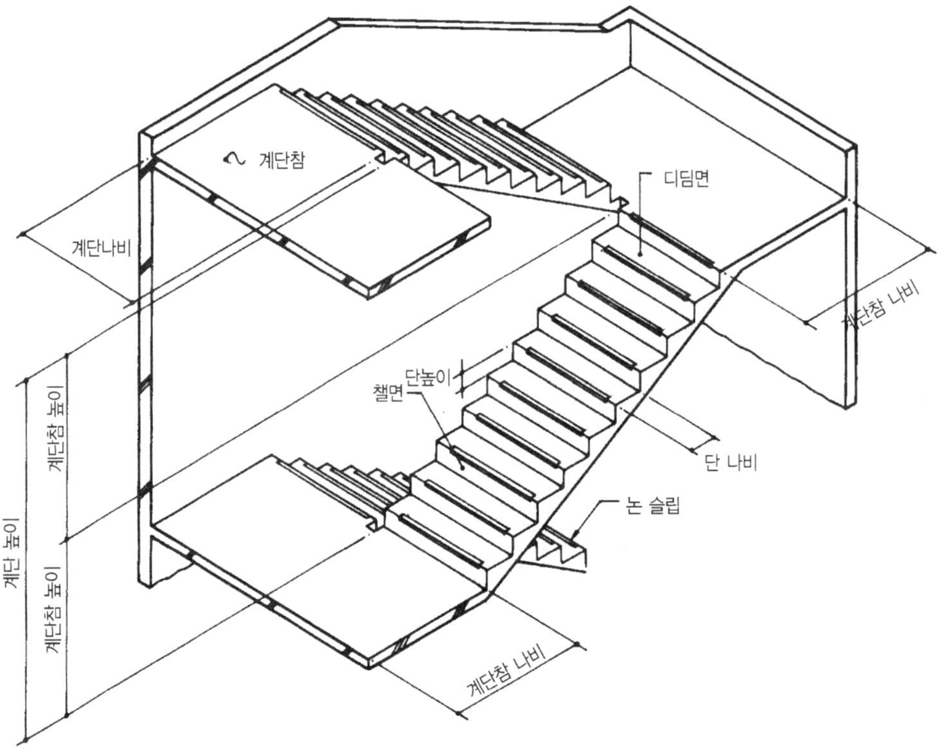

그림 8 - 15 계단의 구성

4) 정식계단

실내건축에 주로 사용하는 계단은 정식계단이며, 정식계단의 시공은 1층 멍에, 계단 참, 2층 받이보 → 계단 옆판, 엄지기둥 → 디딤판, 챌판 → 난간동자 → 난간두겁의 순서로 하며, 계단의 나비가 1.2m이상인 경우 계단멍에를 댄다.

■ 디딤판(Tread, Step board, Foot board)

디딤판은 두께 3~5cm의 판재를 사용하고, 우그러짐을 막기 위하여 디딤판 뒤에 5cm각 정도의 거멀띠장을 약 45cm간격으로 댄다.

디딤판은 계단옆판에 통 파 넣고 밑에서 쐐기를 치고 철물로 고정한다. 디딤판의 모서리 끝에는 필요에 따라 미끄럼막이(non-slip)를 댄다.

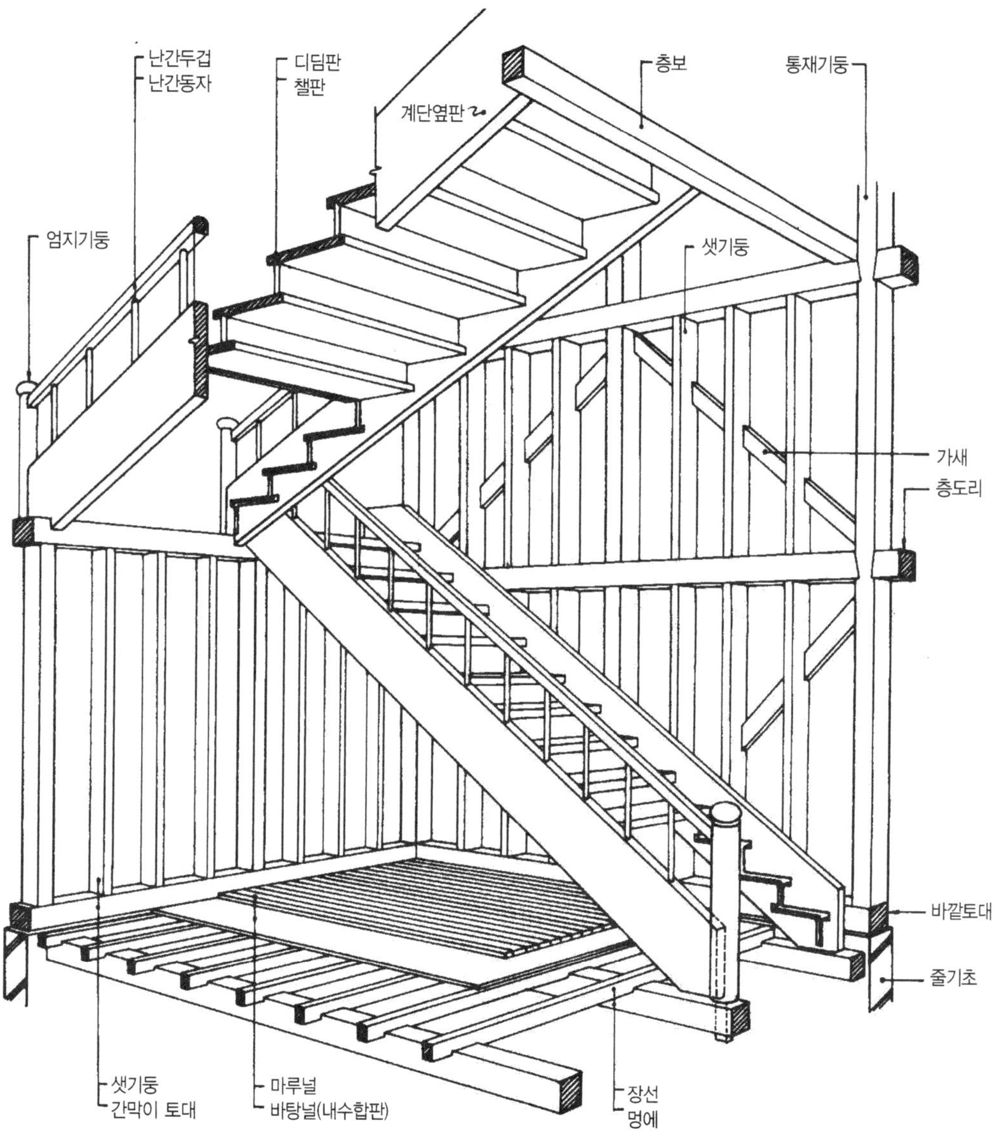

그림 8 - 16 목조 정식계단

■ 챌판(Riser)

챌판은 두께 1.5~2.5cm정도의 것으로, 상하 디딤판에 홈을 파 넣고, 옆판에는 통 넣고 쐐기치기를 한다.

■ 옆판(Slring)

옆판의 두께는 5~10cm정도로 하고, 디딤판 및 챌판을 끼울 홈의 깊이는 3cm정도 파

내부마감 목구조(修粧木構造)

넣고 윗면에는 난간동자를 끼울 장부구멍을 판다.

옆판의 밑 끝은 멍에에, 위의 끝은 계단받이보에 걸치고 주걱볼트로 조인다. 또한 옆판의 밑 끝 수직부분은 엄지기둥에 주먹장부 넣기로 한다.

상기한 것과 같이 디딤판 및 챌판을 홈 파 넣게 된 것을 통 옆판이라 하고, 챌판과 디딤판을 파 넣지 않고 계단의 디딤판마다 위를 따내어 올려대는 것을 따낸 옆판이라고 한다.

■ 계단멍에(Rough string)

계단의 나비가 1.2m이상인 경우 9×12cm 정도의 각재를 디딤판의 처짐 및 보행진동을 방지하기 위하여 계단의 중간에 댄다.

이 부재를 계단멍에라고 하며, 층보 또는 계단받이 보에 걸쳐 댄다.

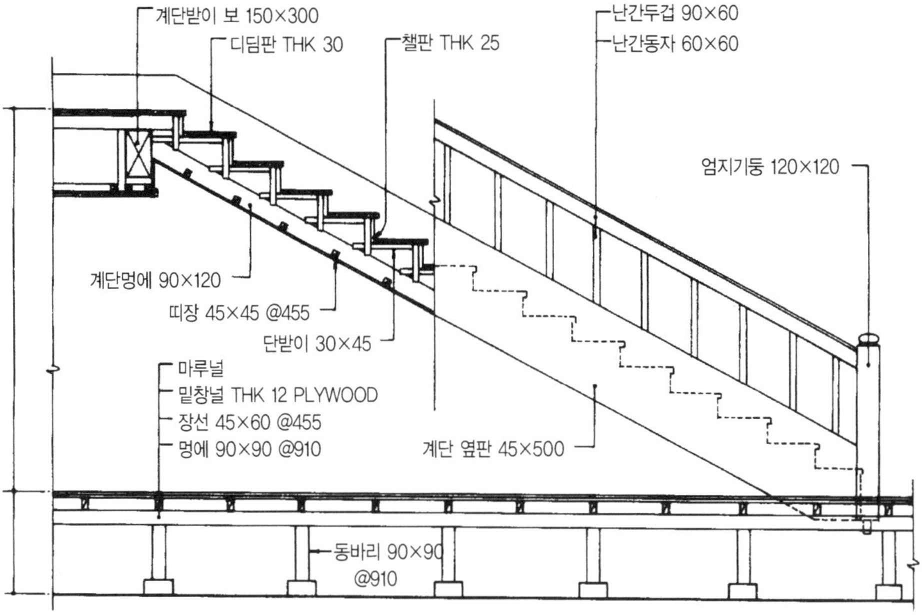

그림 8 - 17 목조 정식계단의 구조

■ 난간(Hand rail)

난간은 오르내릴 때 손잡기에 편리하고 견고하게 설치하여 안전사고를 미연에 방지할 수 있도록 해야 한다.

① 엄지기둥(Newel post) : 엄지기둥의 밑 끝은 멍에 또는 계단받이 보에 긴장부 산지치기 또는 옆 따 넣고 2개의 볼트조임으로 고정한다.

② 난간두겁(Capping) : 난간두겁은 손스침이 좋고 먼지가 쌓이지 않는 모양으로 하여 엄지기둥 옆에 통 맞춤 또는 위에 장부맞춤으로 덮어씌우고 ㄱ자쇠로 보강한다.

두겁대의 직선부는 단일의 긴 재로 하고, 돌음 또는 굽은 부분은 큰 재를 오려낸다. 두겁대의 이음은 턱솔 넣고 숨은 띠쇠 등으로 보강한다.

③ 난간동자(Balustrade) : 난간동자는 계단옆판에 긴 장부맞춤, 난간두겁에 짧은 장부맞춤으로 하고 뒷면에서 ㄱ자쇠로 보강한다.

8 - 6 마루(Floor)구조

1) 개요(槪要)

마루는 설치위치에 따라 1층 마루와 2층 마루로 구분할 수 있으며 실내건축에서는 공간의 심리적인 구획을 위하여 1층 마루를 사용하는 경우가 많다.

마루는 사람이나 가구 기타 설비류의 하중을 지탱하는 부분이므로 미관도 중요하지만 이동 및 고정하중과 진동에 대해서도 구조적으로 안전해야 하며, 보행의 안전성도 확보되어야 한다. 1층 마루는 상점이나 창고 등에 주로 적용되는 납작마루와 위생상 또는 공간의 용도상 바닥(일반적으로 45cm이상)을 높게 한 동바리 마루가 있다.

2) 재료(材料)

구조재 또는 감추임재의 경우 낙엽송, 미송 또는 라왕으로 하고 마루틀 구성재의 재종 및 치수는 표 8-12를 기준으로 한다.

표 8-12 마루틀 구성재의 재종 및 치수 (단위 : mm)

부재명칭	부재의 종류	치수
장선	낙엽송, 미송, 라왕	45×45, 45×60, 60×90
장선 (주택)	낙엽송, 미송, 라왕	45×45, 45×60, 60×60
멍에	낙엽송, 미송, 라왕	90×90, 120×120
동바리	낙엽송, 미송, 라왕	90×90, 120×120

■ 마루널(flooring)

마감이 되는 부재로 플로링재라고도 하며 함수율은 8%이내의 것을 사용한다.

■ 하부 바탕재

플로링재의 바탕이 되는 부재로 밑창널이라 한다. 충분한 강도와 탄성을 지닌 KS내수합판을 사용함을 원칙으로 하며, 규격(두께)은 상부의 하중 및 하부 구조재의 설치간격에 따라 정한다. 2중 마루널 깔기(Double planking)에 사용한다.

■ 장선(Floor joist, Common joist)

하부 바탕재와 상부 마감재(마루널)를 지지하며 고정시키는 수평부재로 함수율은 18% 이내의 것을 사용하고 반드시 방부처리를 한다.

■ 멍에(Sleeper)

장선의 하부에서 장선과 직각방향으로 설치되는 수평부재로 방진고무 또는 동바리에 상부하중을 전달하는 역할을 한다. 부재의 재료 및 품질은 장선과 동일한 것으로 하고 방부처리를 한다.

■ 동바리(Floor post)

상부의 하중을 받아 동바리돌 또는 바닥판으로 전달하는 수직 부재로 위생상 또는 공간의 목적상 바닥을 높게 할 필요가 있을 때 사용하는 부재이다. 부재의 재료 및 품질은 장선 및 멍에와 동일한 것으로 하고 방부처리를 한다.

3) 마루틀 및 마루널

■ 마루널(상부 마감재)

장선의 윗면에 수평실을 치고 높낮이를 점검하여 수평이 되도록 조정(높이가 낮은 곳은 쐐기를 끼우고, 높은 곳은 대패질하여 깎아낸다.)한 다음 마루널을 깐다.

마루널은 두께 9~24mm, 나비 60~120mm정도의 무절(無節) 건조된 널을 제혀 쪽매로 하여 숨은 빗못치기로 하며 마루널의 하부 면은 접착제를 도포하여 하부 바탕재에 견고하게 부착시킨다.

■ 합 판(하부 바탕재)

습기방지를 위하여 내수합판의 사용을 원칙으로 한다. 합판의 가장자리는 장선목의 중앙에서 접합되도록 하고 장선의 간격 및 합판의 규격은 도면 및 특기시방서에 따른다. 두께는 9mm가 주로 사용되며 2겹으로 하는 것이 일반적이다.

■ 장 선

마루널의 길이방향과 직각방향으로 배치하고 멍에의 간격이 1m이내일 때는 45×45mm 또는 45×60mm각 정도를 사용하며 하중의 대소에 따라서 부재의 크기는 조절할 수 있다. 부재의 이음은 멍에 위에서 맞대기 또는 턱솔넣기로 하고 멍에에 걸침턱 맞춤 후 큰 못치기를 한다.

장선의 간격은 바닥마감재의 두께에 따라서 정해지며 일반적으로 바닥마감재의 두께가

18mm이상인 경우는 45cm, 12~15mm인 경우는 36cm 이하, 12mm이하인 경우에는 30cm정도로 한다.

■ 멍 에

부재의 크기 및 배치간격은 도면 및 특기시방서에 따르되, 멍에의 간격은 0.9~1.8m 정도(일반적으로 하부에 배치되는 장선간격의 2배 정도로 한다.)로 하고 90×90mm각 내외의 것을 사용한다.

멍에는 실(室)의 장변방향으로 길게 걸쳐대는 것을 원칙으로 하며 장선과 직각방향으로 배치한다.

■ 동바리

부재의 크기, 배치간격은 도면 및 특기시방서에 따르되, 동바리는 멍에와 같은 크기의 부재를 쓰고 상부하중 및 멍에목의 크기에 따라 설치간격을 정하는 것이 일반적이다.

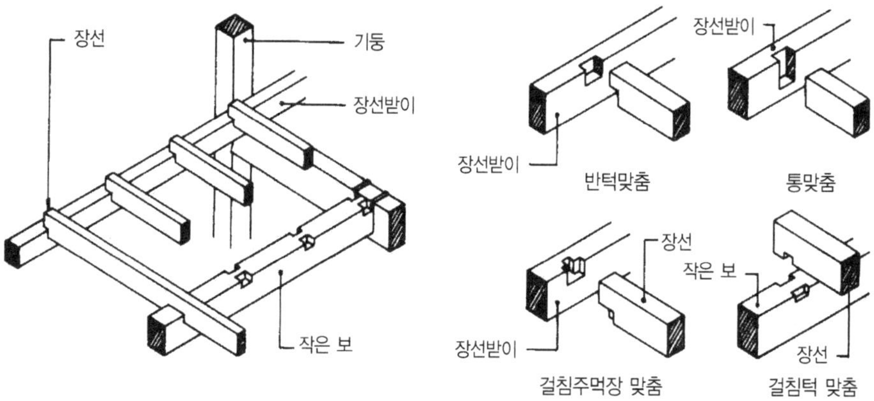

그림 8 - 18 장선의 접합

4) 납작 마루

공간을 심리적으로 구획하고 지반으로부터의 습기상승 방지 및 단열 등의 목적으로 설치하며 바닥높이 100mm내외인 경우에 적용한다.

장선 또는 멍에는 60×90mm각의 목재를 사용하여 300mm 또는 450mm정도의 간격으로 격자틀을 짜고 부재의 이동을 방지하기 위하여 900mm정도의 간격으로 바닥에 앵커볼트로 고정시킨다.

바탕널은 두께 9mm의 내수합판을 2장 사용하고 격자틀에 못질하여 고정시킨다. 이 때 합판은 엇갈리게 배치한 후 마루널을 시공한다.

[Chapter 8]

내부마감 목구조(修粧木構造)

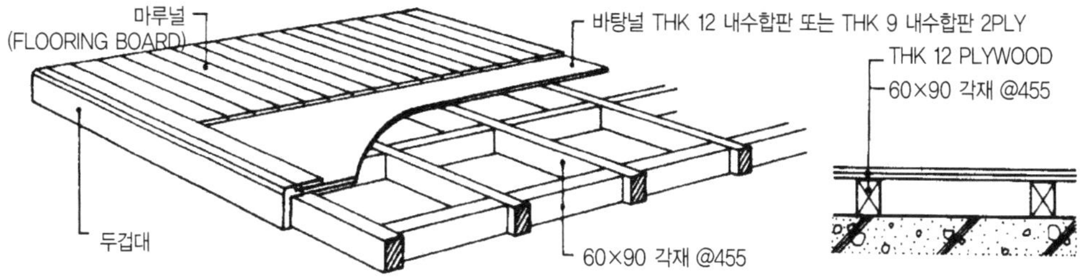

그림 8 - 19 납작 마루

5) 동바리 마루

지반의 습기방지 및 높은 단차이로 실내공간을 확실하게 구획할 때 설치하며 바닥높이 450mm이상인 경우에 적용한다.

■ 동바리(Floor post)

동바리는 멍에와 같은 치수로 하며 일반적으로 90×90mm각 정도의 각재가 주로 사용된다. 동바리의 윗면은 멍에와 짧은 장부맞춤, 큰못치기 또는 꺾쇠치기로 하고 부재의 이동을 방지하기 위하여 기둥 밑잡이로 동바리를 고정시킨다.

■ 멍에(Sleeper)

멍에는 100mm각 내외의 각재(보통 90mm각)를 사용하고 그 간격은 0.9~1.8m정도로 한다. 멍에는 실(室)의 장변방향으로 길게 걸쳐대는 것을 원칙으로 하며 장선과 직각방향으로 배치한다.

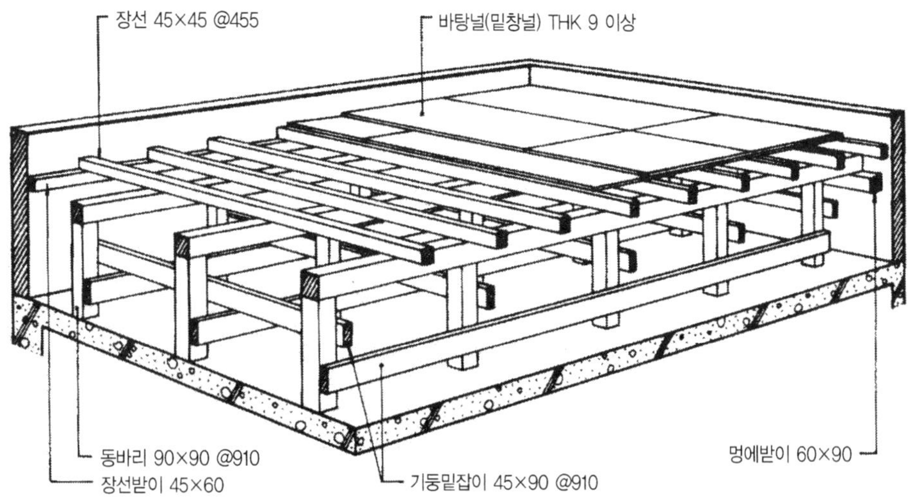

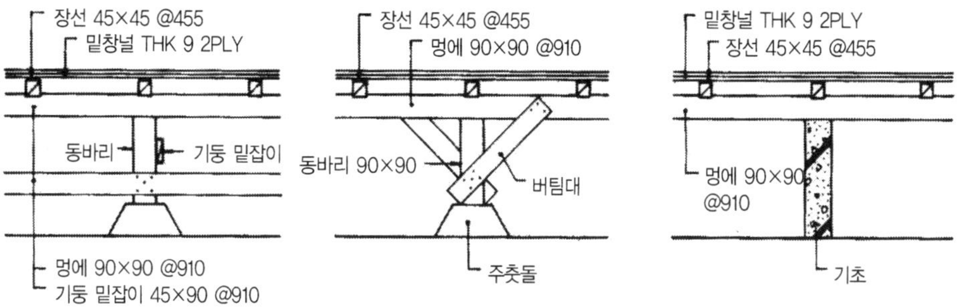

그림 8 - 20 동바리 마루

■ 장선(Floor joist)

장선은 45×45mm 또는 45×60mm각 정도를 사용하고 300mm 또는 450mm정도의 간격으로 격자틀을 짜거나 멍에의 직각방향으로 배치하여 멍에에 고정시킨다. 이음은 멍에 위에서 맞대기로 한다.

■ 바탕널 및 마루널

바탕널은 두께 9mm의 내수합판을 2장 사용하고 격자틀에 못질하여 고정시킨다. 이 때 합판은 엇갈리게 배치한 후 마루널을 시공한다.

8 - 7 무늬목 마감

1) 재료(材料) 및 규격(規格)

무늬목(Wood grain)은 색상 및 결이 아름다운 목재를 얇게 켠 것으로 석고보드나 합판의 표면에 접착제를 사용, 가열가압 부착시켜 표면을 아름답게 장식할 때 사용한다.

홍송, 버드나무(yanagi), 미송, 티크(teak), 마호가니(mahogany), 오크(oak), 월넛(walnut), 흑단(ebony) 등의 원목을 가공하여 만든 천연 무늬목과 인공적으로 만든 무늬목이 있다. 무늬목 마감공사는 자연스러운 목재의 질감을 표현하는데는 효과적이지만 공기(工期)가길어지는 것에 대한 인건비의 상승을 감수해야 하는 결점이 있다.

무늬목은 두께 0.3~0.5mm의 것이 주로 사용되며, 최소한 두께 0.25mm이상, 폭 200mm이상의 것을 사용해야 한다.

2) 시 공(施工)

■ 바탕처리

[Chapter 8]

내부마감 목구조(修粧木構造)

무늬목을 붙일 바탕재의 표면은 기름이나 먼지 등이 없도록 깨끗이 청소하고 바탕재의 이음부위는 조인트 테이프를 사용하여 일매지게 처리한다. 또한 바탕재 표면의 모든 구멍 및 갈라진 틈 등의 흠은 바탕 처리재를 사용하여 메운다.

바탕 처리재가 충분히 경화된 후 표면의 돌출부위는 샌드페이퍼를 사용하여 표면이 고르도록 연마한다.

■ 초벌칠

접착성능을 최대화하기 위해 처리하는 것으로 주로 셀락이 사용된다. 초벌칠 용제가 마른 후 수포가 생긴 곳이나 광택이 나는 곳은 연마지로 갈아낸다.

■ 접착제 바름

용제를 초벌칠하고 최소 12시간 정도 경과 후에 희석하지 않은 접착제를 다소 거친 솔이나 롤러를 사용, 바탕 면에 균일하고 매끈하게 바른다.

■ 무늬목 시공

바탕 면에 바른 접착제는 12~24시간 정도 경화시킨 후 무늬목의 뒷면에도 접착제를 빈틈없이 발라 바탕재에 붙인다. 무늬목을 바탕재에 붙일 때는 폭이 넓은 플라스틱제 주걱칼을 사용하며 가운데 부위부터 압력을 가하면서 가장자리로 또는 무늬결 방향으로 밀어붙여 바탕재와 무늬목 사이에 있는 공기를 제거하면서 압착한다.

이 때 먼저 붙인 무늬목과 겹쳐 붙여지지 않도록 주의하며 또한 틈이 생기지 않도록 시공한다. 시공 후 무늬목 표면을 검사하여 기포가 남아 있을 때는 전기다리미를 사용하여 가운데 부위부터 압력을 가하면서 가장자리로 또는 무늬결 방향으로 밀어 붙여 바탕재와 무늬목 사이의 기포를 제거하면서 압착한다.

■ 마무리 칠

무늬목을 시공한 바탕 면 전체를 연마지(#400)로 연마한다. 무늬목 시공 후 48시간 경과한 후에 마무리 칠을 한다. 착색제는 가볍게 칠한 후 즉시 닦아내어 침투되는 양을 최소화하고, 마무리 칠의 종류에 따라 샌딩실러(Sanding sealer) 또는 스테인(Stain)을 1~2겹 칠한 후 설계도 및 시방서에 따라 투명래커 또는 바니시를 칠한다.

Chapter 9

가구구조
(家具構造; Furniture construction)

9-1 가구구조의 개요(槪要)
9-2 가구용 재료(材料)
9-3 구성방법에 따른 구조
9-4 가구별 제작방법
9-5 가구설치(家具設置)

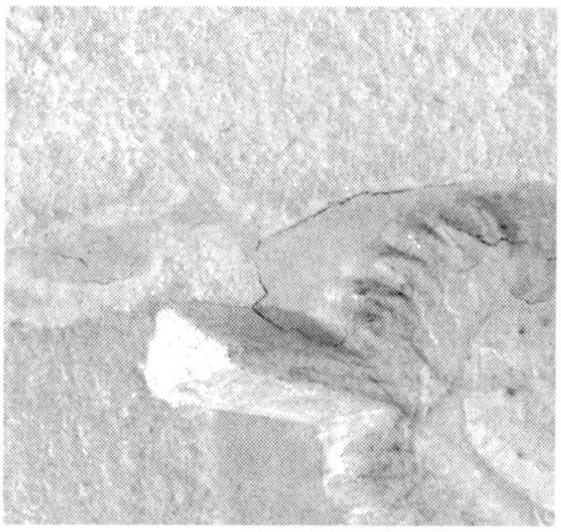

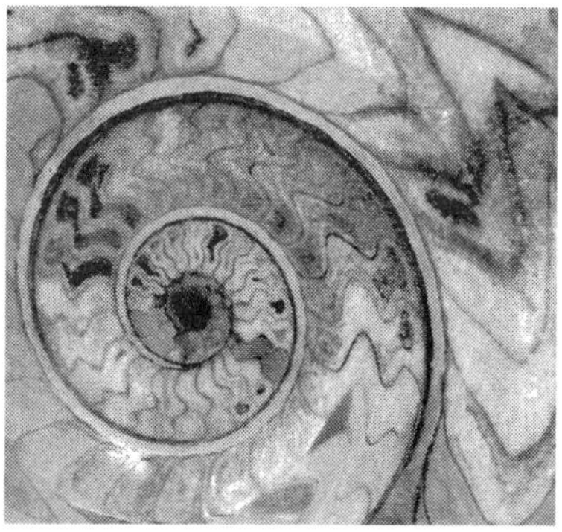

[Chapter 9]

가구구조(家具構造; Furniture construction)

9 - 1 가구구조의 개요(槪要)

본장의 가구구조는 공장에서 만든 기성품(旣成品)이나 설계도서에 의하여 공장에서 주문 제작한 가구가 아닌 현장에서 설계도 및 시방서에 따라 직접 제작하여 설치하는 가구의 구조를 의미하며, 붙박이 가구나 카운터 등 이동이 힘들거나 여러 가지 재료를 복합적으로 사용해야 하는 특별한 디자인이 요구되는 경우나 테이블류나 의자 등의 현장제작시에 적용한다.

가구제작 및 설치는 가구제작시에 사용하는 재료 및 가공기계가 대부분 목공사용이므로 목공사와 병행하거나 목공사에 포함시키는 것이 공정, 관리 및 경제적으로 유리하며 따라서 가구공사는 목공사와 별개의 공정으로 계획하지 않고 목공사의 공정에 포함시키는 것이 일반적이다. 목공사에서 처리하지 못하는 부분은 도면 또는 특기시방서에 따라 적절한 공정에서 처리해야 하며, 표면마감 처리가 끝나지 않은 상태의 가구는 표면처리공정까지 오염 및 파손이 없도록 적절한 방법으로 보양해야 한다.

9 - 2 가구용 재료(材料)

1) 목재 및 목재 가공품

■ 목재

목재의 종류, 함수율, 품질, 마무리 정도 등은 도면 및 특기시방서를 원칙으로 하고, 정한 바가 없더라도 인공건조목을 사용해야 하며, 함수율은 10%이하, 살충 처리한 것으로 2주간 실내에 방치하여 함수율을 12%정도로 안정시킨 것을 사용한다.

표 9-1 대표적인 국내산 가구용재

수 종	산 지	재 질	용 도
잣나무(홍송) 五葉松	전 국 (전라도 제외)	가볍고 연함, 나무결이 곧고 수축성이 작음. 강도가 약함.	침엽수
전나무(杉松)	전 국	비중이 작고 강도가 약함. 변형이 크고 내습성이 작음.	침엽수
사시나무(白楊木)	전라 · 충북 제외, 전국	결이 약간 거칠고 연함. 가볍고 내구성이 작음.	활엽수
박달나무(朴達木)	전라 · 황해 제외, 전국	비중 및 수축성이 큼. 강도가 매우 크고 비틀림이 적음.	활엽수
너도 밤나무 (山毛棒)	경 북 울릉도	재질이 치밀하고 단단하며 가벼움.	활엽수
밤나무(栗木)	전 국	가볍고 연함. 강도는 약하나 내구성 및 내수성은 큼.	활엽수
오동나무(梧桐)	전 국	가볍고 연함. 방습, 방충성이 있음. 변형이 작고 결이 아름다움.	활엽수

표 9-2 대표적인 외국산 가구용재

수 종	산 지	재 질	수 종
미국 삼나무 (Red wood)	북미의 중북부	결이 곧고, 재질이 연해 가공성이 우수함. 강도 및 내구성 우수.	침엽수
미 송(Douglas Fir Oregon pine)	미 국 캐나다	결이 곧고 가볍다. 재질이 좋고 내구성이 큼.	침엽수
나왕(Lauan)	열 대 아시아	비중이 작고 가공성, 접착성 우수. 합판, 심재로 사용	활엽수
티 크(Teak)	태 국 미얀마	결이 곧으며 수축성 및 흡수율이 작고 내구성이 큼. 고급 가구용으로 사용.	활엽수
마호가니 (Mahogany)	중남미	재질이 치밀하고 견경함. 색채, 광택이 미려함.	활엽수
오크(Oak)	미 국	비중이 크고 견경함.	활엽수
월넛(Walnut)	미 국	강인하며 결이 아름답고 광택이 있다. 가공성이 우수하고 내구성이 큼.	활엽수
흑단(Ebony), 자단(Red Sandal)	태 국 필리핀	강도, 내구성 매우 큼. 재질이 미려함. 조각재, 공예품재.	활엽수

■ 합판

합판은 KS F3101의 규격에 합격한 것으로, 두께 6mm이상의 것을 사용함을 원칙으로 하고, 보이는 곳에는 1급 합판으로, 보이지 않는 곳에는 준내수 2급 이상의 것을 사용한다.

■ 무늬목

무늬목의 종류, 목리, 색상 등은 특기시방 및 견본품에 따르되, 두께는 0.25mm이상, 폭은 곧은결의 경우 200mm이상, 널결의 경우 150mm이상의 것을 사용하고, 함수율은 5%정도의 것으로 하며 나무결은 곧은결의 사용을 원칙으로 한다.

■ 성형합판

성형합판의 심재는 두께 12mm정도의 너도 밤나무재 또는 너도밤나무와 라왕을 병용한 것으로 함수율은 5%정도의 것을 사용한다.

■ 보강용 목재

플러시 구조 등의 심재로 사용하는 목재의 종류 및 함수율 등은 특기시방에 따른다.

■ 섬유판, 파티클 보드, 집성목재

섬유판, 파티클 보드, 집성목재는 KS규격에 합격한 것으로 하고 품질 및 규격은 특기시방에 따른다.

표 9-3 MDF의 접착제에 의한 구분 및 용도

종 류	특징 및 용도
P형 중질 섬유판	접착제로서 페놀수지계의 것 또는 이와 동등한 것을 사용한 것으로 가구, 마루바탕, 외벽의 바탕재로 사용.
M형 중질섬유판	접착제로서 우레아. 멜라민 공축합 수지계의 것 또는 이것과 동등 이상의 것을 사용한 것으로 가구, 마루바탕에 사용.
U형 중질 섬유판	접착제로서 우레아수지계의 것 또는 이것과 동등 이상의 것을 사용한 것으로 가구재로 사용.

2) 금속재

■ 철금속 및 고정철물

가구에 사용하는 철판, 파이프 및 고정용 철물 등은 KS규격에 합격한 것을 사용하고 그

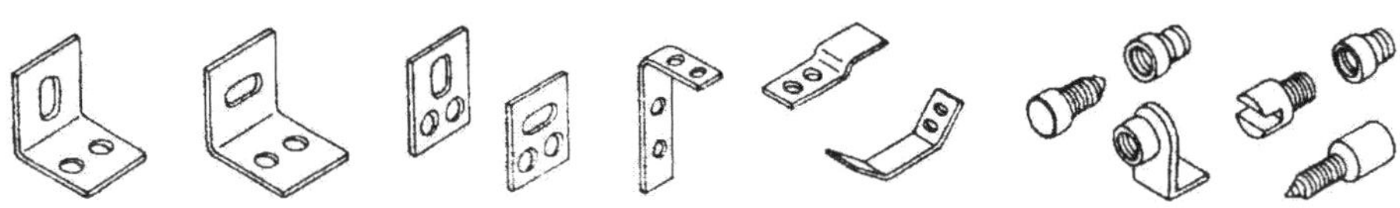

그림 9 - 1 고정철물 및 선반받이 철물

■ 비철금속

황동, 청동, 알루미늄 등은 KS규격에 적합한 것으로 하고 그 형상 및 종류는 도면 및 특기시방에 따른다.

■ 기성 금속제품

파이프, 앵글, 각 종 주물제품, 가구류 부속 고정철물, 핸들, 정첩 등은 미리 제출하여 승인 받은 견본품과 동일의 것으로 하고 KS규격에 규정되어 있는 기성 금속제품은 이에

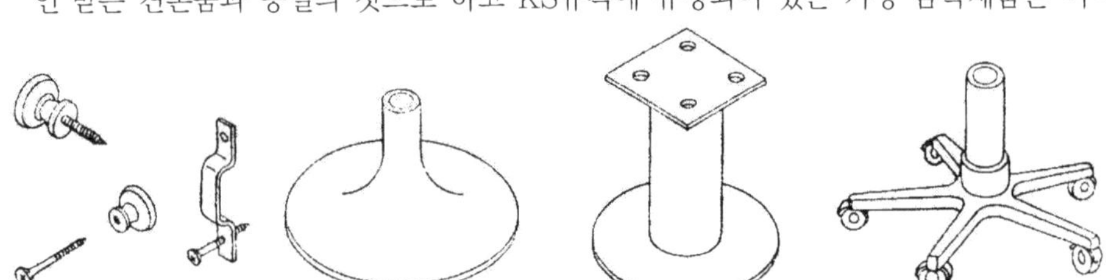

그림 9 - 2 손잡이 및 탁자용 철물

3) 기타 재료

의자나 쇼파 등에 사용하는 피혁 및 비닐레져, 직물류는 견본품을 제출하여 승인 받은 것으로 하되, 염색한 재료를 사용할 경우 표면의 얼룩 및 흠이 없는 것을 사용한다. 가구에 사용하는 스프링도 KS규격에 합격한 것으로 멜라민수지 소부도장 한 것을 사용함을 원칙으로 하고, 유리의 종류는 특기시방에 따르되, KS규격에 합격한 것으로 하며 절단면은 라운드 또는 면 접기 가공을 한다.

9 - 3 구성방법에 따른 구조

가구의 구성방법 및 구성재료, 가공방법은 도면 및 특기시방에 따른다. 일반적으로 다음의 5종이 사용되며 그 내용은 다음과 같다.

■ 기둥 틀 구조

기둥조립에 의하여 구성하는 방법으로, 기둥, 선반, 선반받침 철물, 앵글 등의 부재로 구성된다. 분해 및 조립이 언제든지 가능한 장점이 있다.

선반재로 유리를 사용할 경우 유리의 절단면은 라운드 또는 면접기 가공을 하고, 안전유리를 사용함을 원칙으로 하며 받침철물 및 고정용 철물의 종류 및 고정방법은 도면 및 특기시방에 따른다.

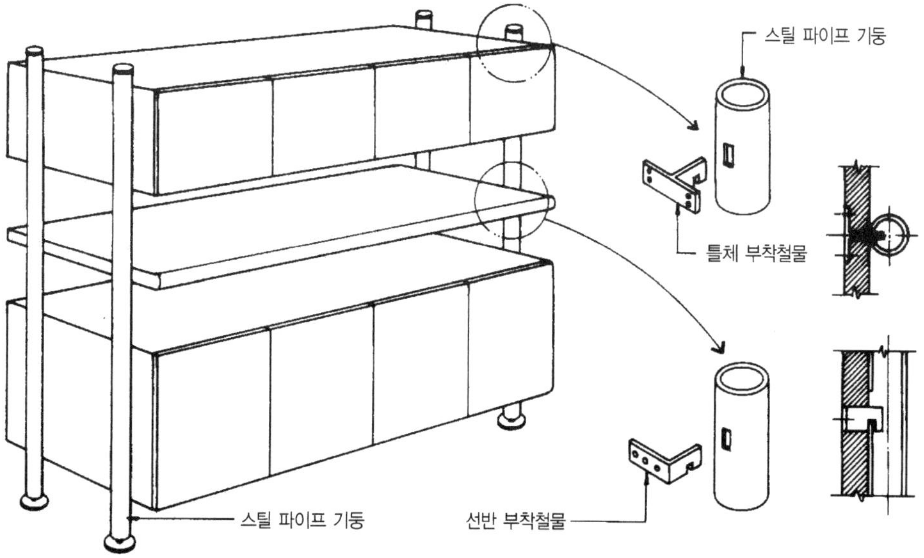

그림 9 - 3 기둥틀 구조

[Chapter 9]

가구구조(家具構造; Furniture construction)

■ 솔리드(Solid)구조

널판을 쪽매로 하여 측판을 두껍게 구성하는 구조로 공기가 길고 인건비의 부담이 커 실내건축공사에서는 거의 사용되지 않고, 공장에서 생산하는 공예가구 등에 사용되는 구조

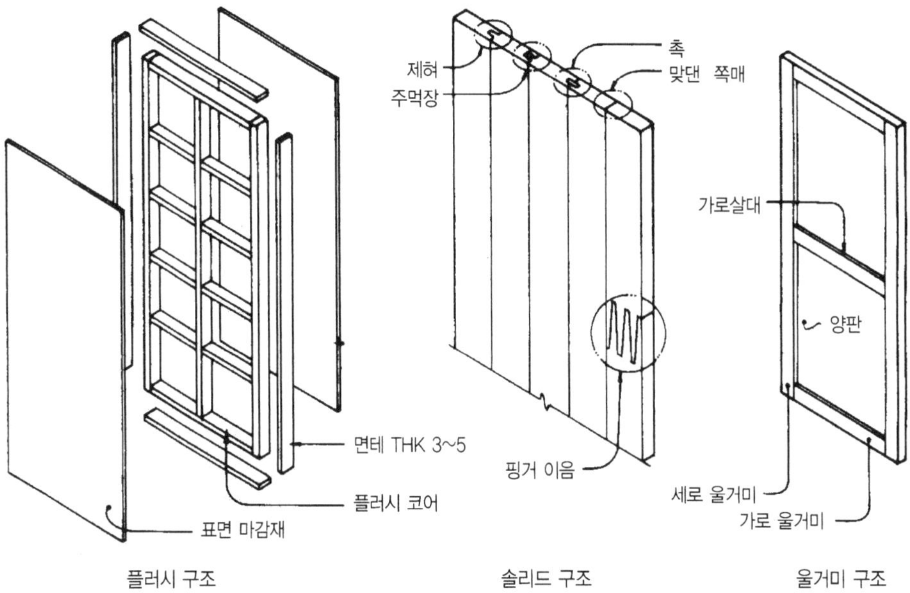

그림 9 - 4 솔리드 구조

■ 울거미(Frame)구조

측판을 울거미재로 구성하고, 내측을 합판 또는 섬유판 등으로 끼워 조립하는 구조로 솔리드구조와 같이 공기가 길고 인건비의 부담이 커 실내건축용으로는 적합하지 않다.

■ 건축판 상자구조

천판(天板), 측판(側板), 후판(後板) 등을 섬유판, 파티클 보드, 하니콤 코어 등을 사용하여 구성하는 구조로 구성방법이 단순하여 실내건축 가구공사에서 가장 일반적으로 사용되는 구조이다. 테두리재의 재종은 도면 및 특기시방에 따르고, 측판 등을 하니콤재로 할 경우 두께는 하니콤 재의 두께와 같게 한다.

판재의 접합은 접착부위에 목공용 접착제를 도포한 후 I' 자형 에어 툴 핀(Air tool pin ; 타카핀)으로 고정하고 상판, 측판 등의 폭이 넓은 면을 무늬목으로 마감할 때의 무늬목 취부 방향은 가구의 장변방향과 곧은결방향이 일치하도록 한다.

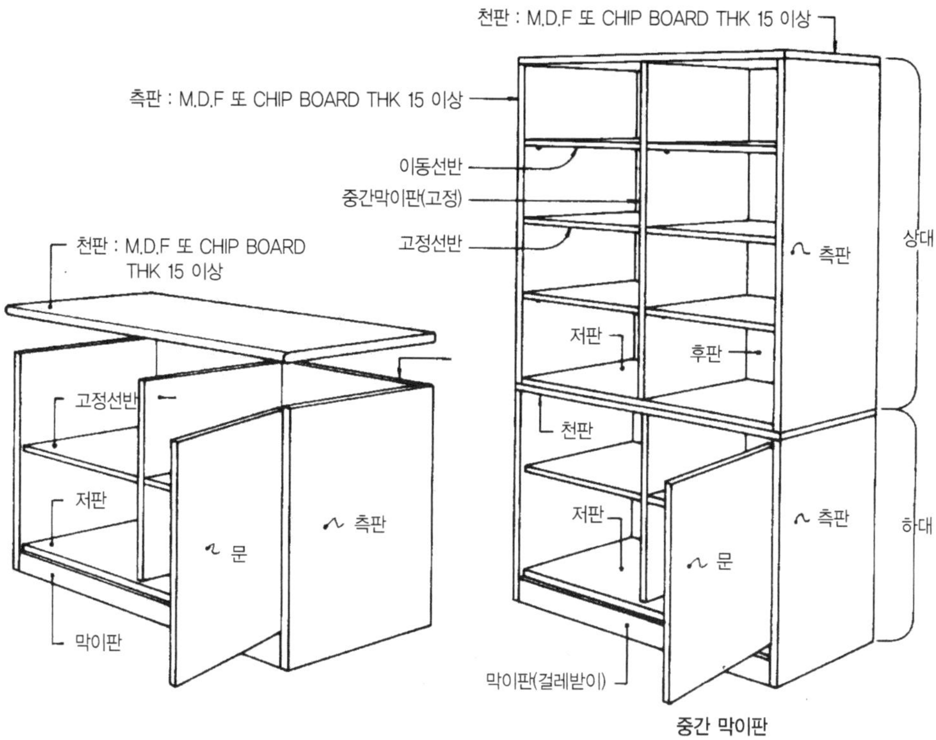

그림 9 - 5 건축판 상자구조

■ 플러시(Flush)구조

천판(天板), 측판(側板), 후판(後板) 등을 플러시 패널을 사용하여 구성하는 구조로 강도가 크고 경량인 장점이 있지만 현장에서의 패널가공이 어려워 특정가구 외에는 잘 사용되지 않는다.

9 - 4 가구별 제작방법

1) 수납용 가구

■ 재료(材料)

가구제작에 MDF나 파티클 보드를 사용할 경우 KS 규격에 적합한 것으로 두께 15mm 이상의 것을 사용하고, 합판도 KS 규격에 합격한 것으로 한다. 행거 파이프는 스테인리스인 경우 KS D3536에 합격한 것으로 하고, 스틸 파이프인 경우에는 두께 0.2mm이상의 폴리에스테르계 도료를 분체도장 한 것을 사용하며 고정 철물 및 장식용 철물은 승인된 견본품을 사용한다.

[Chapter 9]

가구구조(家具構造; Furniture construction)

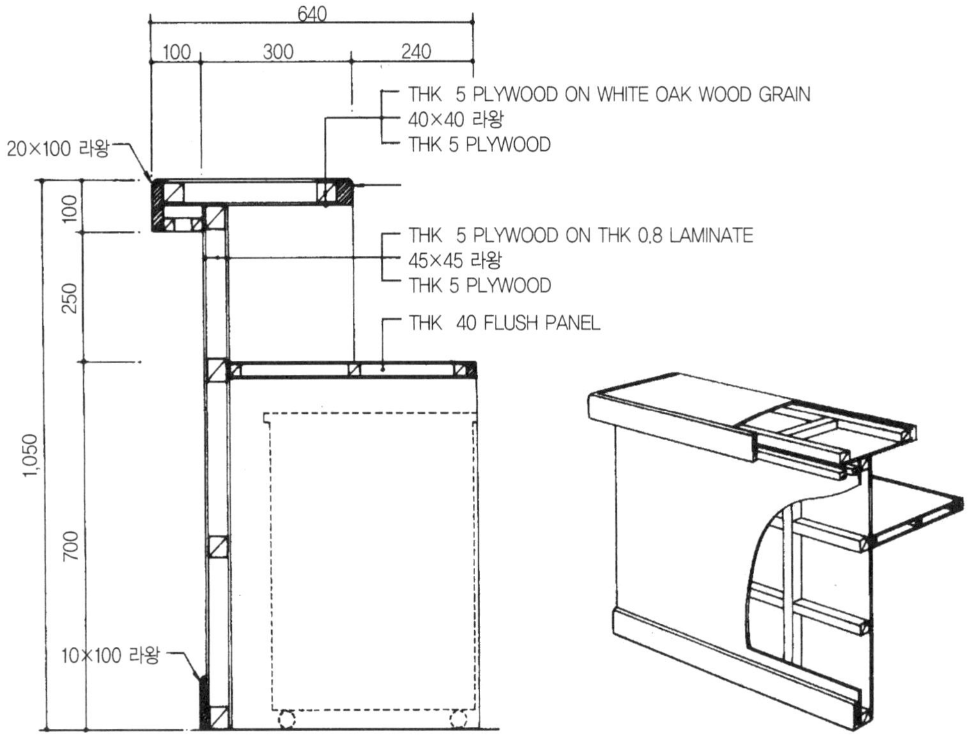

그림 9 - 6 카운터의 구조(플러시 패널 사용)

■ 가공 및 조립

구성부재의 크기, 접착방법, 마무리방법 등은 도면 및 특기시방에 따른다. 표면이 치장마감된 재료인 경우에는 가공 및 취급시 표면의 손상에 주의하고, 절단면 중 눈에 보이는 부분의 마무리는 도면 및 특기시방에 따르되, 담당원의 승인을 받아 마무리하는 것을 원칙으로 한다.

고정선반의 위치는 도면에 따르고, 이동선반 및 선반 지지봉(현장용어 ; 다보)은 해체 및 재조립이 가능한 구조로 한다. 가공된 부재는 도면에 맞게 조립하되, 지정된 목공사용 접착제를 사용하고, I' 자형 에어툴 핀(Air tool pin ; 타카핀)으로 고정한다. 가구용 문짝 및 정첩의 설치는 창호공사에 준한다

■ 표면 마무리

가구의 표면 마무리는 마무리재와 관련되는 공정에서 처리하고, 관련되는 후속공정이 없을 때에는 적절한 공정에서 처리하도록 한다.

2) 의자류

의자류는 공장에서 주문 제작한 제품을 사용하는 것을 원칙으로 한다. 좌면(座面) 및 등받이 면에 사용하는 피혁, 비닐레저, 직물류 등은 견본품을 제출 받아 승인한 것으로 하되, 염색한 표면의 얼룩 및 흠이 없는 것을 사용한다.

9 - 5 가구설치(家具設置)

1) 설치준비

조립이 끝난 가구가 설치될 부위는 선행 공종이 완전히 종료된 상태이어야 하며, 깨끗이 청소 되어야 한다. 각종 수납가구의 설치부위(벽 및 바닥)는 평활하게 마감되어 수납가구의 설치에 지장이 없도록 하고 외벽에 면한 부위에 붙박이장을 설치할 경우에는 결로방지를 위한 적절한 조치를 취한다.

2) 설치 및 조정

가구는 수평 및 수직이 되도록 설치해야 하며, 수직 및 수평이 맞지 않을 때에는 고임재를 사용하여 조정한다. 가구를 설치한 후에는 문짝, 서랍 등의 여닫이가 원활한지 확인하고 원활하지 않을 때에는 사용하는데 불편함이 없도록 조정한다.

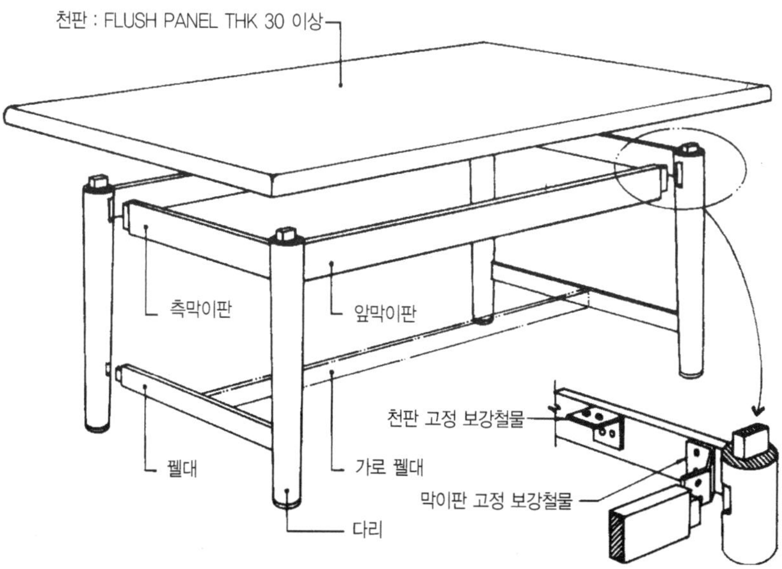

그림 9 - 7 테이블의 구조

3) 검사 및 보양

설치가 완료된 가구는 외관, 작동 및 기타 결함유무를 검사한다. 결함이 발견되었을 때는 즉시 적절한 조치를 취하고, 결함의 정도가 심한 경우, 재시공 및 보수의 여부는 담당원의 지시에 따른다. 또한 후속공사로 인하여 설치된 가구가 오염 또는 훼손되지 않도록 적절한 방법으로 보양한다.

Chapter 10

단열 및 방음구조 (斷熱 및 防音構造)

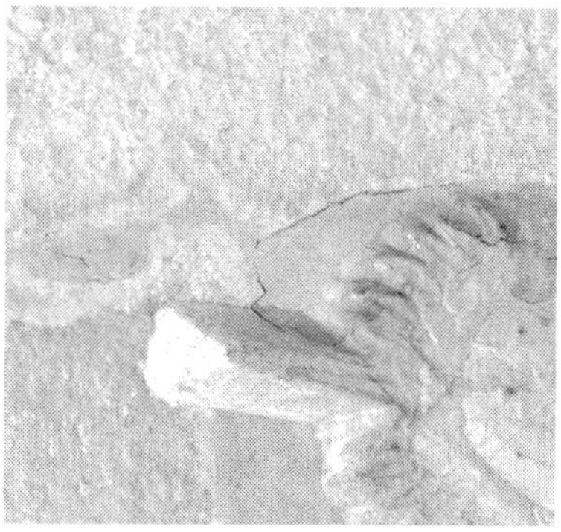

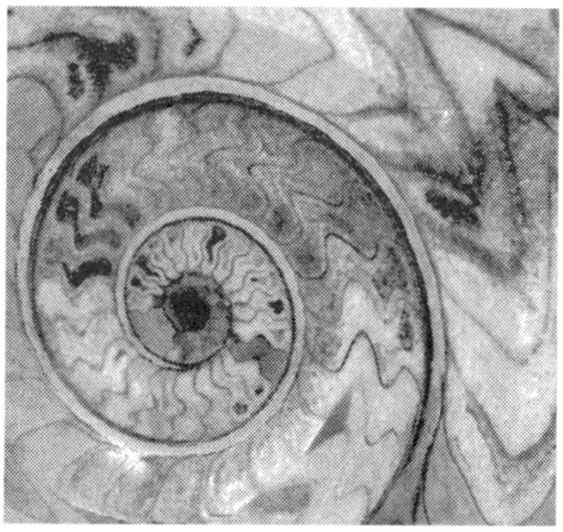

[Chapter 10]

단열(斷熱) 및 방음구조(防音構造)

10 - 1 단열(斷熱) 및 방음구조(防音構造)의 개요(槪要)

단열구조(thermal insulation construction) 및 방음구조(Sound-proof construction)는 열 및 습기환경과 음환경을 쾌적한 실내환경으로 조성하기 위한 필수적인 구조로 실내건축의 경우 공사의 공정상 대부분의 단열 및 방음구조는 목구조에 포함되는 경우가 많다.

단열구조란, 건축물의 바닥, 벽, 천장 등의 열손실 방지를 목적으로 단열재료를 설치하는 구조를 의미하며, 방음구조란 방음재료를 사용하여 음의 차단, 흡음 또는 조절을 목적으로 하는 구조를 말한다.

10 - 2 단열구조(斷熱構造 ; Thermal insulation construction)

1) 단열재의 사용부위 및 두께기준

표 10-1 단열재의 사용부위

구 분	지 붕	천 장	벽	바 닥	배관설비
유리면, 암면	○	○	○	-	○
난연성 발포 폴리스티렌	○	○	○	○	-
석고보드	○	○	○	-	-
규산칼슘 보온판	○	○	○	○	-
폴리 우레탄 폼	-	○	○	○	-
질 석	-	-	-	○	-

표 10-2 지역별 단열재의 두께기준(건축법 시행령)

건축물의 부위별	단열재 지역별	암면, 유리면, 난연성 발포폴리스티렌, 폴리 우레탄 폼 등의 두께	기타재료 : 다음 열전도 저항 값에 해당 하는 재질의 두께일 것 (단위 : ㎡℃/kcal)
거실의 외벽, 최하층 거실의 바닥	중 부	50mm 이상	1.6 이상
	남 부	40mm 이상	1.25 이상
	제주도	30mm 이상	1.0 이상
최상층 거실의 반자 또는 지붕	중 부	80mm 이상	2.5 이상
	남 부	60mm 이상	1.9 이상
	제주도	40mm 이상	1.25 이상
공동주택의 측벽	중 부	60mm 이상	2.2 이상
	남 부	50mm 이상	1.6 이상
	제주도	40mm 이상	1.25 이상

적용대상 지역

지역 구분	해 당 지 역
중 부	서울특별시, 경기도, 인천광역시, 충청북도, 강원도
남 부	충남, 전북, 광주광역시, 전남, 대전광역시, 경남, 경북, 대구광역시, 부산광역시
제주도	제주

2) 단열재의 분류

단열재료(heat insulation materials)란, 열을 차단할 수 있는 성능을 가진 재료로서 열전도율(thermal conductivity)의 값이 0.05kcal/mh℃ 내외의 값을 갖는 재료를 의미하며 절연재료(絕緣材料)와 보온재료(保溫材料)의 총칭이다. 단열재는 무기질과 유기질로 대별하고 형상에 의해 구분하기도 한다.

■ 재질에 의한 분류

표 10-3 재질에 의한 단열재의 분류

구 분	종 류
무기질 단열재	① 광물질 : 석면, 암면(rock wool), 광재면(slag wool), 질석(vermiculite) ② 유리질 : 유리면(glass wool), 기포유리(foam glass) ③ 내화 단열벽돌 : 규조토, 점토질 ④ 고온용 내화 단열재 : 규산질, 석영유리, 알루미나 ⑤ 알루미늄 박(aluminium foil)
유기질 단열재	① 동물질 섬유 ② 식물질 섬유 ③ 목질 단열재 ④ 코르크(cork)
화학 합성 단열재	① 발포 폴리우레탄 ② 발포 폴리스티렌 ③ 발포 염화비닐

■ 형상에 의한 분류

표 10-4 형상에 의한 단열재의 분류

구 분	종 류
입자(粒子) 및 섬유형(纖維形)단열재	미세분말이나 작은 알 또는 섬유형상으로 된 것으로 질석, 화산재, 톱밥, 유리섬유, 석면, 암면, 광재면 등이 있다.
지포(紙砲) 또는 블랭킷(blanket)형	펠트 또는 모포형으로 만든 단열재로 암면, 석면, 유리섬유 등을 가공해서 만든다.
성형판(成形板)단열재	분말, 섬유질 등에 교착제(접착력이 있는 물질) 등을 혼입(混入)하고 가압처리하여 판(板)형상으로 만든 것으로 연질 섬유판, 암면 보온판, 석면 보온판 등이 대표적이다.

단열(斷熱) 및 방음구조(防音構造)

구 분	종 류
조적재형(組積材形)단열재	질석블록, 신더 콘크리트 등이 있으며 비내력벽의 단열재로 사용한다.
주입형(注入形)단열재	예비 발포시킨 것을 밀폐된 공간 속에 주입하면 그 속에서 팽창 발포하여 고형화 되는 단열재로서 합성수지제품이 주를 이룬다.
알루미늄 포일(foil)	복사열의 반사작용을 하는 재료를 이용하여 소기의 단열효과를 얻을 수 있는 재료로 알루미늄 포일이 대표적이다.

3) 단열재(heat insulation materials)의 종류

표 10-5 암면 및 암면 가공품

종 류	특징 및 용도
암면 (岩綿 ; rock wool)	안산암, 사문암, 현무암 등의 원료를 고열로 용융시킨 다음 분출시켜 섬유상으로 만든 제품으로 내화성, 흡음성, 절연성 등이 우수하며 열 및 음의 차단재로 사용된다.
암면보온판(rock wool ; insulating board)	물 속에서 암면의 불순물을 제거한 후 접착제를 혼합하여 판(板)형상으로 제조한 것으로 단열 및 흡음재로 사용한다.
암면 보온대 (岩綿 保溫帶 ; rock wool strip)	겹쳐진 층 모양의 암면을 일정한 폭으로 잘라내고 한쪽 면에 종이 또는 천을 붙여서 마무리 한 제품으로 냉난방 파이프에 감아 보온 또는 보냉을 목적으로 사용한다.
암면펠트 (rock wool felt)	암면에 접착제를 혼합하여 펠트모양으로 성형하거나, 메탈라스로 보강하여 성형한 제품으로, 종이나 천 등으로 외피를 발라 붙이기도 한다. 주로 공기조화설비의 보온 또는 보냉을 목적으로 사용한다.

표 10-6 유리섬유 및 유리섬유 가공품

종 류	특징 및 용도
유리섬유(glass fiber, glass wool)	녹인 유리액을 압축공기로 비산(飛散)시켜 가는 섬유모양으로 만든 것으로 비중 및 탄성이 작고, 인장강도, 전기절연성, 단열성, 흡읍성, 내식성 등이 우수하다. 플라스틱 제품의 보강용, 단열재, 보온재 등에 사용된다.
유리면 보온판 (glass wool insulating board)	유리면을 주재료로 하고 접착제를 사용하여 판상으로 성형한 것으로 종이나 천 등으로 외피를 붙이거나 방수제를 첨가하기도 한다.
유리면 보온대 (glass wool strip)	겹쳐진 층모양의 유리면을 일정한 폭으로 잘라내고 한쪽 면에 종이 또는 천을 붙여서 마무리 한 제품으로 냉난방 파이프에 감아 보온 또는 보냉을 목적으로 사용한다.
유리면 보온관 (glass wool insulatingpipe cover)	유리면을 주재료로 하고 접착제를 가하여 관(管 ; pipe)모양으로 성형한 제품으로 냉난방 파이프에 끼워 보온 또는 보냉을 목적으로 사용한다.

■ 석면(石綿 ; asbestos) 및 석면 가공품

석면은 사문석, 각섬석류에 속하는 회백색 또는 대갈색의 천연섬유질의 결정성 광물의 분말로 솜처럼 만든 것으로 화학적으로 안정하고 내화성, 보온성, 절연성 등이 우수하나 습기를 흡수하는 결점이 있다. 석면제품으로는 석면보온판, 석면 보온관, 석면 보온매트, 석면대 등이 있으며 용도는 암면 및 유리섬유 제품과 거의 같다.

■ 발포(發泡)폴리스티렌

발포 폴리스티렌(foam polystyrene)은 폴리스티렌수지에 발포제를 첨가하여 만든 다공질의 플라스틱 제품으로 스티로폴이라고도 한다. 전기절연성이 우수하고, 흡습성이 거의 없으며 비중이 작고 가공성 및 내부식성도 우수한 단열재로 많이 사용된다. 제품으로는 발포 폴리스티렌 보온판과 보온관이 있다.

■ 기타 보온재

표 10-7 기타 보온재

종 류	특징 및 용도
발포 폴리에틸렌 보온재	폴리에틸렌 수지에 발포제 및 난연제를 혼합하여 이를 압출 발포시킨 후 냉각하여 본온판이나 보온관의 형상으로 만든 것이다.
퍼얼라이트(perlite)	진주암, 흑요석 등을 소성하여 팽창시켜 작은 입자모양으로 만든 것으로 가볍고 단열성이 크며 내화도도 높아 단열, 보온, 흡음 등의 목적으로 사용된다. 흡수성이 있어 외부에는 사용하지 않으며, 실내마감재로는 합성수지에 퍼얼라이트와 색소 등을 혼합하여 뿜칠재로 사용한다. 제품으로는 퍼얼라이트와 무기질 섬유, 접착제를 혼합하여 성형한 보온판과 보온관이 있다.
질석(蛭石 ; vermiculite)	운모계 광석을 800~1,000℃ 정도로 가열, 체적을 5~6배로 팽창시켜 만든 다공질 경석으로 보온, 방음, 결로방지에 우수하며, 경량의 콘크리트 블록, 벽돌 등을 제조할 때 첨가하여 사용한다. 질석제품으로는 질석단열판, 질석벽돌, 질석골재 등이 있다.
우레아 폼(urea foam)	요소수지를 원료로 만든 것으로 현장시공이 편리한 분사식 단열재이다. 가격이 저렴하고 내열성도 다소 높은 편이다.

10 - 3 단열구조(斷熱構造) 및 시공

1) 단열재 시공일반

단열재 설치에 지장이 없도록 바탕 면의 못, 모르타르, 철선 등의 돌출물을 제거하고, 깨끗이 청소한다.

단열재의 이음은 서로 겹치고, 그 이음새는 서로 어긋나는 위치에 오도록 하며, 단열재를 바탕 면에 접착제로 붙일 때에는 초기박리를 방지하기 위하여 바탕면과 완전히 접착 될 때까지 압착(壓着)상태를 유지하거나, 초기접착 후 30분 이내에 재접착 한다.

단열재의 종류에 따른 적용부위 및 적용공법은 표 10-8을 기준으로 한다.

표 10-8 단열재의 종류와 적용공법 및 부위

단열재의 종류	단열공법				단열재적용부위				
	충진	붙임	주입	뿜칠	지붕	천장	외벽	바닥	밀폐공간
유리섬유	○	○	-	○	○	○	○	○	-
발포 폴리스티렌	○	○	-	-	○	○	○	○	-
경질 우레탄 폼	○	○	-	-	○	○	○	○	-
고발포폴리에틸렌	○	○	-	-	○	○	○	○	-
퍼얼라이트, 질석	-	○	-	○	○	○	○	○	-
우레아 폼	-	-	○	-	-	-	-	-	○

2) 단열공법(斷熱工法)

■ 충진공법

펠트형상의 단열재나 유리섬유 또는 암면을 단열을 목적으로 하는 부위에 충진(채워 넣는)시키는 방법으로 시공이 간단하고 비용이 적게 드는 장점은 있으나 단열이 결손 되는 부위가 생길 우려가 있다.

충진공법은 목공사의 공정에 포함되는 것이 일반적이다.

■ 붙임공법

발포 폴리스티렌이나 고밀도의 성형판 단열재 등, 어느 정도의 기계적 강도가 있는 판상형의 단열재를 벽 또는 슬래브 등에 접착제를 사용하여 직접 접착하거나 못으로 고정시키는 공법으로 단열재 설치 후에는 석고보드, 합판, M.D.F 등으로 보호하고 치장해야 한다.

■ 주입공법

우레아 폼 등의 분사식(噴射式)재료를 사용하여 밀폐된 공간에 단열재를 주입시키는 공법으로 예비 발포시킨 것을 밀폐된 공간 속에 주입, 그 속에서 팽창 발포하여 고형화되는 단열재이다. 창문틀의 빈 공간, 조적조의 중공부위 등에 사용한다.

■ 뿜칠공법

미세 입자나 작은 알 또는 섬유형상으로 된 질석, 퍼얼라이트, 화산재, 유리섬유, 석면, 암면, 광재면 등의 단열재를 시멘트 또는 페인트와 혼합하여 뿜칠하는 공법으로 시멘트와 페인트가 교착제가 된다. 도장공사에서 병행한다.

3) 부위(部位)별 구조 및 시공(施工)

부위별로 지포(紙砲) 또는 블랭킷(blanket)형 등의 투습저항이 작은 단열재를 사용 할 경우에는 단열재의 실내 측에 빈틈없이 방습층을 설치하고, 투습저항이 큰 성형판(成形板) 단열재를 설치할 경우에는 단열재의 이음 부분을 방습 테이프로 기밀하게 접착하거나 실런트 등으로 충진한다.

■ 콘크리트 바닥

콘크리트 바닥 바탕 면의 못, 모르타르, 철선 등의 돌출물을 제거하고, 평탄하게 바탕 면을 고른 후 바탕 면을 깨끗이 청소하고 건조된 상태에서 방습필름을 깐다.

방습필름 위에 단열재를 틈새 없이 밀착시키고 접합부는 내습성이 있는 테이프 등으로 접착하여 고정한다. 보호 모르타르나 누름 콘크리트의 시공여부는 도면 또는 특기시방에 따른다.

그림 10 - 1 콘크리트 바닥의 단열구조

■ 마루 바닥

동바리 마루인 경우 동바리와 멍에, 장선 등의 마루틀을 짜 세우고 장선의 양측 및 중간의 멍에 위에 단열재 설치를 위한 받침판을 못 박아 댄 후, 장선 사이에 단열재를 빈틈없이 채워 넣는다. 납작 마루인 경우에는 설치된 장선 간격에 맞게 단열재를 정확하게 재단하고 장선 사이에 꼭 끼도록 설치한 후 시공된 단열재 위에 방습필름을 깐다.

[Chapter 10]

단열(斷熱) 및 방음구조(防音構造)

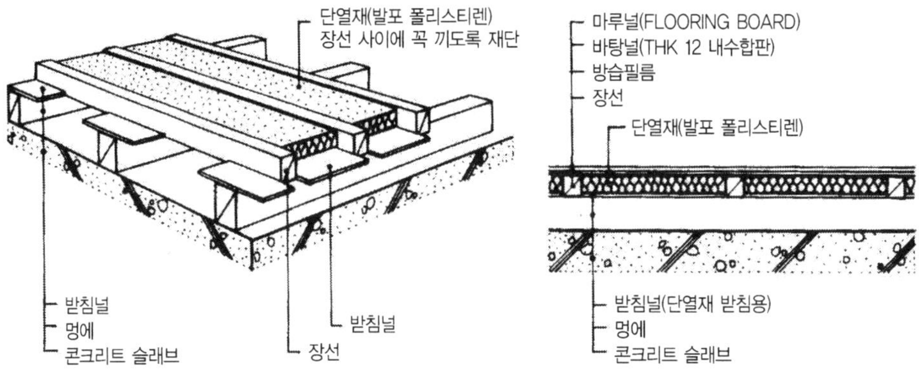

그림 10 - 2 마루바닥의 단열구조

■ 조적조 중공벽

성형판 단열재를 설치하기 위한 공간벽 쌓기는 벽돌공사에 따르고 단열재는 실내측 벽체에 밀착시켜 설치하고 단열재의 내측면에 방습층을 둔다.

주입형 단열재를 사용할 경우에는 중공벽을 완전히 쌓고 직경 25~30mm의 단열재 주입구를 줄눈 부위에 수직 및 수평 1~1.5m간격씩 뚫어 놓는다. 이때 주입구를 제외한 줄눈부위의 틈은 기밀하게 메워 주입된 단열재가 누출되지 않도록 한다.

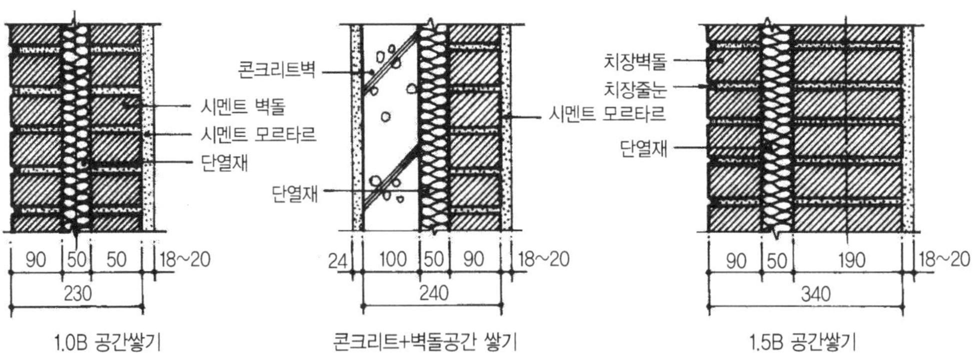

그림 10 - 3 조적조 중공벽의 단열구조

■ 목조가벽

목조 가벽에서의 가로 및 세로띠장의 설치는 가벽구조 및 간막이 목조벽에 따르고, 벽체에 방습층을 두는 경우에는 벽체 바탕면에 설치하는 것을 원칙으로 한다.

단열재는 띠장 간격에 맞게 정확하게 재단하고, 띠장 사이에 꼭 끼도록 설치하되 띠장의 춤은 마감재를 붙였을 때 단열재가 눌리지 않을 정도로 한다.

블랭킷형의 단열재를 설치할 때에는 단열재가 눌리지 않도록 나무벽돌을 단열재 두께만

큼 벽체에서 돌출되게 설치하고, 나무벽돌에 꼭 맞게 단열재를 오려내어 설치한다.

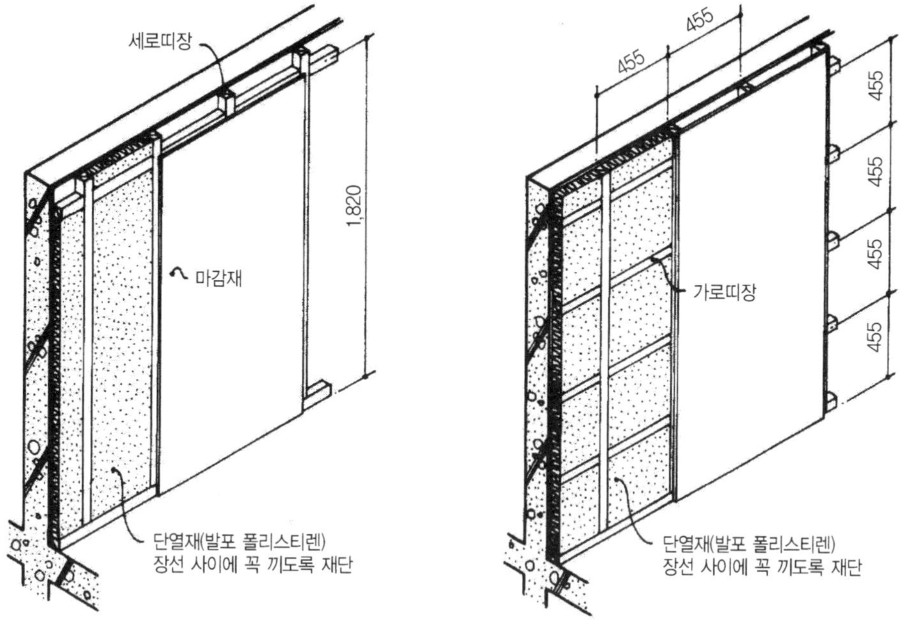

그림 10 - 4 단열재의 설치

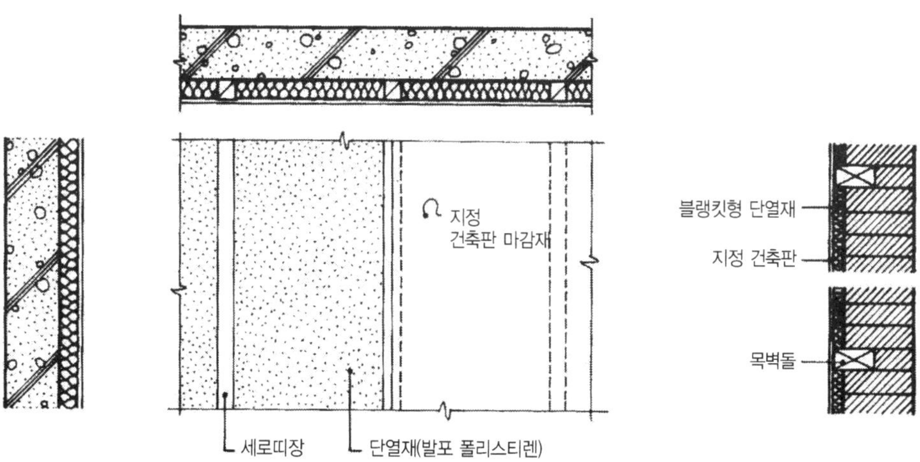

판상형 단열재의 설치 구조

블랭킷형 단열재

그림 10 - 5 목조가벽의 단열구조

■ 천장

달대가 있는 반자틀에 성형판 단열재를 설치할 때에는 반자틀 간격에 맞게 정확하게 재단하고, 천장 마감재의 시공과 동시에 반자틀 사이에 끼워 설치한다. 블랭킷형의 단열재는 반자틀 위에 천장마감재의 시공과 동시에 설치하되, 빈틈없이 깐다.

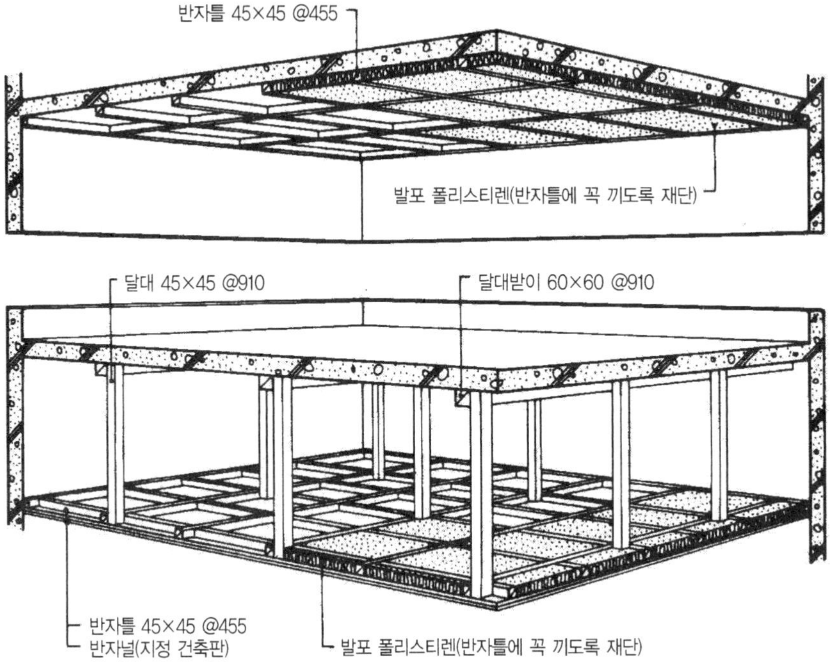

그림 10 - 6 단열재의 설치방법

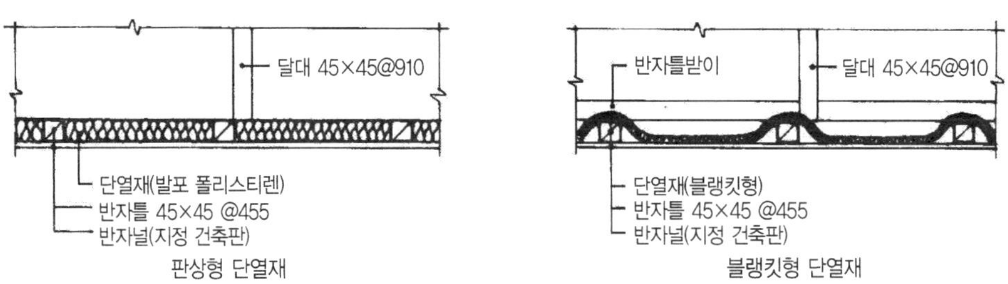

그림 10 - 7 천장의 단열구조

4) 결로(結露)와 단열구조

거의 모든 건축재료는 공극부와 실질부로 구성되어 있으며 공극속에는 습공기가 존재한다. 그 중의 수증기가 실질부의 표면에 흡착하고, 재료의 표면부분이 외기온(外氣溫)의 영향으로 냉각되면 흡착수분이 증가하게 되어 마침내는 물방울이 맺히게 되는데 이러한 현상을 결로라고 한다.

실내건축에서는 실내에 생기는 내부결로가 문제가 되며, 결로현상이 발생하면 재료가 부패하고 미생물이 번식하며 또한 악취가 나므로 쾌적한 생활환경을 기대할 수 없게 된다. 따라서 단열구조는 에너지 절약차원뿐만이 아니라 쾌적한 생활환경을 만드는 환경적인 측면에서도 중요한 구조이다.

결로는 외벽에 면하여 있는 붙박이장이나, 외벽 또는 북향벽, 최상층의 천장 등에서 주로 발생하며 결로의 원인으로는 실내외의 온도차 및 실내습기의 과다발생, 환기부족, 재료의 열적 특성, 시공불량 등이 있으며, 결로방지 대책으로는 실내에서 발생한 수증기가 벽체에 흡착되지 않도록 방습층을 설치하거나 환기장치를 사용하여 실내에서 발생한 수증기를 실외로 배출시키는 방법이 있다.

실내건축의 경우 실내에서 발생하는 내부결로가 주로 문제가 되며, 내부결로를 방지하기 위한 최선의 방법은 벽체내에 수증기가 침입하지 않도록 방습층을 단열재의 고온고습측(高溫高濕 : 실내측)에 설치하는 것이다.

10 - 4 방음구조(防音構造 ; Sound-proof construction)

방음구조는 차음구조와 흡음구조로 대별할 수 있으며 두 구조를 총칭하여 방음구조라고 한다. 방음구조에 사용하는 재료 중 차음재료(遮音材料 ; sound insulator)는 음에너지를 차단하거나 저지하는 효과가 있는 재료로서 전파음을 초기에 반사시키거나 투과음이 적은 재료를 말하며 비중이 높고, 공기를 통과시키지 않는 콘크리트, 석재, 철제 등의 재료가 대표적이다.

차음재료는 건축계획시에 결정되므로 생략하고 본 절에서는 실내건축에서 주로 시공되는 흡음재료를 사용한 흡음구조에 관하여 기술하고자 한다.

1) 흡음재(吸音材料 ; sound absorbents)의 분류

■ 다공질(多孔質) 흡음재(porous absorbent material)

재료의 표면과 내부에 공극이 많이 분포되어 있는 재료를 다공질 흡음재라 하며 재료에 부딪친 입사음의 에너지 일부가 마찰이나 점성저항(粘性抵抗), 재료의 섬유의 진동 등에 의해 열에너지로 변환되어 음을 흡수하게 된다. 중.고음역에서 높은 흡음률을 나타내며 재료가 두꺼울수록 흡음률은 크게 된다.

흡음천, 암면, 유리면, 유공 석고보드, 유공 알루미늄패널 등이 대표적이다.

■ 판상(板狀) 흡음재

[Chapter 10]

단열(斷熱) 및 방음구조(防音構造)

공극을 많이 포함하고 있는 건축판재료를 판상흡음재라 하며, 합판, 석고보드, 섬유판이 대표적이다. 판상 흡음재의 표면에 음이 입사하면 공기 층의 탄력에 의해 질량이 부가되고, 판이 굽을 때 생기는 저항을 포함한 공진계(共振系)를 형성함으로써 음압에 의한 진동이 기계적 에너지로 변환되어 판의 내부마찰이나 설치부분의 마찰 등에 의해 음이 흡수된다.

판상 흡음재를 단독으로 사용하는 경우의 흡음율은 매우 낮기 때문에 배후에 공기층을 두거나 다공질 흡음재를 배후에 넣어 사용해야 한다.

■ 특수 흡음체

주로 공연을 목적으로 하는 특수한 공간이나 특별한 용도에 사용하는 흡음체로 흡음재료를 구형, 원통형, 입방체형, 쐐기형 등으로 성형하여 사용한다.

헬름홀츠 공명기, 매어다는 흡음체, 가변형 흡음패널, 쐐기형 흡음체 등이 있다.

2) 흡음재의 종류

■ 흡음용 연질섬유판

흡음용 연질섬유판은 A급 연질 섬유판을 원판으로 하고 반관통 구멍 가공을 한 것으로 그 종류는 섬유판의 두께에 따라 9, 12mm로 구분하고 표면상태에 따라 도장이 된 것과 종이 또는 합성수지 필름이 오버레이 되어진 것, 구멍 뚫기의 모양과 난연성에 따라 구분한다.

■ 흡음용 유공 알루미늄 패널

알루미늄 합금판을 원판으로 사용하여 구멍 뚫기 가공 및 성형 가공한 것으로 암면 흡음재 또는 유리면 흡음재를 뒷면에 충진한 것이다.

외관이 아름답고 시공이 용이하여 천장마감재를 겸하여 사용한다.

■ 흡음용 구멍 석고판

석고판을 원판으로 하여 규정된 모양 및 치수에 맞게 구멍 가공을 한 후 필요에 따라 뒷면 붙이기를 한 것이다.

■ 흡음용 구멍 석면 시멘트판

석면 시멘트 판에 규정한 플렉시블판 및 연질 플렉시블판을 원판으로 하여 규정된 모양 및 치수에 맞게 구멍 가공을 한 것이다.

■ 암면 흡음 천장판

암면을 주원료로 하고, 결합재, 혼화재를 사용하여 판 모양으로 성형한 후 표면 미장을 한 것으로 주로 천장 마감재로 사용하며 종류는 두께(9, 12, 15, 18mm)와 흡음률로 구분한다.

■ 암면 및 유리면 흡음재(rock wool acoustic materials)

암면 흡음재(rock wool acoustic materials)는 암면을 원료로 하여 만든 것으로 판상 흡음재의 배후 층에 넣거나 흡음용 유공 알루미늄패널의 뒷면 등에 붙여서 사용한다.
유리면 흡음재(glass wool acoustic materials)는 유리면을 원료로 하고 접착제를 사용해서 펠트 상태 및 판상으로 성형한 것이다.

■ 흡음(吸音)천(cloth)

조직의 구성상 흡음률(NRC)이 0.25이상인 천을 바탕재에 붙여 규모가 큰 강당의 공명 현상을 제거하고 잔향시간을 조절하여 실내음의 명료도를 높이는데 사용한다.
흡음천의 후면은 방수코팅 처리가 되어 있어야 하며, 선방염 합격품으로 한다. 질감이 부드럽고 의장성이 좋아 흡음을 필요로 하지 않는 부분에도 그 사용이 증가하고 있는 재료이다.

10 - 5 흡음구조(吸音構造) 및 시공

1) 벽 구조(판상흡음재 사용의 경우)

판상의 흡음재를 시공하기 위한 바탕공사는 도면 및 특기시방에 따르되, 지정이 없을 때에는 목조벽틀인 경우, 가로 및 세로 띠장의 재료 및 설치 간격은 목조가벽 설치기준에 따르고, 강제 받침벽인 경우에는 경량철골구조 설치기준에 따른다.

최종 마감재료가 흡음천인 경우 도면 및 특기시방에 따라 바탕 면을 구성하고, 지정이 없을 때에는 석고보드 사용을 원칙으로 하되, 각 재료별 마감은 다음과 같이 한다.

■ 흡음용 연질 섬유판

흡음용 연질 섬유판의 흡음 특성은 표면의 가공 유무, 바탕의 구조, 배후 공기층의 두께 등에 따라 변화하고 또한 흡음이 되는 원리가 판진동(板振動에 의한 것이므로 강성이 큰 바탕구조를 사용 할 경우에는 판진동이 발생하지 않아 흡음률이 저하되므로 시공에 주의를 요해야 한다.
연질 섬유판 흡음재는 표면이 마감된 것이므로 시공시 표면의 손상에 주의를 요하며, 시공 완료 후에도 타 작업으로 인해 손상되지 않도록 표면을 보양한다.

■ 흡음용 구멍 석고판

[Chapter 10]

단열(斷熱) 및 방음구조(防音構造)

흡음용 구멍 섬유판의 흡음 특성은 판의 두께, 표면가공, 바탕구조, 배후 공기층의 두께, 뒷면 붙이기 재료 등에 따라 변화하며, 흡음 원리는 판진동에 의한 것이므로 바탕의 구조 및 시공은 흡음용 연질섬유판의 설치기준에 따르고 뒷면 붙이기 재료는 흡음률이 최대가 될 수 있도록 구멍 석고판의 바로 뒤에 붙인다.

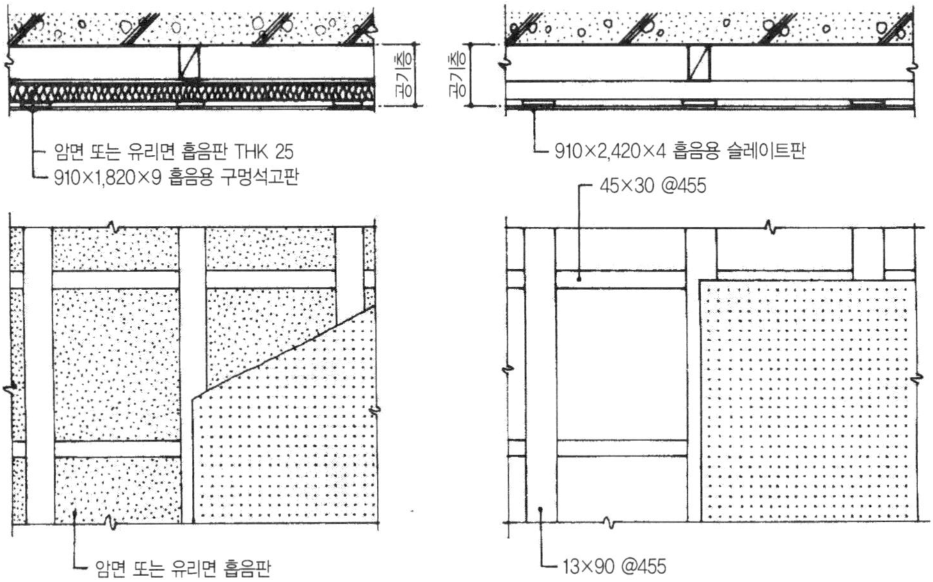

그림 10 – 8 벽의 방음구조

2) 천장구조(판상흡음재 사용의 경우)

흡음재 설치를 위한 바탕공사는 도면 및 특기시방에 따른다. 지정이 없을 때에는 목조천장틀인 경우 반자틀 구성의 재료 및 설치 간격은 목조 천장구조에 따르고, 강제 천장틀인 경우에는 경량철골구조에 따른다.

흡음천으로 마감할 경우에 도면 및 특기시방에 따라 바탕 면을 구성하고, 지정이 없을 때에는 석고보드 사용을 원칙으로 하되, 각 재료별 마감은 다음과 같은 방법으로 한다.

■ 흡음용 유공 알루미늄 패널

흡음용 유공 알루미늄의 흡음 특성은 판의 두께, 표면가공, 바탕구조, 배후 공기층의 두께, 뒷면 붙이기 재료 등에 따라 변화한다. 또한 흡음이 되는 원리가 판진동(板振動)에 의한 것이므로 강성이 큰 바탕구조를 사용 할 경우에는 판진동이 발생하지 않아 흡음률이 저하되므로 시공에 주의를 요해야 한다.

경량천장틀 바탕의 경우에는 패널 제조사의 플레이트 행거와 레일 클립을 사용해서 부착하며, 목조 반자틀 바탕의 경우에는 플레이트 행거와 레일 클립을 사용하거나 나사못으로 부착한다.

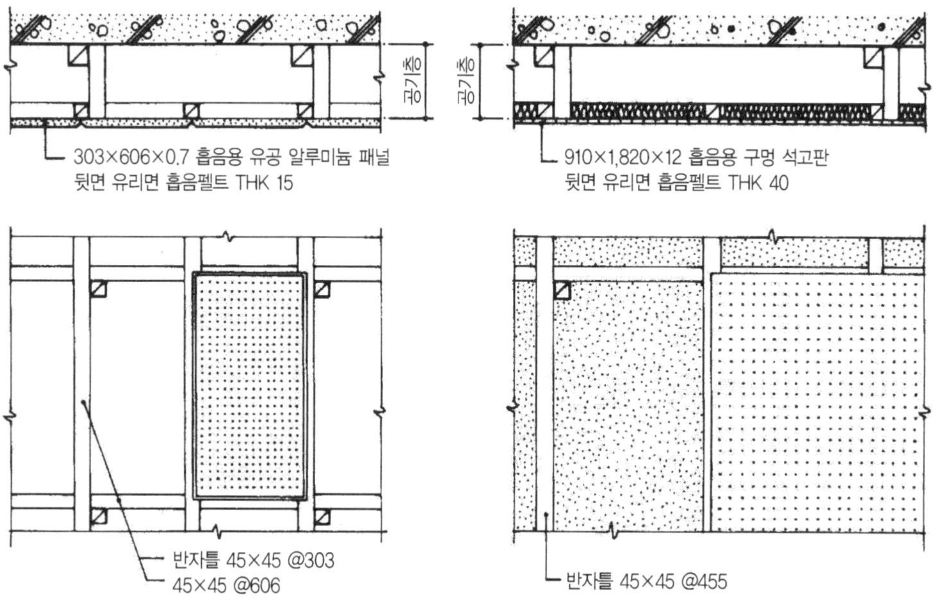

그림 10 - 9 천장흡음구조

■ 암면 흡음 천장판

흡음성, 단열성이 우수하며 다양한 패턴으로 의장성이 좋아 사무공간의 천장에 가장 많이 사용되는 재료이다. 시공법으로는 접착공법과 경량철골 공법이 있다.

① 접착공법 : 바탕구조는 도면 및 특기시방에 따르고, 지정이 없을 때에는 경량철골구조 및 목조 반자틀 구조로 한다. 상대습도 85%이하에서 시공하는 것을 원칙으로 하고, 석고보드 바탕에 시공할 경우, 암면 흡음판의 뒷면에 접착제를 도포하여 석고보드 바탕에 직접 붙여 대고 Staple을 박아 고정한다.

경량천장틀에 시공할 경우에는 암면 흡음판의 뒷면에 접착제를 도포하여 천장틀 바탕에 직접 붙여대고 Staple을 박아 고정한다. 이때 Staple은 보드의 길이방향으로 5곳 이상 박는다.

② 경량철골 공법 : 바탕구조는 도면 및 특기시방에 따르고, 지정이 없을 때에는 경량철골구조 및 목조 반자틀 구조로 한다. 상대습도 80%이하에서 시공하는 것을 원칙으

[Chapter 10]

단열(斷熱) 및 방음구조(防音構造)

로 하고, T바형 경량천장틀을 흡음판의 규격에 맞게 설치하고 흡음판을 T바에 걸치도록 하여 시공한다.

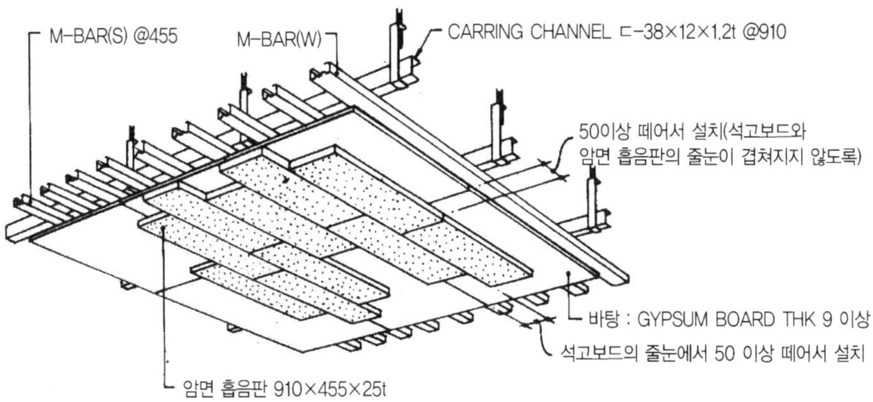

그림 10 - 10 석고보드 바탕 붙임

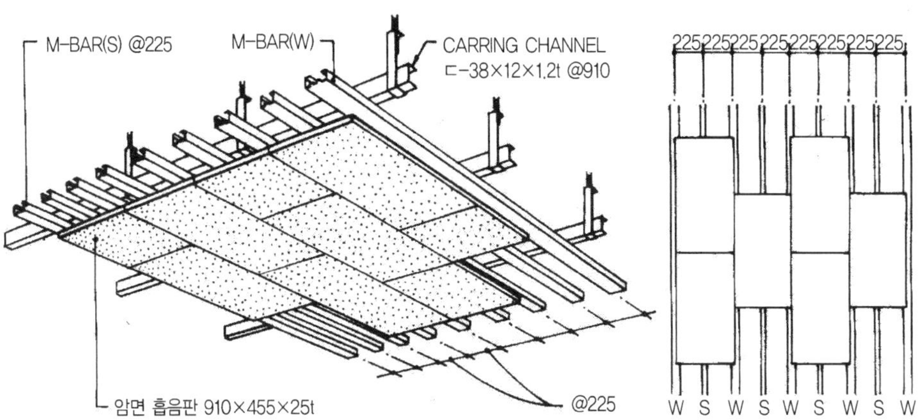

그림 10 - 11 경량철골 직접 붙임

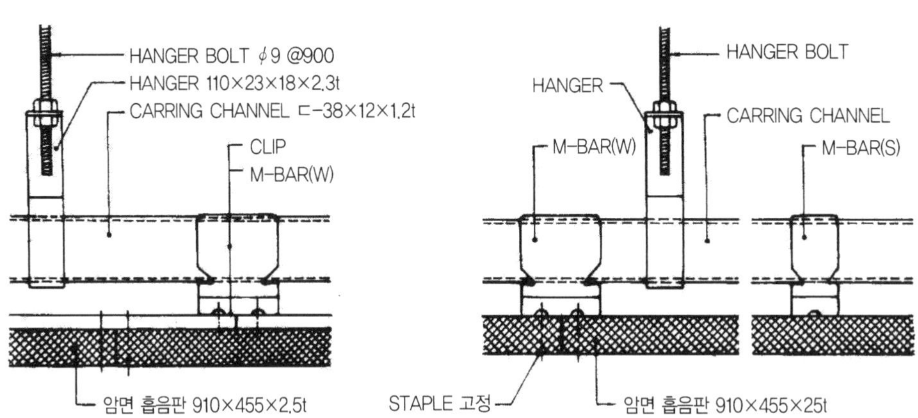

그림 10 - 12 천장 흡음구조

3) 흡음천

바탕 석고보드의 각 부분별 이음새 부분은 조인트용 테이프 및 조인트용 시멘트로 메워 틈새를 없애고 면이 평활하도록 사포질 한다. 바탕면의 처리가 끝나면 흡음천을 도면에 따라 정확히 재단하고, 흡음천 전용접착제를 사용하여 일정한 두께로 도포한 다음 일정시간 경과 후 흡음천을 붙인다.

흡음천은 표면이 마감된 것이므로 취급 및 시공시 표면의 손상 및 오염에 주의를 요하며, 시공 완료 후에도 병행작업이나 후속작업의 공정으로 인해 손상되지 않도록 표면을 보양해야 한다.

Chapter 11

창호
(窓戶; Fittings)

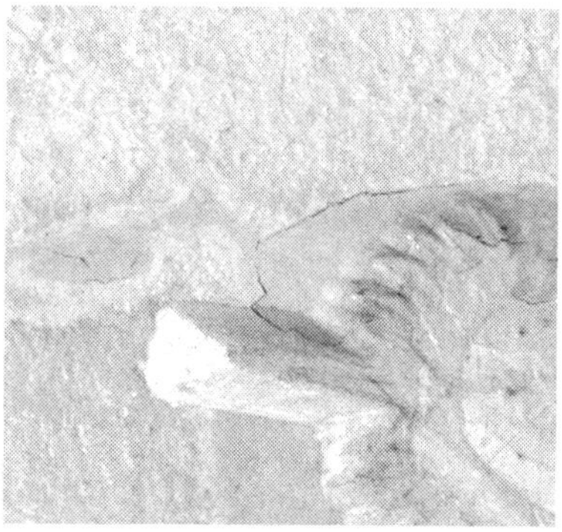

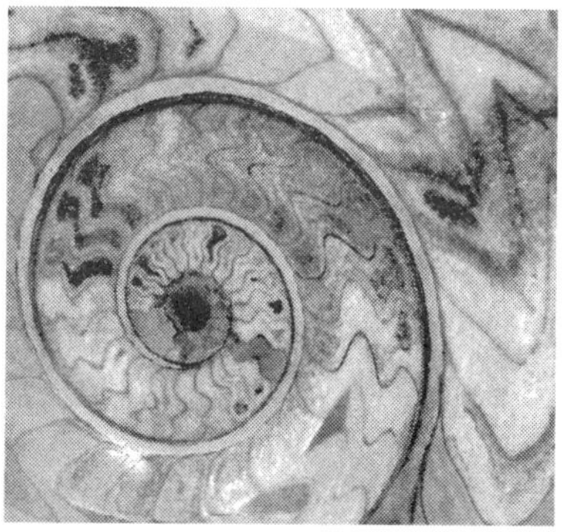

[Chapter 11]

창호(窓戶; Fittings)

11 - 1 개요(概要)

창과 문을 총칭하여 창호(窓戶 ; fitting)라 하며, 창 또는 출입문 등의 문꼴을 창문틀이라 한다. 창호는 채광, 환기, 출입을 목적으로 개구부에 설치하는 것으로 외적으로는 건물에 표정을 부여하며, 내적으로는 사용빈도가 많아 고장 및 파손의 우려가 크기 때문에 우수한 재료를 사용하여 제작하고 견고하게 설치해야 한다. 또한 그 면적이 크므로 실내의 분위기에 어울릴 수 있도록 미적인 면도 함께 고려해야 한다.

창호는 울거미 재료에 따라 금속제 창호, 목제 창호, 플라스틱제 창호로 분류한다.

11 - 2 목제창호(木製窓戶)

개폐방법에 따른 목제창문(木製窓門)의 종류

1) 목제문(wooden door)

■ 여닫이문(hinged door)

정첩, 돌쩌귀 등을 문선틀에 달거나 문장부(pivot), 바닥 지도리(floor hinge) 등을 문의 한쪽 상하부에 장치하여 설치하는 문으로 외여닫이와 쌍여닫이가 있고 개폐방향에 따라 안 여닫이와 밖 여닫이로 구분한다.

■ 자재문(swing door)

자재문(自在門)은 자유문이라고도 하며, 자유정첩이나 플로어 힌지를 사용하여 안팎으로 자유롭게 열리고 저절로 닫히게 된 문이다.

■ 접문(folding door)

접문은 간막이를 겸하여 2개의 실을 1개의 실로 크게 사용 할 때 유용하며 여러 장의 문짝을 정첩으로 연결하고 윗 틀에 도어 행거 및 레일을 설치하여 한 쪽 옆벽으로 접히면서 밀어붙이게 만든 문이다. 한식 및 일식요리 전문점, 연회장 등에 사용한다.

■ 회전문(revolving door)

기밀 하게 한 원통형의 중심 축에 서로 직교하는 4짝 문을 달아 회전시켜 사용하는 문으로 은행이나 호텔 등의 출입구에 통풍 및 기류를 방지하고 출입인원을 조절하는데 사용한다.

■ 미닫이문(sliding door)

문짝을 상하문틀에 홈을 파서 끼우거나 또는 밑 틀에 레일을 대고, 옆벽에 밀어서 붙이거나 벽 중간에 밀어 넣는 식의 문으로 1짝 또는 2짝 달기로 한다.

■ 미서기문(double sliding door)

미닫이문과 거의 유사한 구조로 상하문틀에 두 줄의 홈을 파서 문 한 짝을 다른 한 짝 옆에 밀어서 붙이게 된 것이다. 2짝 또는 4짝 달기가 일반적이다.

2) 목제창(木製窓)

창의 종류, 개폐방법 및 구조는 목제 문과 거의 같지만 오르내리기 창, 들창 등 특수한 용도의 창도 있다. KS F5601에는 목제 미서기창에 관한 규격만이 규정되어 있으며, 목제 창은 다음과 같은 종류가 있다.

■ 여닫이창(casement window)

정첩으로 창 짝을 문틀에 달은 것으로서 외여닫이와 쌍여닫이가 있고, 개폐방향에 따라 안 여닫이와 밖 여닫이로 구별한다.

■ 오르내리창(double hung window)

창에 추를 달아 문틀상부에 댄 도르래에 걸어내려 창이 상하로 오르내릴 수 있도록 만든 창으로 설치 및 수리가 곤란하여 특별한 경우 이외에는 사용하지 않는다.

■ 회전창(pivot window)

좌우선틀 중간에 회전지도리(pivot)를 대고 창의 위는 안으로, 밑은 밖으로 돌려 여는 창으로 주로 고창(高窓)에 사용한다.

■ 미닫이창(sliding window)

창 짝을 상하문틀에 홈을 파서 끼우거나 또는 밑 틀에 레일을 대고, 옆벽에 밀어붙이거나 벽 중간에 밀어 넣는 식의 창이다.

■ 미서기창(double sliding window)

미닫이창과 거의 유사한 구조로 두 줄의 홈을 파서 창 한 짝을 다른 한 짝 옆에 밀어붙이게 된 것이다.

창호재료(窓戶材料)

1) 목재(木材)

목재문 및 문틀에 사용하는 목재는 상당한 강도와 미관을 필요로 하므로 목재의 품질은

[Chapter 11]

창호(窓戶; Fittings)

표 10-1(KS F3109 : 목재 창호재의 품질기준)에 적합한 것으로 함수율 15%이하인 것을 사용하며, 목재의 수종, 품질, 등급 등은 표 11-1, 11-2를 기준으로 한다.

표 11-1 목재 창호재의 품질

겉모양(다음 사항이 경미할 것)	함수율	접 착 력
옹이, 부패, 갈라짐, 껍질 박이, 벌레구멍, 나무진, 접합틈, 거스러미 등의 결함은 경미하고 부재의 색깔은 조화될 것	15% 이하	삶는시험 또는 온랭침수 시험에서 접착력 3.5kg/㎠ 이상, 또는 상태접착력 5.0kg/㎠ 이상

표 11-2 목재 창호재의 수종, 등급, 마름질 방법

종별 \ 종류		A 종	B 종	C 종
수 종	침엽수	홍송, 회나무	삼송, 미송	미송, 적송
	활엽수	특기시방에 따름	참나무, 라왕	라왕
품 질	등 급	1등급	2등급	3등급
마름질 방 법	울거미 및 띠장재	4방 또는 3방 곧은결	2방 곧은결	변재가 있는 2방 곧은결
	판 재	곧은 결재	날 결재	변재가 있는 곧은결 또는 널결재

2) 합판(合板)

창호제작에 사용되는 합판은 KS의 품질 기준에 적합한 준내수합판으로 하며, 합판의 두께는 특별한 지정이 없을 때에는 4.8mm를 사용한다.

3) 접착제(接着劑)

물을 사용하거나 습기에 접하는 장소에 사용하는 창호재의 접착제는 내수성이 큰 목재용 요소수지 또는 페놀수지 접착제를 사용한다.

창문(窓門)의 구조

문 울거미, 띠장, 살 등 창호 부재의 접합은 장부맞춤 또는 턱 맞춤으로 하고 접착제를 사용하여 빈틈없이 접착되도록 한다.

장부의 모양은 울거미, 띠장, 살면의 모양 및 단면치수에 따라 적당한 것으로 하고, 장부의 수(數)는 각종 창호제작 공법을 표준으로 한다.

■ 플러시문(flush door)

플러시문은 울거미를 짜고 중간 살을 배치하거나 목재격자를 대고 양면을 합판으로 고착한 문으로 뒤틀림 및 변형이 적은 장점이 있다.

문의 구조는 KS F3109에 규정되어 있으며 합판 코어, 나무각재 코어, 나무격자 코어, 경질심재 코어 플러시문 등으로 세분하여 구분한다.

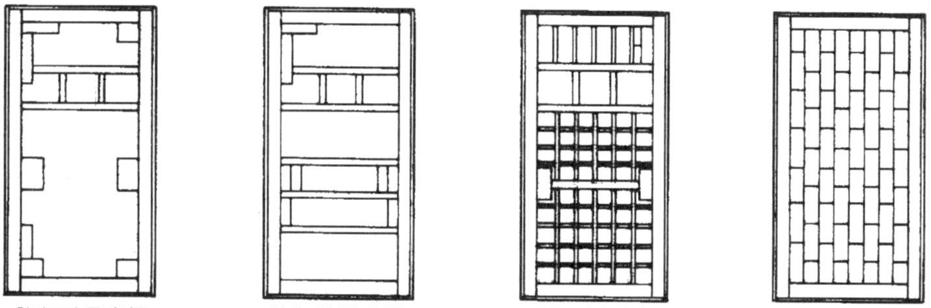

그림 11 - 1 플러시문의 구조

■ 양판문(panelled door)

울거미를 짜고 그 사이에 넓은 판을 끼워 넣은 널 양판문과 징두리에는 양판을 대고 그 위에는 유리를 끼워 넣은 유리 양판문으로 구분한다.

널 양판은 넓은 한 장의 널이나 내수합판을 사용한다. 상하 및 중간막이대는 선대에 내다지장부 맞춤으로 하며, 살은 막이 및 선대에 깊게 파 넣어 접합한다.

장부의 모양 및 장부의 수는 울거미 두께의 치수에 따라 정하고 보임면 나비의 치수로 단수를 정하며, 양판과 울거미, 양판과 띠장은 울거미 및 띠장에 가는 홈을 파 넣어 맞춤한다.

표 11-3 양판문의 장부형식

부 재	부재의 치수(mm)		장부의 형식
상 · 하 막이 및 중요한 막이대	측면 두께	30 이상	쌍 장 부
		30 미만	외 장 부
	보임 면 나비	200 이상	3단 장부
		100~200 미만	2단 장부
		100 미만	1단 장부
살 재			외 장 부

[Chapter 11]

창호(窓戶; Fittings)

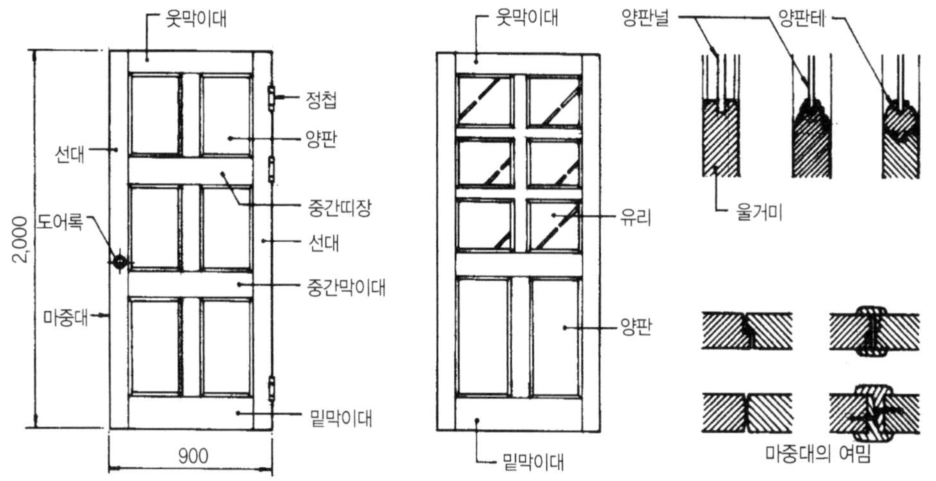

그림 11 - 2 양판문의 구성

■ 살 문(箭門)

울거미를 짜고 중간에 세 살(細箭 ; 가는 살)을 짜 넣고 얇은 널이나 합판 또는 유리를 끼운문으로, 상하막이 및 중간막이대는 선대에 쌍장부 맞춤으로 하고, 살은 외장부로 한다. 널은 합판을 쓸 때를 제외하고 4장 정도의 쪽매로 하고, 울거미 사방 또는 중간막이에 가는 홈을 파 넣고 살재는 못으로 고정한다.

울거미에 끼워대는 재료에 따라 널살문, 합판살문, 유리살문과 창호지를 바른 창호지 살문으로 구분한다. 창호지 살문은 특별한 지정이 없을 때에는 완자살로 하며, 살의 배치간격은 종이 크기에 알맞게 한다. 살문은 살의 형상에 따라 구분하며 세살문, 교살문, 완자문, 아자문 등이 있다.

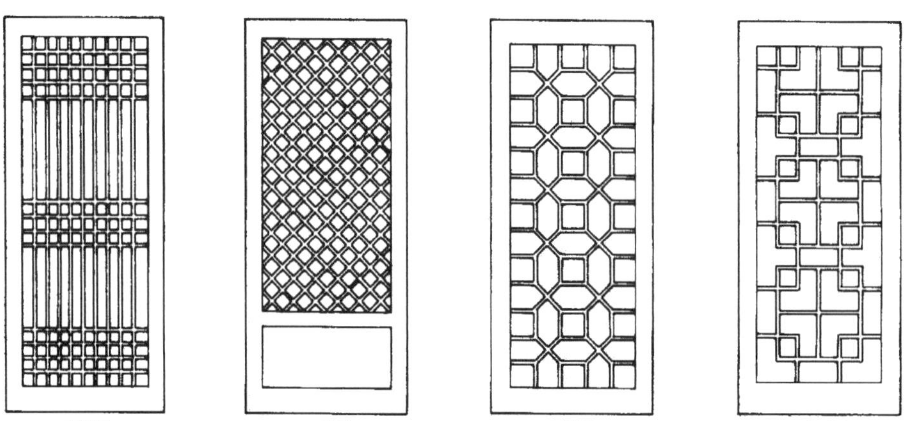

세살문　교살문　귀갑문　아자문

그림 11 - 3 살문의 종류

■ 비늘살 문(louver door)

울거미를 짜고 얇고 넓은 살을 45° ~ 60°, 간격 약 3cm정도로 떼어 빗대어 채양 및 통풍이 될 수 있도록 한 문이다.

상하막이 및 띠장은 선대에 내다지장부 맞춤하고, 비늘살의 길이가 600mm이상일 때는 세로살을 넣는다. 비늘살과 선대 또는 세로띠장은 통 맞춤으로 하고 비늘살의 간격은 살 나비의 1/2~1배로 한다. 갤러리(gallery)라고도 한다.

■ 유리창문

울거미를 짜고 그 안에 유리를 끼운 창과 문으로, 통 유리를 끼운 것과 하부에 징두리판을 댄 것이 있다. 상하막이 및 중간막이는 선대에 내다지장부 맞춤으로 하고, 퍼티 대기를 할 때에는 유리 홈 4방 퍼티 대기를 원칙으로 한다.

목제 창문틀

창 또는 출입문 등의 문꼴에 창과 문을 다는 틀을 말하며, 건물의 벽에 고정하여 벽 끝을 마무리하는데 사용되는 부재이다.

창문틀에 사용되는 목재는 상당한 강도와 미관을 필요로 하므로 결이 좋고 옹이가 없는 것을 사용해야 한다.

1) 창문꼴

출입구와 창문을 다는 개구부(開口部 ; opening)를 문꼴이라 하고, 문 또는 창 자체를 문짝 또는 창짝이라 한다.

문꼴의 크기는 용도에 따라 일정하지 않지만 출입에 사용하는 문 한짝의 크기는 폭 60~120cm, 보통 80~90cm로 하고, 높이는 180~220cm, 보통 200cm정도로 한다.

창은 채광과 통풍을 목적으로 하고 또한 풍우(風雨)를 막고 방도(防盜)를 위하여 설치하는 것으로 창의 크기는 건축법에 규정되어 있다. 창의 크기는 바닥면적에 따라 달라지나 창

표 11-4 바닥면적에 대한 채광면적 및 환기면적의 비

구 분	바닥 면적 비	예 외 규 정	비 고
거실의 채광면적	1/10 이상	기준조도 이상의 조명장치를 설치한 경우에는 예외	수시로 개방할 수 있는 미닫이로 구획된 2개의 거실은 1개의 거실로 본다.
거실의 환기면적	1/20 이상	기계환기장치 및 공기조화설비를 설치한 경우에는 예외	

[Chapter 11]

창호(窓戶; Fittings)

의 높이는 주택 등에서는 바닥에서 밑홈대까지의 높이는 75cm정도로 하고, 좌식 거실인 경우에는 35~40cm정도, 사무실, 학교 등에서는 80~100cm정도로 한다.

2) 이음 및 맞춤

창문틀 및 창호에 사용하는 목재는 거의 통재(通才)를 사용하므로 이음을 하는 경우는 거의 없으나 둥근형상의 창이나 아치형의 창문틀 및 창짝의 울거미에는 필요하다.

■ 이음

메뚜기장 이음, 은장이음, ㄱ자 턱솔이음, ㄷ자 턱솔이음이 일반적으로 사용된다.

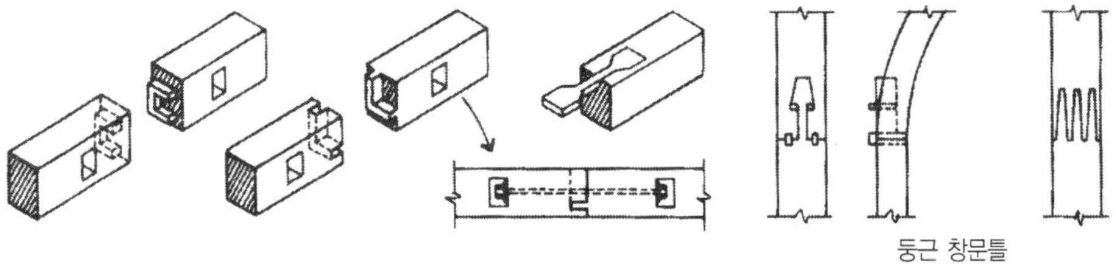

그림 11 - 4 창문틀의 이음

■ 맞춤

창문틀 울거미의 귀부분의 맞춤은 맞대기, 턱솔, 큰연귀, 반연귀, 사개연귀, 턱솔넣은 반연귀, 숨은 주먹장 맞춤 등이 일반적으로 사용되며, 중간틀과 선틀, 중간선대와의 맞춤은 통맞춤, 턱솔맞춤, 주먹장맞춤, 반턱맞춤, 쌍장부맞춤, 쌍턱장부맞춤, 빗턱장부맞춤, 통장부맞춤 등이 사용되며 연귀맞춤은 촉, 은장, 못 등으로 보강하며, 장부맞춤은 벌림쐐기, 산지, 못, 등을 사용하며 보강하며, 장부 및 쐐기는 접착제를 사용하여 교착해야 한다.

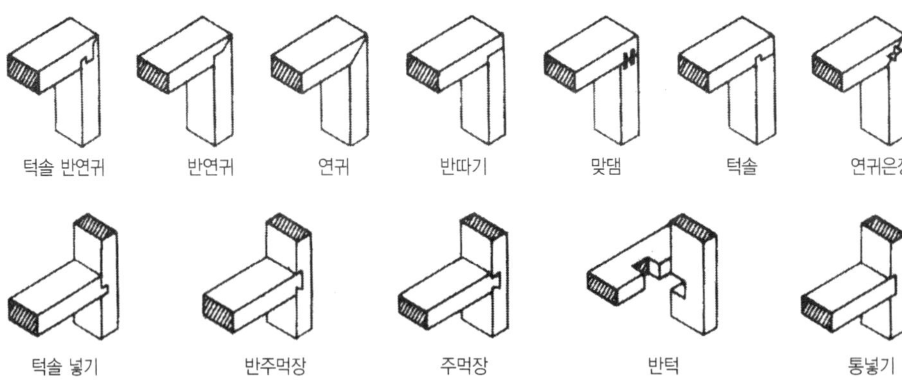

그림 11 - 5 창문틀 울거미의 맞춤

3) 문틀(door frame) 및 창틀(window frame)

문틀은 웃틀, 선틀(벽선), 밑틀(문지방)로 구성되며 고창(高窓)이 있거나 옆문이 있을 때는 중간틀과 중간선틀이 추가로 구성되며 문턱을 두지 않을 때에는 밑틀을 사용하지 않아도 된다.

창틀은 웃홈대(웃틀), 선틀, (벽선), 밑틀(밑홈대), 창선반 등으로 되고 창이 상하 또는 좌우에 연속할 때에는 중간선틀(설주)와 중간틀(중간홈대)을 댄다. 상기한 바와 같이 창틀의 구조는 문틀과 같으며 구성부재의 명칭에만 차이가 있다.

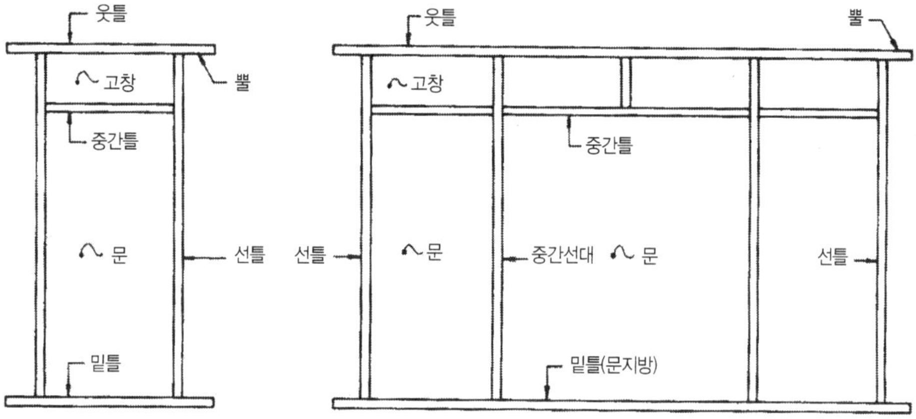

그림 11 - 6 문틀의 구성

창문(窓門)설치

창호설치 전에 개구부의 위치 및 크기를 다시 확인하고, 벽체와 접합되는 창문틀의 뒷면에는 지정된 방부제(일반적으로 크레오소트 오일)를 2회 도포한다.

창문 및 창틀은 수직, 수평을 맞추고 마감재의 두께를 고려하여 위치를 고정한다. 여닫이 창호는 창문틀과의 틈이 생기지 않도록 하여 여닫음을 용이하게 하고 뒤틀림이나 처짐이 없도록 설치한다.

여닫이문의 정첩은 문의 크기 및 중량에 따라 문 한짝에 2~3개를 달고, 함자물쇠의 높이는 지정이 없는 한 80cm정도로 한다. 미닫이 및 미서기 창호는 뒤틀림이 생기지 않도록 하고 가이드 홈에 가볍게 들어가 끼워지고 또한 경쾌하게 미끄러질 수 있도록 정확하게 설치한다. 레일은 뒤틀림이나 구부러짐이 없는 것을 사용하여 일직선 평행으로 고정한다. 이때 레일의 한 끝은 선틀에 물려 끼우고 끝에서 30mm위치에 못을 박고, 300mm간격으로 못박아 대며, 다른 한 끝은 선틀에서 15mm정도 짧게 설치한다. 못 머리는 레일의 표면과 일치하도록 한다.

11 – 3 강제창호(鋼製窓戶)

강제창(鋼製窓) 및 창틀

강제창 및 창호는 고급건축물이나 실용적인 건축물에 모두 사용하는 것으로서 일반창, 방음창, 단열창으로 구분하며, 강철제 창 및 창틀의 규격은 KS F4507에 따른다.

1) 스틸 새시 바(steel sash bar)

강제창호의 제작시 울거미(frame) 및 살로 사용하는 재료로 냉간압연 강판(KS D3512)을 사용하여 만든다. 제조방법에 따라 강판을 중공으로 가압하여 만든 중공식과 소정의 단면으로 압연하여 만든 압연식, 주문제작하여 만든 판철식(plate metal system)으로 분류하며, 강도가 높고 경제적인 압연식이 일반적으로 사용된다.

2) 재료 및 부속부품의 규격

창 및 틀에 사용하는 재료 및 부속 부품은 표 11–5에 표시하는 규격 또는 이것과 동등 이상의 품질을 가진 것으로 한다.

표 11–5 강제창틀 및 창의 재료 및 부속부품의 규격

사용구분	재 료	규 격
창틀 및 창(부속부품을 포함한다.)	강	KS D3501(열간 압연 연강판 및 강대), KS D3503 (일반 구조용 압연강대), KS D3506(아연 도금 강판), KS D3512(냉간 압연 강판 및 강대), KS D3520(착색 아연 도금 강판), KS M3343(염화비닐수지 금속 적층판)
작은나사, 볼트 및 리벳 류	강, 황동	KS D3554(연강 선재), KS D5103(동 및 동 합금)

스테인리스 스틸(stainless steel) 창호

스테인리스 강제 창호는 일반 강제 창호에 비해 강도 및 내부식성이 크고 외관이 미려하여 창호용으로는 우수한 재료이지만 가격이 비싼 것이 단점이다.

구조형식 및 창호철물 등은 일반 강제창호와 같으며, 재료는 일반 강제창호와 같이 새시바(sash bar)로 만든 것을 사용하거나 스테인리스강판을 가공하여 사용한다.

표 11-6 스테인리스창틀 및 창의 재료 및 부속부품의 규격

사용구분	재 료	규 격
창틀 및 창(부속 부품을 포함한다.)	스테인리스강	KS D3698(냉간 압연 스테인리스 강판), KS D3705(열간 압연스테인리스 강판)
작은나사, 볼트 및 리벳 류	스테인리스강	KS D3535(스프링용 스테인리스 강선), KS D3697(냉간 압조용 스테인리스 강선), KS D3702(스테인리스 강선재)

강제문(鋼製門)

1) 일반사항(一般事項)

강제문은 공장이나 창고 등에 사용하는 일반철판문과 사무실, 은행 등에 사용하는 고급 스틸도어로 대별할 수 있으며 개폐방식, 형상 및 구조는 보통의 목제문과 거의 같다.

강제문은 문의 구조에 따라 양판문, 양판 유리문, 한면 플러시문(singel side flush door), 양면 플러시문(both side flush door) 등으로 구분하며, 규격에 맞게 프레스로 제작한 것과 주문 제작한 것이 있다. 또한 성능에 따라 일반문, 방음문(防音門), 단열문(斷熱門)으로 구분하기도 한다.

2) 재료(材料)

강제문에 사용하는 재료 및 부속 부품은 표 11-7 및 11-8에 표시하는 규격제품을 사용하거나 또는 이것과 동등 이상의 품질을 가진 것으로 한다.

[Chapter 11]

창호(窓戶; Fittings)

표 11-7 강제창호용 강판의 두께

사용구분		명 칭	두 께
창	창 틀	창대 덧판, 비아무림 판, 레일(미서기 및 미닫이)	2.3mm
		창 선반, 창선틀	1.2mm
	창 짝, 기타	창 짝 : 울거미 및 살, 기타 : 벽선, 중간홈대 등	1.6mm
문	문 틀	틀(윗틀, 선틀)	1.6mm
		덧 벽선, 문틀선	1.2mm
		문턱, 밑문용 레일	2.3mm
	문	울거미, 띠장, 양판, 플러시용 판	1.6mm
		힘살, 앵커 플레이트	2.3mm

표 11-8 강제문의 재료 및 부속부품의 규격

사용구분	재료명	규 격
창틀 및 창 (부속품을 포함한다.)	스테인리스강	KS D3698(냉간 압연 스테인리스강판), KS D3705(열간 압연 스테인리스강판)
	강	KS D3501(열간 압연 연강판 및 강대), KS D3503(일반 구조용 압연강대) KS D3506(아연 도금 강판), KS D3512(냉간 압연 강판 및 강대) KS D3520(착색 아연 도금 강판), KS D3528(전기 아연 도금 강판 및 강대)
	유리	KS L2001(보통 판유리), KS L2012(플로트 판유리 및 마판유리) KS L2005(무늬유리), KS L2006(망입유리), KS L2004(접합유리) KS L2002(강화유리), KS L2008(열선흡수 판유리), KS L2003(복층유리)
	판	KS F3202(중질 섬유판), KS F3203(경질 섬유판), KS F3104(파티클 보드) KS F3105(파티클 보드 치장판), KS F3208(외장용 치장 경질판) KS F3101(보통합판), KS F3106(화장합판)
	기타	KS F4701(암면 단열재), KS L9102(유리면 보온재) KS M3809(경질 우레탄 폼 보온재)
작은나사, 볼트 및 리벳 류	스테인리스강	KS D3535(스프링용 강선), KS D3697(냉간압조용 스테인리스 강선), KS D3702(스테인리스 강선재), KS D3703(스테인리스 강선), KS D3706(스테인리스 강봉)

강제창호 제작(製作)

강제창호에 사용하는 강판의 두께는 문틀 및 문짝은 1.2mm이상, 문지방은 2.0mm 이상으로 한다. 모든 창호부재는 치수를 정확히 하여 여닫음이 잘되게 제작하고, 보임 부분의 용접부는 그라인더를 사용하여 매끈하게 마무리한다.

1) 일반 강제문(steel door)

일반적으로 사용하는 강제문의 재료로는 스테인리스강판이나 압연강판, 아연도금 강판이 대표적이며 문짝의 구조는 여닫이 양판문과 양쪽면 플러시문이 주로 사용된다.

강제문에 사용하는 강판의 두께는 문틀의 경우 1.5mm이상으로 하고 문은 1.2mm이상으로 한다.

■ 양판문(panelled door)

문틀 및 울거미는 두께 1.5mm이상의 철판을 사용하며 철판은 소정의 중공형으로 가공해서 꺾어 구부려 맞추고 각 부의 접합부위를 용접한 후 울거미 사이에 유리 또는 건축용 보드류를 끼워 만든 문이다. 여닫이문, 미서기문에 모두 사용한다.

■ 양면 플러시문(both side flush door)

앵글이나 각 파이프 등으로 울거미를 짜고 그 양면에 철판을 작은 나사나 용접으로 붙여 댄 문으로 여닫이문에 주로 사용한다.

표 11-9 일반적인 강제창호 제작기준

구 분	명 칭	제 작 방 법
틀	틀	귀는 연귀 또는 허리댐으로 용접하고 외부 갓둘레의 웃막이 및 선대에는 물끊기를 댄다.
	중간 홈대	홈대의 양끝은 틀과의 감춤부에서 용접한다.
	틀 선	귀는 연귀 또는 허리댐으로 용접한다.
	밑창판	양끝은 물돌림을 붙이고, 선틀과 감춤부에서 용접한다.
	Anchor	양끝 및 중간 60mm 내외로 배치한다.
창(窓)	울거미	귀는 연귀로 용접한다.
	살	울거미와 촉 꽂아 고정하고, +자로 교차되는 살은 4방 연귀반턱으로 하여 점용접한다.
문(門)	울거미	띠장맞이 및 귀는 연귀 또는 허리댐으로 용접하고, 밑막이는 하부를 감싸지 않고 두께 2.3mm의 ㄷ자형 덧판을 길게 끼우고 나사 조이기나 용접한다.
	양 판	울거미에 끼워 넣거나 소란을 대고 작은나사 조이기를 한다.

2) 방음문(防音門 ; sound proof door)

공조실, 기계실, 녹음실 등 음향의 반사나 외부소음의 차음이 요구되는 장소에 설치하는 문으로 공장에서 제작한 완제품으로 설치하는 것을 원칙으로 한다.

또한 문의 강판 두께는 1.2mm이상으로 하고 문의 방음성능은 KS F2808 방음성 시험에 의하여 음향투과손실이 40dB이하인 제품을 사용한다.

문의 내부는 진동 및 음향의 차단을 위해 흡음재 및 진동 차단재의 2중 구조로 제작하는 것이 일반적이다.

3) 방화문(防火門 ; fire door)

건축법에 따라 방화구획(건축법 제39조 2항 참조)을 설치해야 하는 건물이나 방화지구안의 건축물(건축법 제41조 참조)에 화재의 확산을 방지하기 위하여 의무적으로 설치해야 하는 문이다. 방화문의 구조는 건축법 시행령 제64조에 규정되어 있으며 차연성능 시험 및 가열시험 등에 적합한 재료를 사용하여 제작한다. 방화문은 갑종방화문과 을종방화문, 드렌처(drencher)의 3가지로 분류하며 그 내용은 다음과 같다.

표 11-10 방화문의 구분

구 분	구 조
갑종 방화문	골구를 철재로 하고 양면에 각각 두께 0.5mm이상의 철판을 붙인 것.
	철재로서 철판두께 1.5mm 이상인 것.
	건설교통부장관이 지정하는 자 및 한국건설기술연구원장의 품질시험에서 그 성능이 확인된 것.
을종 방화문	철재로서 철판두께 0.8mm 이상, 1.5mm 미만인 것 또는 철재 및 망입유리로 된 것.
	골구(뼈대)를 목재로 하고 옥내 면에 두께 12mm 이상의 석고보드를 붙이고 옥외 면에는 철판을 붙인 것.
	건설교통부장관이 지정하는 자 및 한국건설기술연구원장의 품질시험에서 그 성능이 확인된 것.

창문(窓門) 설치

1) 녹막이 처리

창호설치 전에 가공된 강제창호에 부착물이 붙어 있거나 오염 또는 녹슬어 있는 부분은 스크래이퍼(Scraper), 와이어 브러시(Wire brush), 연마지 등으로 제거하고, 유류는 휘발유로 닦은 다음 녹막이 칠을 한다.

모든 가공 및 구멍 뚫기는 녹막이 칠 전에 완료하여야 하며, 조립 후에 처리할 수 없는 부분은 먼저 녹막이 칠을 한다. 또한 현장반입 후 녹막이 칠이 벗겨진 부분이나 용접으로 손상된 부분은 다시 칠 해야 한다.

2) 창문틀 세우기

창문틀 세우기는 나중 세우기를 원칙으로 하며 창문틀 세우기 및 창호설치는 창호제작회사의 책임으로 한다.

■ 창문틀 먼저 세우기

철근콘크리트조에 먼저 세우기를 할 때에는 가설치용 지지틀이나 지지대를 만들어 여기에 세워 대고 틀의 이동변형을 막기 위하여 4방으로 가고정(假固定)한다.

앵커철물은 철근에 연결하고, 창문틀은 콘크리트 타설시 변형되지 않도록 버팀대 등으로 보강한다. 조적조에 먼저 세우기를 할 때에는 정확히 가세우기를 하고 앵커철물을 조적조 벽체에 묻어 쌓는다.

■ 창문틀 나중 세우기

콘크리트조, 조적조에 나중 세우기를 할 때에는 쐐기, 고임재 등을 사용하여 가 세우기를 하고, 틀의 이동변형을 막기 위하여 4방으로 가고정 한다.

세우기가 끝나면 안팎에서 1 : 3 된비빔 시멘트 모르타르로 밀실하게 사춤쳐 넣고 구조체와 창문틀의 틈이 나지 않도록 흙손으로 눌러 바른다.

11 - 4 알루미늄제 창호(aluminum fittings)

일반사항(一般事項)

비중이 철의 1/3정도로 경량인 알루미늄 창호는 가공이 용이하고 녹슬지 않아 사용연한이 길며, 기밀성, 수밀성이 우수하고 외관이 아름다운 재료로 현재 가장 일반적으로 사용되

[Chapter 11]

창호(窓戸; Fittings)

는 창호재 중의 하나이다.

또한 개폐조작이 경쾌한 장점이 있으나 강제창호에 비해 내화도가 낮고 알칼리에 침식되는 단점이 있다. 알루미늄 창호는 강도가 약하므로 큰 창문에 통유리를 끼우는 것은 가급적 피해야 하며, 부득이한 경우에는 중간살로 울거미를 보강해야 한다.

알루미늄 창호는 성능에 따라 보통창호, 방음창호, 단열창호로 분류하며 주로 미서기 및 고정용으로 사용한다.

재료(材料)

새시 바의 재질, 형상 및 치수는 KS규격에 적합한 것으로서 설계도나 시방서에 따른다.

또한 창 및 틀에 사용하는 재료 및 부속 부품은 KS에서 표시하는 규격과 또는 이것과 동등 이상의 품질을 가진 것으로 하며 부재의 두께는 1.35mm로 한다.

표 11-11 알루미늄 창호의 재료 및 부속부품의 규격

구 분	재 료	규 격
창문틀, 창문살 보조재료	알루미늄	KS D6701(알루미늄 및 알루미늄 합금판)
유리 끼우기	강 철	KS D3510(경강선), KS D 3556(피아노선)
앵커, 갈고리	강 철	KS D3501(열간압연 연강판 및 강재), KS D3512(냉간 압연 강판 및 강대)
작은 나사 및 나사못	스테인리스강 및 알루미늄	KS D3703(스테인리스 강선), KS D3706(스테인리스 강봉) KS B1021(홈붙이 작은나사), KS B1023(+홈 작은나사)

창호제작 및 설치

설계도 및 시방서에 따라 공장에서 주문제작는 것을 원칙으로 하며, 틀 세우기 및 창호 설치는 제작회사의 책임으로 하고 틀세우기의 공법은 강제 창문틀 세우기에 따른다.

특히 콘크리트나 시멘트모르타르에 접하는 부분은 내알칼리성의 도료를 2회 이상 칠하여 부식을 방지하도록 한다.

11 - 5 셔 터(shutter)

일반사항(一般事項)

폭이 좁고 긴 얇은 강판을 서로 물려 커튼처럼 면을 수평으로 구성하고 문꼴 상부에 있는 축(shaft)에 두루마리형으로 감아 올리고 닫을 때는 문 꼴 양쪽에 댄 홈에 끼워 미끌어 내리게 한 것으로 사용목적, 조작방식, 셔터 커튼의 구성, 개폐방식 등에 따라 분류한다.

1) 사용목적에 의한 분류

표 11-12 사용목적에 의한 셔터의 분류

구 분	용 도
방화(防火)셔터	방화구획에 사용하는 셔터로 일반 강제 셔터에 비해 사용강판의 두께가 두꺼우며, 퓨즈장치, 안전장치, 샛문짝 등이 추가로 설치된다.
방연(防煙)셔터	방연구획(건축법 시행령)에 사용하는 셔터
차음(遮音)셔터	차음을 필요로 하는 장소에 사용하는 셔터
방범(防犯)셔터	방범을 필요로 하는 장소에 사용하는 셔터
방폭(防暴)셔터	폭발의 위험이 있는 장소에 사용하는 셔터

2) 셔터커튼의 구성에 의한 구분

슬랫으로 구성된 셔터커튼을 이용한 일반셔터와 그릴로 구성된 셔터커튼을 이용한 그릴셔터, 슬랫과 그릴을 조합시킨 커넥션 셔터로 구분한다.

3) 개폐방식에 따른 구분

표 11-13 개폐방식에 의한 셔터의 분류

구 분	용 도
수동식 셔터	수동개폐기로 셔터를 열고, 브레이크의 풀림에 의해서 자중으로 닫는 방식
전동식 셔터	정격전압 100V의 전원에 의해 전동으로 개폐하는 방식
퓨즈 장치식	화재시 온도가 70℃에 달하면 퓨즈가 녹아 자동적으로 폐쇄되는 방식

[Chapter 11]

창호(窓戶; Fittings)

재료(材料)

슬랫, 좌판, 감기 샤프트, 베어링부, 케이스, 가이드 레일 및 중간 기둥에 사용하는 주요 재료는 표 11-14, 11-15에 따르거나 이와 동등 이상인 것으로 하고, 가이드 레일에 사용하는 철판의 두께는 도면 또는 시방서에 따르되, 1.5mm이상으로 한다.

표 11-14 셔터 재

규격 \ 적용부재의 명칭	슬랫	좌판	샤프트	스프링	케이스	가이드	중간 기둥
KS D3503(일반구조용 압연강재)		○	○		○	○	○
KS D3512(냉간압연 강판 및 강대)			○		○	○	○
KS D3506(용융아연도강판 및 강대)	○	○	○		○	○	○
KS D3528(전기아연도강판 및 강대)		○	○		○	○	○
KS D3568(일반구조용 각형 강관)			○		○		
KS D3698(냉간압연 스테인리스 강판)	○	○			○	○	○

표 11-15 셔터 구성부재(slat, 하단마감재, 상부마감재, 케이스)의 강판 두께

종류	두께
갑종 방화셔터, 방연셔터	1.5mm이상
을종 방화셔터	0.8mm이상, 1.5mm이하
일반셔터	0.5mm ~ 0.8mm

셔터제작 및 설치

공장에서 주문제작하는 것을 원칙으로 하며, 셔터 설치는 제작회사의 책임으로 하고, 설치공법은 표 11-16을 표준으로 한다.

표 11-16 셔터 설치공법

종류 \ 구조체	콘크리트	철골	목조
홈대(Guide rail)	앵커묻기 또는 틀에 작은 나사 조이기	작은나사 조이기 또는 용접	나사못 조이기
Shutter case	앵커철물 또는 앵커볼트 고정	작은나사 또는 볼트조이기, 필요하면 용접	나사못 또는 볼트조이기
Rope 홈통 (Handle box)	모르타르 또는 콘크리트 고정	달기철물을 사용, 볼트 또는 작은나사 조이기	달기철물을 사용, 나사못 또는 볼트 조이기

11 - 6 특수창호(特殊窓戶)

1) 무테문(Frameless door)

투명 강화유리 또는 투명 아크릴판 등을 문짝으로 하고 문짝 판의 상하부에 보강용 철판을 대고 플로어 힌지를 대어 개폐하는 형식의 문이다.

■ 유리 무테문

문짝을 강화유리로 하고 유리판의 상하부에 황동제 크롬도금 또는 스테인리스 스틸 등의 보강테를 댄 것으로 강화유리도어(tempered glass door)라고도 한다.

사용하는 유리의 두께는 10mm, 12mm가 일반적이며, 문의 개폐는 플로어 힌지(floor hinge)를 달거나 자동개폐장치(自動開閉裝置)를 사용한다. 백화점, 호텔, 극장 등의 현관 출입문에 주로 이용된다.

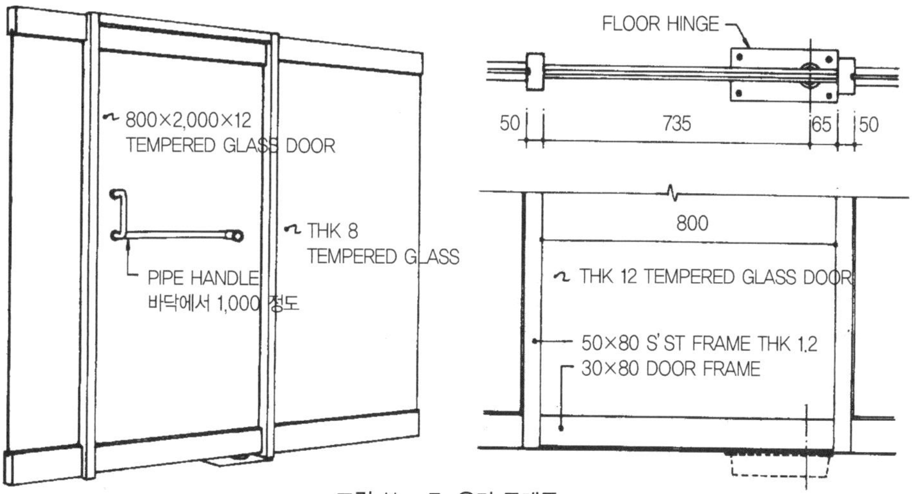

그림 11 - 7 유리 무테문

■ 무테 아크릴문

강화유리 대신 두께 12~20mm정도의 투명 아크릴판을 사용한 것으로 구조 및 용도는 유리 무테문과 같다.

2) 아코디언 도어(Accordion door)

넓은 방을 필요에 따라 나누어 막기 위하여 만들어진 커튼이나 병풍모양의 문으로 신축이 자유로운 accordion의 주름처럼 생겨서 아코디언 도어라고 한다.

+자형으로 된 철제 뼈대에 비닐레저(vinyl leather), 가죽, 천 등을 붙이고 상부는 홈대

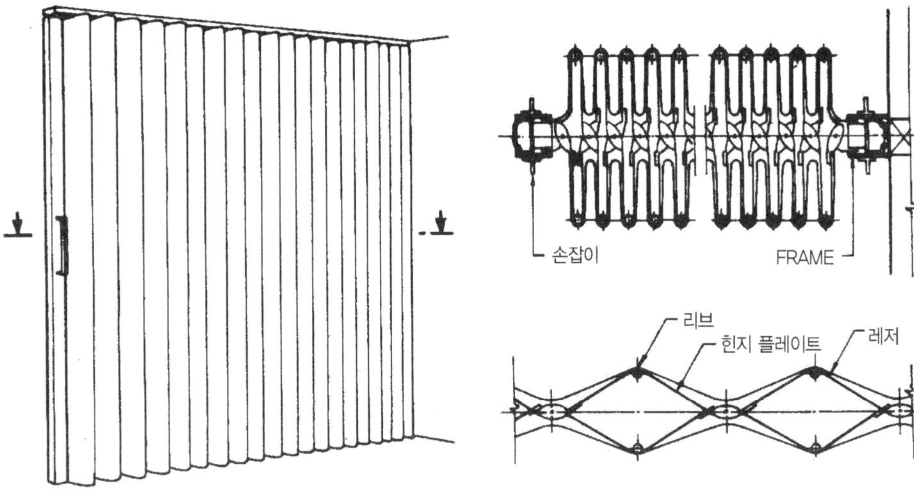

그림 11 - 8 아코디언 도어

형의 행거 레일에 행거 롤러를 매달아 접어 여닫게 되는 구조이다.

3) 자동개폐문(自動開閉門 ; Automatic door)

센서(sensor) 및 전동장치에 의해 문이 자동으로 개폐되는 문으로 오토 도어(auto door)라고도 한다.

문의 개폐는 센서에서 발사하는 전파를 통행자가 차단하면 문이 자동으로 열리게 되며, 미닫이문 형식의 것이 일반적으로 사용된다.

4) 주름문(Folding gate)

주로 방도용(防盜用)으로 사용하며 금속으로 만든 창살형의 문으로 세로 살은 마름모형의 레버(lever)로 연결하여 세로살의 위에 설치된 문바퀴를 줄였다 늘였다 하여 여닫을 수 있도록 한 문이다. 자동차 차고, 승강기 등에도 사용한다.

5) 접문(接門)

여러 쪽의 좁은 문짝을 정첩이나 비닐레저 등으로 연결하고 상부는 홈대형의 행거레일에 행거롤러를 매달이 접어 닫게 만든 구조이다. 아코디언 도어와 같은 용도로 사용하며 접이문이라고도 한다.

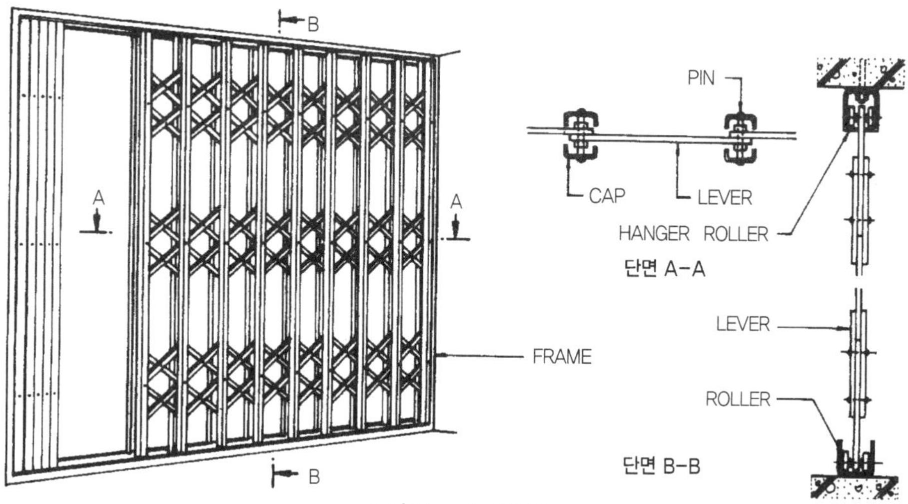

그림 11 - 9 주름문

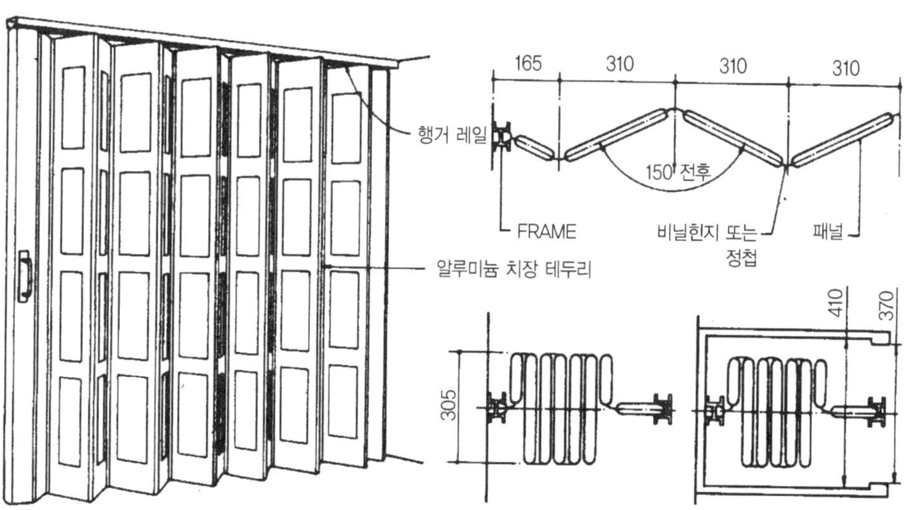

그림 11 - 10 접문

11 - 7 창호철물(窓戶鐵物 ; Hardware)

창호철물은 창짝 및 문짝을 창과 문의 틀에 달고 잠그며 개폐하거나 창문의 보호 및 보강용으로 사용하는 일체의 것을 말하며 강도 및 내구성이 크고 외관이 아름다워야 한다.

[Chapter 11]

창호(窓戸; Fittings)

창호철물은 용도, 구조, 모양, 재료 품질 등에 따라 세분하기도 하지만 일반적으로 목제 창호용과 철제 창호용으로 대별한다. 창호용 재료로는 강철(鋼鐵), 주철(鑄鐵), 황동(黃銅), 청동(靑銅), 알루미늄, 플라스틱 등이 주로 사용되며 KS규격에 적합한 것으로 한다.

표 11-17 창호용 철물 및 부속품의 재질

재 종	규 격
청동(靑銅)	KS D 6002(청동주물), KS D 6716(단동판 : 丹銅板), KS D 6717(단동주물)
황동(黃銅)	KS D 5505(황동판), KS D 5554(황동선), KS D 6001(황동주물),
강(鋼)	KS D 3558(磨帶鋼), KS D 3501(박강판), KS D 4301(회주철품) KS D 3503(일반구조용 압연강재),
인청동(燐靑銅)	KS D 5506(인청동판), KS D 5508(스프링용 인청동판), KS D 5518(인청동선)
스테인리스강	KS D 3703(스테인리스강선), KS D 3705(열간 압연 스테인리스강판)
알루미늄 및 그 합금	KS D 6006(알루미늄합금 다이캐스팅), KS D 6008(알루미늄합금 주물), KS D 6711(내식 알루미늄 합금판)

표 11-18 창호철물(목재창호용) (단위 : 1개소당)

창호의 종류		창호철물의 종류 및 수량	비 고
미닫이	외 미닫이	레일(1), 바퀴(2), 오목 손걸이(1 또는 2) 및 걸쇠(1)	밑에 바퀴를 달때
	쌍 미닫이	레일(1), 바퀴(4), 오목 손걸이(2 또는 4) 및 걸쇠(1)	
미서기	쌍 미서기	레일(2), 바퀴(4), 오목 손걸이(4 또는 8) 및 꽂이쇠(1)	
	4짝 미서기	레일(2), 바퀴(8), 오목 손걸이(4 또는 8) 및 꽂이쇠(2)	
여닫이	외 여닫이	함자물쇠(1), 정첩(2 또는 3)	
	쌍 여닫이	함자물쇠(1), 오르내리 꽂이쇠(상 · 하 : 2), 정첩(4 또는 6), 문버팀쇠(2)	
자 재 여닫이	한쪽자재 외여닫이	손잡이(밑판달림 : 2), 밑판(1), 한쪽 자유정첩(2 또는 3), 본자물쇠(1), 문버팀쇠(1)	
	한쪽자재 쌍여닫이	손잡이(밑판달림 : 2), 밑판(1), 한쪽 자유정첩(2 또는 3), 오르내리 꽂이쇠(상 · 하 : 2), 본자물쇠(1), 문버팀쇠(2)	
	양쪽자재 외여닫이	밑판(1), 한쪽 자유정첩(2 또는 3), 본자물쇠(1), 문버팀쇠(1)	
	양쪽자재 쌍여닫이	밑판(1), 자유정첩(4 또는 6), 오르내리 꽂이쇠(상 · 하 : 1), 본자물쇠(1), 문버팀쇠(2)	
	플로어 힌지여닫이	밑판(2), 플로어힌지(2), 지도리(2), 본자물쇠(1), 문버팀쇠(2)	
접 문	8짝, 4짝씩 좌우 열기	웃레일(1), 행거(8), 지도리(8), 밑홈레일(1), 정첩(16~24), 손잡이(4), 걸쇠(1)	행 거 달 이

여닫이 창호철물

■ 보통정첩(hinge, butt)

여닫이 문짝을 문틀에 달아 여닫는 축이 되는 창호철물을 정첩이라고 하며 정첩의 재료로는 강철, 주철, 황동 및 청동 등이 있으나 황동을 원료로 한 주물제가 가장 많이 사용된다. 정첩의 치수는 높이로 표시하며(보통 벌린 전체 나비는 높이와 같은 정사각형) 분리형 정첩의 경우 문의 높낮이를 임의로 조정할 수 있는 간격 링을 1개 이상 삽입할 수 있는 것으로 한다. 창호와 보통정첩의 크기 및 수량은 표 11-19와 같다.

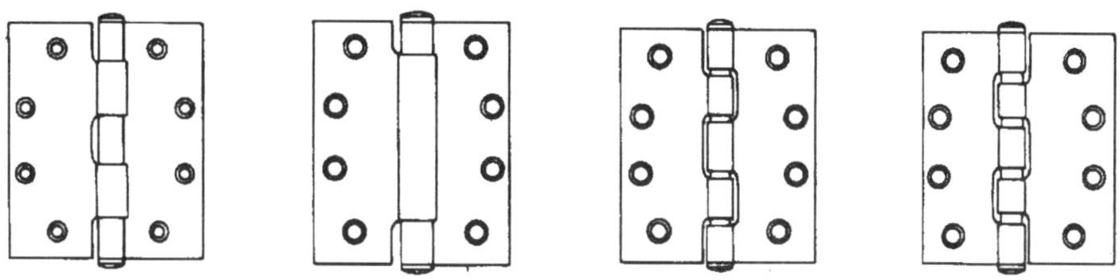

그림 11 - 11 보통 정첩

표 11-19 창호와 자유정첩의 크기 및 수량

창 호			정첩의 크기		창호높이와 정첩수량			비 고
종 류	두께(mm)	나비(mm)	호칭	mm	2.0m미만	2.4m미만	3.0m미만	
창 문	20~30	800 미만	#3	76	2개	3개	4개	중량이거나 나비가 넓은 창호에는 1단계 큰 치수정첩 또는 정첩 1개를 더 사용한다.
	30~33	850 미만	#3.5	89				
	33~36	750 미만	#4	102				
	33~36	750~850	#4.5	114				
	36~43	800~850	#5	127				
	43~50	850~900	#6	152				
	50~	900~1,000	#6	152	3개			
작은 창문			#25	64				

■ 자유정첩(double acting butt, spring hinge)

축받이 관속에 스프링을 장치하여 안팎으로 자유롭게 여닫게 된 정첩으로 종류에는 외 자유정첩과 양 자유정첩이 있으며, 강제자유정첩 및 스테인리스 강제 자유정첩의 규격은 KS F4502에 적합한 것으로 하고 창호와 자유정첩의 크기 및 수량은 표 11-20에 따른다.

[Chapter 11]

창호(窓戶; Fittings)

표 11-20 창호와 자유정첩의 크기 및 수량

창호의 나비 및 두께			자유정첩의 크기				수량	비 고
울거미 두께 (mm)	최대나비 (mm)	높 이 (m)	쌍 자 유		외 자 유			
			호칭	(mm)	호칭	(mm)		
19~25	650	2.0 내외	#3	76	#3	76	2개	중량이거나 나비가 넓은 창호에는 1단계 큰 치수 정첩 또는 정첩 1개를 더 사용한다.
22~30	700		#4	102	#4	102		
28~38	750		#5	127	#5	127		
30~45	800		#6	152	#6	152	3개	
35~57	850		#7	178	#7	178		

■ 레버터리 힌지(lavatory hinge)

자유정첩의 일종으로 공중 화장실 및 공중전화실의 출입문에 사용한다. 저절로 닫혀지거나 15cm정도가 항상 열려있어 표시기가 없어도 실(室)이 비어있는 것을 알 수 있고 사용 시에는 안에서 잠글 수 있다.

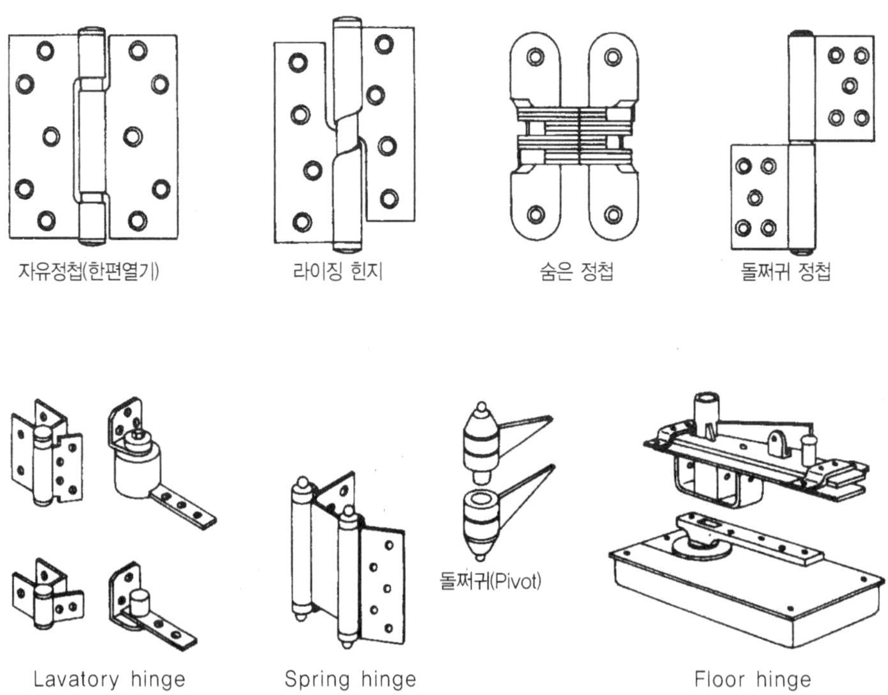

그림 11 - 12 각종 힌지

■ 플로어 힌지(floor hinge)

금속제 스프링과 완충유와의 조합작용으로 열린 문이 자동으로 닫혀지도록 바닥 밑에 설치하는 철물로 KS 규격에 합격한 것을 사용한다. 주로 현관의 중량문에 사용한다.

표 11-21 문짝의 크기와 도어체크 & 플로어 힌지의 크기

<table>
<tr><th colspan="2">문짝의 크기</th><th rowspan="2">문짝중량(kg)</th><th colspan="2">도어체크 번호</th><th colspan="2">플로어 힌지 번호</th><th rowspan="2">비 고</th></tr>
<tr><th>폭(mm)</th><th>높이(m)</th><th>보통 경우</th><th>스톱 경우</th><th>보통 경우</th><th>스톱 경우</th></tr>
<tr><td>800 이하</td><td>2.0 내외</td><td>20~30</td><td>71</td><td>172</td><td rowspan="2">100</td><td rowspan="2">210</td><td rowspan="4">도어체크로서 방화문짝인 경우는"퓨즈" 달린 "암"을 사용한다</td></tr>
<tr><td>900 이하</td><td>2.1 내외</td><td>30~40</td><td>72</td><td>173</td></tr>
<tr><td>950 이하</td><td>2.4 내외</td><td>50~60</td><td>73</td><td>173</td><td rowspan="2">120</td><td rowspan="2">220</td></tr>
<tr><td>1,000 이하</td><td>2.4 내외</td><td>70~90</td><td>74</td><td>174</td></tr>
</table>

■ 피벗 힌지(pivot hinge)

창문을 상하에서 지도리(pivot)을 달아 회전되도록 하는 돌저귀의 일종으로 주로 철제 등의 중량문을 다는데 사용하며 상하부 윗 판에는 구멍을 뚫고 상하부 밑판에는 촉(장부)을 설치하여 촉이 구멍에 들어 끼워 돌게 된다.

자물쇠(LOCK)

자물쇠는 창문 등을 닫아 잠그는 창호철물로 자물통과 열쇠, 보울트 등의 3부분으로 구성되며, 자물쇠의 종류에는 함자물쇠, 실린더 자물쇠, 헛자물쇠, 본자물쇠 등이 있다.

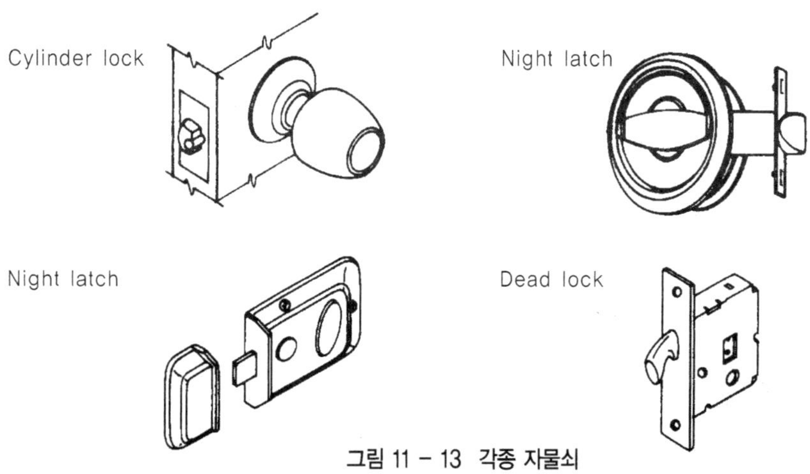

그림 11 - 13 각종 자물쇠

표 11-22 자물쇠의 종류

구 분	특 징
함 자물쇠 (bit key lock)	자물쇠를 작은 상자에 장치하여 출입문 등의 울거미 표면에 붙여 대는 자물쇠로 빗장 자물쇠 또는 면붙이 자물쇠라고도 하며, 레버 텀블러 자물쇠, 핀텀블러 자물쇠, 콤비네이션 자물쇠로 구분한다.
핀 텀블러 자물쇠 (pin tumbler lock)	자물쇠 장치를 원통형의 실린더 속에 장치한 것으로 함자물쇠의 일종이며, 실린더 자물쇠(cylinder lock)라고도 한다. 가장 일반적으로 사용된다.
헛 자물쇠 (thumb latch)	문을 닫으면 잠가지는 걸쇠정도의 자물쇠로서 열쇠를 쓰지 않고 문을 걸어 잠글 수 있다. 버튼장치를 하여 외부에서 열지 못하게 만든 것도 있다.
본 자물쇠 (dead latch)	데드 보울트(dead bolt ; 자물대)만이 있고 열쇠로 잠그고 열쇠로 열게 만든 자물쇠로서 주로 실의 외부에서 열쇠를 사용할 수 있으나 실내에서 손으로 돌려서 열게 된 것도 있다.
나이트래치 (night latch)	실내에서는 열쇠 없이 열고 실외에서는 열쇠가 있어야만 열 수 있는 자물쇠로 함자물쇠와 거의 같은 장치이다.
통 자물쇠 (path lock)	통으로 된 자물쇠로 붕어 자물쇠와 맹꽁이 자물쇠가 있다. 열쇠를 사용하여 한쪽에서만 잠글 수 있으며 도난의 우려가 있는 곳에서는 사용하지 않는다.

걸쇠(Latch) 및 꽂이쇠(Lock bolt)

1) 걸쇠(Latch)

문이나 창이 열리지 않도록 돌리거나 꽂아서 거는 창호철물로 열쇠를 사용하지 않고 손으로 조작한다.

표 11-23 걸쇠의 종류

구 분	특 징 및 용 도
넓적 걸쇠(hasp)	넓적하게 만든 걸쇠의 일종으로 넓적한 판에 구멍을 뚫어 돌리면 걸리게 되는 것으로서 맹꽁이 자물쇠를 걸 때 사용한다.
도래걸쇠(swing latch)	넓적 걸쇠의 걸이쇠가 돌게 된 것으로 통자물쇠를 채우는데 사용한다.
갈고리 걸쇠(hooked latch)	철선을 사용하여 갈고리 모양으로 만들어 걸게 된 것이다.
크레센트(crecent)	초생달 모양으로 미서기 창문을 걸어 잠글 때 사용한다.

2) 꽂이쇠(Lock bolt)

표 11-24 꽂이쇠의 종류

구 분	특 징 및 용 도
문빗장(locking bar)	쇳대를 한 문짝에서 다른 문짝에 꿰어 찔러 잠그게 하는 것으로 쇳대가 빗장이 된다.
꽂이 자물쇠	꽂이쇠를 찌르고 그 밑에서 열쇠로 잠그게 된 것으로 문빗장 꽂이쇠, 고두꽂이쇠, 오르내리 꽂이쇠, 민두 꽂이쇠 등이 있다.
도어 볼트(door bolt)	놋쇠대 등으로 미닫이창호나 미서기 창호의 안쪽에서 간단히 꽂아 잠글 수 있게 된 것이다. 손으로 잡을 수 있도록 끝 부분에 고두리가 달려있다.
오르내리 꽂이쇠(slide bolt, barrel bolt)	꽂이쇠를 아래위로 오르내리게 하여 문을 잠그는 철물로 주로 쌍여닫이문에 사용한다.
민 고두꽂이쇠(flush bolt)	손잡이가 평평하게 된 꽂이쇠로 문의 옆면과 동일하게 되는 형식으로 여닫이 문의 옆에 대어 닫으면 보이지 않게 된다.
양 꽂이쇠(cremon bolt)	상하에 꽂이쇠가 있어 손잡이를 돌려 걸리게 하는 철물로 문의 상하가 동시에 걸리게 된다.

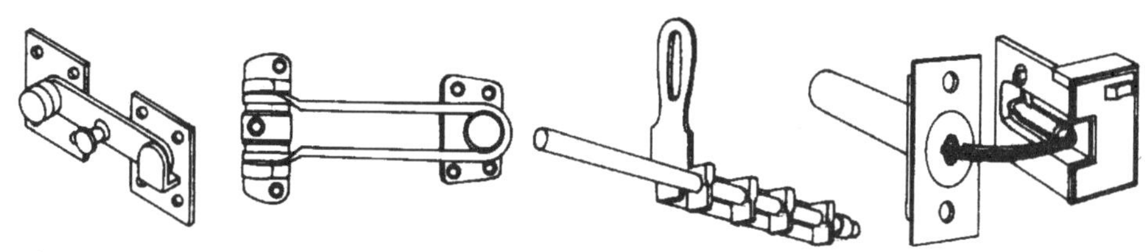

그림 11 - 14 걸쇠 및 꽂이쇠

창호 개폐조정기(開閉調整器)

열려진 창호가 닫아지지 않게 하거나 저절로 닫아지게 하는 철물로 다음과 같은 종류가 있다.

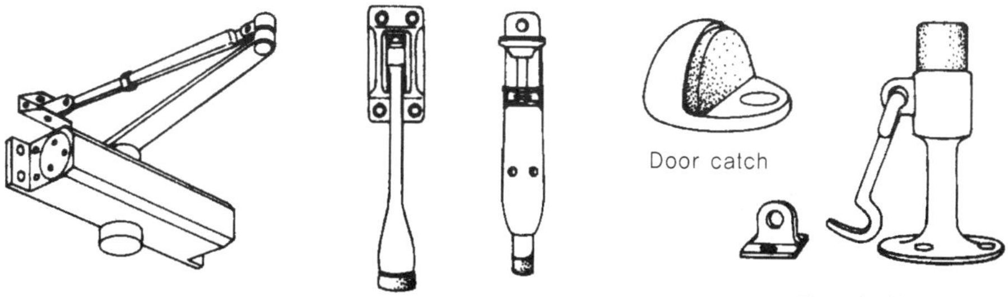

그림 11 - 15 각종 개폐조정기

[Chapter 11]

창호(窓戶; Fittings)

표 11-25 개폐조정기의 종류

구 분	특 징 및 용 도
도어 클로저(door closer, door check)	여닫이문의 윗 막이대와 문틀 상부에 설치하여 문을 열면 저절로 닫히는 장치가 되어 있는 철물로 피스톤 장치가 있어 개폐속도를 조절할 수 있으며 유압식과 스프링식이 있다.
도어 캐치(door catch, door stop)	문을 열어 제자리에 머물러 있게 하거나 벽 하부에 대어 문짝이 벽에 부딪히지 않게 하는 철물로 여닫이문에 사용하며 도움형 도어케치와 바닥 붙이식 도어캐치가 있다.
도어 홀더(door holder)	열려진 문을 버티어 고정시키거나 갈고리로 걸어 제자리에 머물게 하는 철물로 여닫이문에 사용하며, 벽붙이식과 바닥붙이식 갈고리 도어홀더가 있다.
문 버팀쇠(door stay)	도어스톱을 겸한 것으로 문의 하부에 달아 임의로 버틸 수 있게 하는 철물로 마찰식과 도어 붙이식이 있다.
창 개폐 조정기 (sash adjuster)	여닫이창의 창 짝 하부와 밑 틀에 달아 창 짝이 바람에 여닫히는 것을 방지하기 위하여 창을 열어 고정시키는 철물이다.

손잡이(Handle) 및 손걸이(Sash lift)

창호를 개폐할 때 손이나 손가락으로 잡을 수 있도록 창호에 장치한 철물로 알 손잡이, 돌림 손잡이, 오목 손걸이 등이 있다.

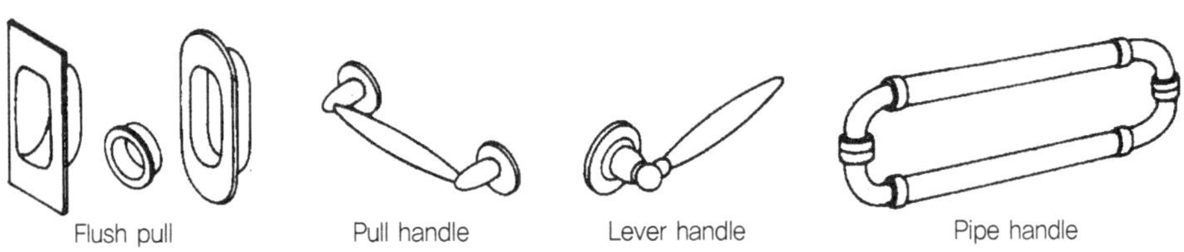

그림 11 - 16 각종 손잡이 및 손걸이

표 11-26 손잡이 및 손걸이

구 분	특 징 및 용 도
알 손잡이(door knob)	잡는 부분이 넓적한 알 모양으로 둥글게 된 것으로 실린더 자물쇠의 손잡이로 주로 사용한다.
레버 핸들(lever handle)	손으로 레버를 돌려 개폐할 수 있도록 하는 손잡이로 병원 및 유아교육시설의 출입문 손잡이로 주로 사용한다.
파이프 핸들(pipe handle)	파이프를 길게 댄 손잡이로 주로 강화유리문에 사용한다.
오목 손걸이(flush pull)	미서기, 미닫이에 주로 사용하며 손가락을 걸어 개폐할 수 있도록 하는 철물이다. 점검구 및 벽 매입형 방화도어 등에도 사용한다.

미서기, 미닫이용 및 기타 창호용 철물

표 11-27 미닫이, 미서기 및 기타 창호철물

구 분	특 징 및 용 도
문 바퀴(floor roller, slider)	미서기, 미닫이 등의 창문 밑막이에 대어 문이 레일 위를 미끄러지게 하는 철물로 호차라고도 한다. 볼 베어링(ball bearing)이 들어 있는 주철제 바퀴가 일반적으로 사용된다.
레일(rail)	호차가 쉽게 미끄러질 수 있도록 창호의 밑틀에 고정시키는 철물로 재료(강철제, 황동제, 철심 PVC제) 및 모양(원호꼴, 네모꼴, 둥근꼴, 네모꼴 T형 등), 치수(7mm, 8mm, 9mm, 11mm)에 따라 분류한다.
도어 행거(door hanger)	접문 등의 이동을 위해 문의 상부에서 달아매는 철물로 매달기용 문바퀴라고도 하며, 문짝의 크기에 따라 2개나 4개의 바퀴가 있는 것을 사용한다.

11 - 8 유리(琉璃 ; Glass)

유리는 광선을 투과시키는 불연재료로서 목제 창호 및 금속제 창호 등에 끼워대어 채광이나 조망(眺望)을 주목적으로 사용하는 재료이다.

품질이 균일한 제품의 대량생산이 가능하고 내구성이 우수한 반영구적인 재료이나 충격강도가 약한 취성재료로 파손되기 쉽고 열에 약한 것이 결점이다. 따라서 취급 및 시공시 유리의 파손 및 취급자의 안전에 특히 주의해야 한다.

실내건축 및 건축공사에는 대부분이 소다석회유리로 만든 투명 판유리가 주로 사용되며 실내건축용 판유리는 일반적인 용도로 사용하는 보통판유리, 마판(磨板)유리, 형판유리, 망입(網入)유리와 특수한 장소 및 용도로 사용하는 자외선투과유리, 자외선흡수유리, 적외선차단유리 등으로 구분하며 유리의 성능을 사용목적에 맞게 개선한 유리가공품인 안전유리, 접합유리, 강화유리, 복층유리, 투명착색유리, 불투명착색유리 등이 있다.

유리제품

1) 보통 판유리(sheet glass)

보통 판유리는 두께 2~5mm정도의 유리로 맑은 판유리(투명유리 ; clear glass)와 서리

판유리로 구분한다. 맑은 판유리는 그 표면이 제조된 그대로의 평활한 면을 가진 유리이고, 서리판유리(반투명유리 ; obscured glass)는 유리표면에 금강사 또는 모래 등을 고압공기로 뿜거나 연마하는 등의 방법으로 표면의 광택을 없앤 유리로 외부로부터의 시선차단을 겸한 실내장식용으로 사용한다.

창호용 판유리의 두께는 2mm, 3mm, 5mm가 주로 쓰이며, 두께 3mm이하의 유리를 박판(薄板)유리 그 이상을 후판(厚板)유리라고 한다.

판유리는 유리 합계면적 9.29㎡(100ft^2)들이 상자단위로 판매되며 판유리의 크기는 600×900mm까지를 보통판(두께 2~3mm), 900×1,800mm까지를 대판(두께 3~5mm), 그 이상을 특대판(特大板)이라 호칭한다.

2) 판유리 가공품

■ 마판유리(磨板琉璃 ; polished plate glass)

후판유리의 한면 또는 양면을 연마가공 한 고급유리로 건축물의 유리창이나 거울의 원판으로 사용한다. 거울은 두께 5mm의 마판유리를 사용, 한 면을 은도금 한 후 보호막으로 동도금을 하여 만든다.

■ 결상유리(hipped glass)

젤라틴 수용액을 유리 면에 발라 40℃ 정도로 온도 처리하여 유리 면에 결상(結霜)형의 모양이 생기도록 한 유리로 실내장식용으로 사용한다.

■ 무늬유리, 형판유리(embossed glass, figured glass)

투명유리의 한 면에 주름, 다이아몬드, 구름 등의 무늬를 만든 것으로 실내장식용 및 투시방지용으로 사용한다.

■ 강화유리(强化琉璃 ; tempered glass)

판유리를 약 600℃ 정도로 가열한 후 냉각공기로 급냉시켜 유리 표면에 강화 압축응력을 만들고, 파괴강도를 증가시킨 유리로 내충격, 내압, 휨강도가 크고 깨지더라도 파편이 둥근 입상이 되므로 파편에 의한 부상의 우려가 적어 안전유리로 분류된다. 고층건물의 창유리, 진열 창유리, 현관 무테문, 자동차 및 항공기용 유리로 사용한다.

■ 색유리(coloured glass)

유리를 제조시 유리의 원료에 산화금속류의 착색제를 넣어 각종 색채를 띠게 한 유리로서 실내장식용으로 사용한다.

■ 망입유리(網入琉璃 ; wire glass)

유리액을 로울러로 제판하여 그 내부에 금속망(金屬網)을 삽입하고 압착성형한 유리로 깨져도 파편이 비산되지 않고 균열만 생겨 안전유리로 분류된다.

망은 철, 황동, 알루미늄 등을 사용하고 망의 형은 4각형, 능형(菱形), 6각형, 8각형 등이 있다. 유리의 파손방지, 도난 및 화재방지, 위험한 천장, 진동에 의해 파손되기 쉬운 곳에 사용한다.

■ 접합유리(接合琉璃 ; laminated safe glass)

2장 또는 그 이상의 유리 사이에 유연성 있는 강하고 투명한 poly vinyl butiral을 삽입하여 접착한 유리로 파손시 파편이 비산되지 않아 안전유리로 분류된다.

자동차용, 건물의 진열창용으로 사용한다. 접합유리는 구성하는 2매의 유리 종류에 따라서 플로트 접합유리, 무늬 접합유리, 망입 무늬 접합유리, 망입 마판 접합유리 등으로 구분한다.

■ 복층유리(複層琉璃, 이중유리 ; pair glass)

2장 또는 3장의 유리를 일정한 간격을 두고 둘레에는 틀을 끼워서 내부를 기밀하게 하고 건조공기를 넣은 유리로 방서, 방음, 결로방지를 필요로 하는 창호용 유리로 사용한다. 단열 복층유리와 태양열 차폐 복층유리로 구분한다.

■ 에칭유리(etching glass)

유리가 불화수소에 부식되는 성질을 이용하여 후판유리의 면에 그림이나 무늬, 글자 등을 화학적으로 조각한 유리로 실내장식용으로 사용한다.

■ 샌드블라스트유리(sand blast glass)

유리 면에 오려낸 모양판을 붙이고 모래를 고압증기로 뿜어 오려낸 부분을 마모시켜 유리면에 그림이나 무늬, 글자 등의 모양을 만든 것으로 장식용 창이나 스크린에 사용한다.

■ 매직유리(magic glass)

판유리의 표면에 은 등의 반사성 금속피막을 입힌 유리로 밝은 쪽에서는 광선을 반사하여 거울로 보이고 어두운쪽에서는 밝은쪽을 투시할 수 있다. 반사유리라고도 한다.

3) 특수유리

■ 스테인드유리(stained glass)

여러 가지 색을 넣은 장식용 특수유리로 각종 색유리의 작은 조각 을 도안에 맞게 절단해서 H자형 단면의 납제(鉛製)틀에 끼워 모양을 낸 것으로 장식용 창이나 천창에 사용한다.

■ 프리즘유리(Prism glass)

[Chapter 11]

창호(窓戶; Fittings)

판유리의 한쪽 면이 톱날모양으로 된 것으로, 입사광선이 굴절 분산되어 실내조도를 증대시키고 균일하게 한다. 천창이나 지하실창의 채광용으로 사용하며, 데크유리(deck glass), 톱라이트 유리(top light glass), 포도(鋪道)유리라고도 한다.

■ 유리블록(glass block)

속이 빈 두 쪽의 상자모양의 유리에 건조된 저압공기를 넣고 녹여 붙인 것으로 열전도율이 벽돌의 1/4정도로 작고 보통유리창보다 균일한 확산광을 얻을 수 있다. 실내의 냉난방 효과를 겸한 채광 및 장식용으로 사용한다.

■ 유리벽돌(glass block)

벽돌모양의 유리성형품으로 채광용이 아닌 내외벽의 장식용으로 사용한다.

■ 유리타일(glass tile)

색유리를 작은 조각으로 잘라 타일형상으로 만든 것으로 색채가 다양하고 비흡수성이다. 절단 및 가공이 자유로우며 장식용으로 사용한다.

■ 기포유리(氣泡琉璃 ; foam glass)

유리를 분말로 만들어 카본(carbon)발포제를 섞어 가열 발포시킨 후 서냉시켜 고체로 만든 것으로 단열성, 흡음성이 우수하여 단열재, 보온재, 방음재로 사용한다.

유리 끼우기

1) 절단(切斷) 및 취급(取扱)

유리는 취성재료이므로 절단하거나 취급할 때는 주의를 요해야 한다. 강화유리 및 복층유리와 같이 현장에서 절단할 수 없는 유리는 도면 및 시방서에 따라 정확하게 공장제작하여 현장으로 반입한다.

판유리의 절단은 끼워 댈 창문틀의 유리 홈 안까지의 치수보다 위 및 한쪽 측면을 1.5~2mm내외로 작게 절단하며, 두꺼운 유리는 유리 칼로 금을 긋고 뒷면에서 고무망치로 두드려 절단한다. 접합유리는 양면을 유리 칼로 자르고 중간에 끼워진 필름은 컷팅칼로 절단하며, 망입유리는 유리 면을 유리칼로 자르고 꺾기를 반복하여 절단한다.

반사유리와 색유리를 취급할 때에는 깨끗한 장갑을 착용하고, 기름류 등이 묻은 장갑의 착용을 금한다. 코팅된 유리를 절단할 때에는 코팅 면을 위로하여 절단하고 반사유리와 로이유리를 취급할 때에는 항상 마스크를 착용한다.

2) 유리 끼우기 재료

■ 유리 퍼티

유지에 안료로서 광물질 충진제를 가한 것으로 반죽하여 사용한다. 근래에는 거의 사용되지 않는 재료이다.

■ 세팅 블록(Setting block)

새시 하단부에 끼워 유리의 하단부가 하부 프레임에 닿지 않게 하고, 유리의 자중을 지지하는 고임재로서 네오프렌, EPDM 등으로 만든다.

길이는 유리면적 900㎠당 2.5mm이상으로 하고, 폭은 유리 두께보다 3mm정도 넓게, 새시 폭보다는 1.6~3mm정도 적게 한다. 세팅 블록은 유리 폭의 1/4지점에 각각 1개씩 설치한다.

■ 실런트(Sealant)

시공시에는 고점성 페이스트(高粘性 Paste)이지만 시일의 경과에 따라 고무모양의 탄성체가 되는 것으로 시공 후 경화시간이 짧으며 내후, 내수, 내약품성 및 시공성이 우수한 재료이다.

주제와 경화제의 분리여부에 따라 1액형과 2액형이 있으며, 초산타입 및 비초산 타입으로 구분한다. 실리콘이라는 상품명으로 판매되며 금속창호의 유리끼우기에 주로 사용한다.

■ 가스켓(Gasket)

가스켓은 유리와 새시의 접합부 또는 새시틀을 사용하지 않는 부착공법 등에 이용되며, 재질에 따라 네오프렌(Neoprene)고무, 실리콘(Silicon)고무, SBR부털고무 등으로 분류되고 내후성 및 탄력성이 우수한 네오프렌 고무가 가장 많이 사용된다. 형상에 따라 H형, Y형, U형으로 분류된다.

■ 스페이서(Spacer)

유리끼우기 홈의 측면과 유리면 사이에 여유를 주면서 유리의 위치를 고정하는 블록이다.

3) 유리 끼우기 공법

유리 끼우기는 도면 및 시방서에 따라 시공하는 것을 원칙으로 하며, 유리의 운반이나 시공시 유리가 파손되지 않도록 주의를 요하며, 특히 안전에 유의해야 한다.

■ 목제 유리창문

목제창호에 유리 끼우기를 할 때에는 유리 홈 4방 퍼티대기를 원칙으로 하며, 세로 퍼티대기를 할 때에는 양옆의 세로 퍼티를 떼고 위는 유리홈을 깊이 파고 밑은 얕게 파서 유

[Chapter 11]

창호(窓戶; Fittings)

리를 올려 끼우고 내려 맞추기로 한다.

■ 금속제 유리창문

공장에서 제작, 조립한 창문의 경우 유리까지 끼워서 현장에 납품하므로 합격품만을 설치하도록 하고, 자중이 큰 유리는 상황에 맞게 세팅블록, 스페이서, 사이드 블록 등을 설치한 다음 유리를 끼우고 실런트로 마무리한다. 경우에 따라서 프레임과 동일한 재료의 금속제 퍼티를 대고 나사못으로 고정한 다음 실런트로 마무리하기도 한다.

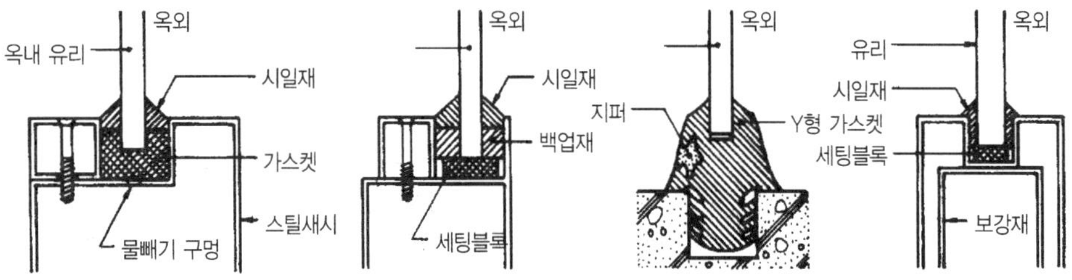

그림 11 - 17 유리 끼우기

Chapter 12

경량철골구조 (輕量鐵骨構造)

12-1 경량철골 구조의 개요(槪要)

12-2 재료(材料)

12-3 건식벽 구조(乾式壁 構造)

12-4 경량천장틀 구조

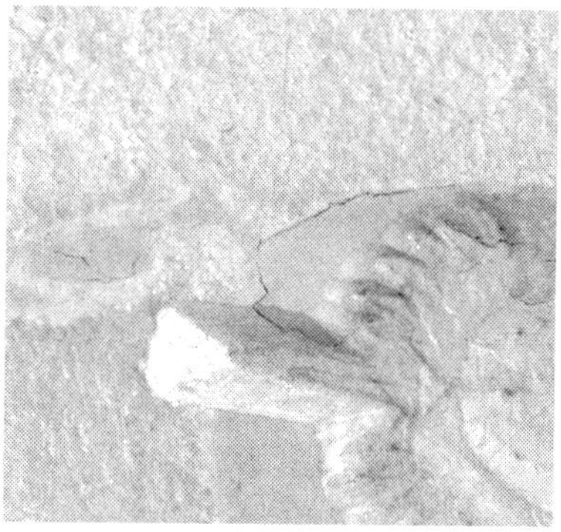

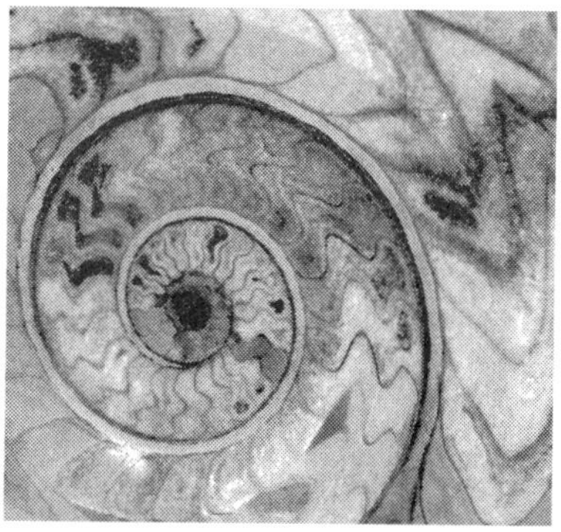

[Chapter 12]

경량철골구조(輕量鐵骨構造)

12 - 1 경량철골구조의 개요(槪要)

경량철골이란 단면에 비하여 살두께를 얇게 하여 철재량에 비해 강도를 크게 한 조립식 부재로 경쾌한 구조공법과 신속한 시공, 연소방지에 효과적이므로 실용적인 실내건축에 많이 이용된다.

경량철골구조란 이러한 특징이 있는 경량철골을 뼈대로 사용하여 벽 및 천장을 구성한 것으로 목재를 뼈대로 사용하는 경우보다 공기가 짧으며 일정수준의 방화성 및 차음성을 기대할 수 있다.

경량철골구조는 사용부위에 따라 경량천장구조 및 건식벽 구조로 대별할 수 있으며 여기에 사용하는 경량철골을 한국산업규격에서는 건축용 강제 받침재라 칭한다.

12 - 2 재료(材料)

강제 받침재에 사용하는 재료는 표 12-1 또는 이와 동등이상의 품질의 것으로 하며, 벽 받침재의 주 구성품인 스터드, 러너, 보강채널과 스페이서, 클립, 기타 부속 쇠붙이와의 결합은 헐거움 및 덜거덕거림이 없어야 한다.

또한 천장 받침재의 주 구성품인 싱글바, 더블바, 캐링채널과 행거 볼트, 너트, 행거, 클립, 기타 부속 쇠붙이와의 결합도 헐거움 및 덜거덕거림이 없어야 하고, 벽 받침재 및 천장 강제 받침재의 주 구성품은 사용상 지장이 있는 비틀림 및 변형이 없어야 한다.

부속 쇠붙이는 주 구성품과 동등 이상의 방청처리를 한 것을 사용해야 하고 주 구성품의 접합부는 마무리재의 부착에 지장이 없어야 한다.

표 12-1 강제 받침재의 규격

부 재 명		규 격
벽 받침재	스터드, 러너, 보강채널, 스페이서	KS D3506(용융 아연도금강판)
천 장 받침재	싱글바, 더블바, 캐링채널, 행어, 클립, 바조인트	KS D3506(용융 아연도금강판)
	행거 볼트, 너트	KS D3554(연강선재)

12 - 3 건식벽 구조(乾式壁 構造)

건식벽은 강제 벽받침재와 집섬(석고)보드(gypsum board)로 이루어지며, 벽 받침재의 규격 및 종류는 다음의 것으로 한다.

1) 벽 받침재의 규격 및 종류

표 12-2 벽 받침재의 규격

부재 형상 \ 종류		50 형	65 형	75 형	90 형	100 형
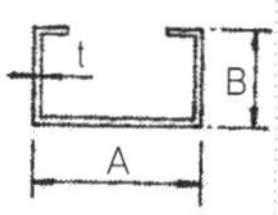 스터드	기 호	WS-50	WS-65	WS-75	WS-90	WS-100
	A×B×t(mm)	50×45×0.8	65×45×0.8	75×45×0.8	90×45×0.8	100×45×0.8
	L(m)	2.4, 2.7	2.7, 3.0, 3.5, 4.0	3.0, 3.5, 4.0	4.0, 4.5	4.5, 5.0
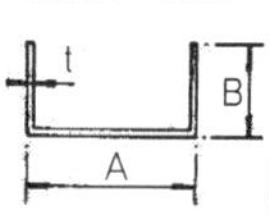 러너	기 호	WR-50	WR-65	WR-75	WR-90	WR-100
	A×B×t(mm)	52×40×0.8	67×40×0.8	77×40×0.8	92×40×0.8	102×40×0.8
	L(m)	4				
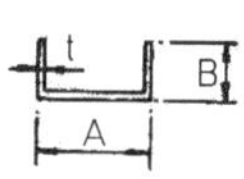 보강채널	기 호	WB-19	WB-25			
	A×B×t(mm)	19×10×1.2	25×10×1.2			
	L(m)	4.0, 5.0				

※WS : 스터드, WR : 러너, WB : 보강채널

표 12-3 벽 받침재의 종류

종 류		기 호	비 고
스 터 드 러 너 보강채널 스페이서	50형	W-50	WS-50, WR-50, WB-19 및 스페이서를 조합한 것으로 스터드의 길이가 2.7m이하인 것.
	65형	W-65	WS-65, WR-65, WB-25 및 스페이서를 조합한 것으로 스터드의 길이가 4m 이하인 것.
	75형	W-75	WS-75, WR-75, WB-25 및 스페이서를 조합한 것으로 스터드의 길이가 4m 이하인 것.
	90형	W-90	WS-90, WR-90, WB-25 및 스페이서를 조합한 것으로 스터드의 길이가 4.5m이하인 것.

[Chapter 12]

경량철골구조(輕量鐵骨構造)

2) 건식벽 구조

건식벽구조는 규격화된 벽 강제 받침재 부재를 조립하여 비내력벽을 구성하는 것으로 목적에 따라 방음 및 단열벽의 시공을 자유롭게 할 수 있으며, 단순히 공간만을 구획하는 경량 칸막이와는 그 내용이 다르다.

■ 러너(Runner)

천장과 바닥에 설치하는 부재로 스터드를 지지한다. 러너는 힐티-넷(Hilt-nat)으로 고정하는 것을 원칙으로 하며 그 간격은 900mm이하로 한다.

■ 스터드(Stud)

천장과 바닥에 설치된 러너에 끼워대어 세로띠장의 역할을 하는 부재로 그 간격은 300mm를 표준으로 하며 스터드는 실제보다 5mm 정도 작게 절단하여 러너에 끼워 세운다. 스터드의 날개방향은 동일한 방향으로 배치하고 높이가 4m를 넘는 부분에 65형 스터드로 시공할 경우에는 50×30×2.3t의 스틸 각 파이프를 사용하여 1,200mm간격으로 보강한다. 또한 스터드의 보강을 위한 스페이서를 600mm간격으로 끼워 댄다.

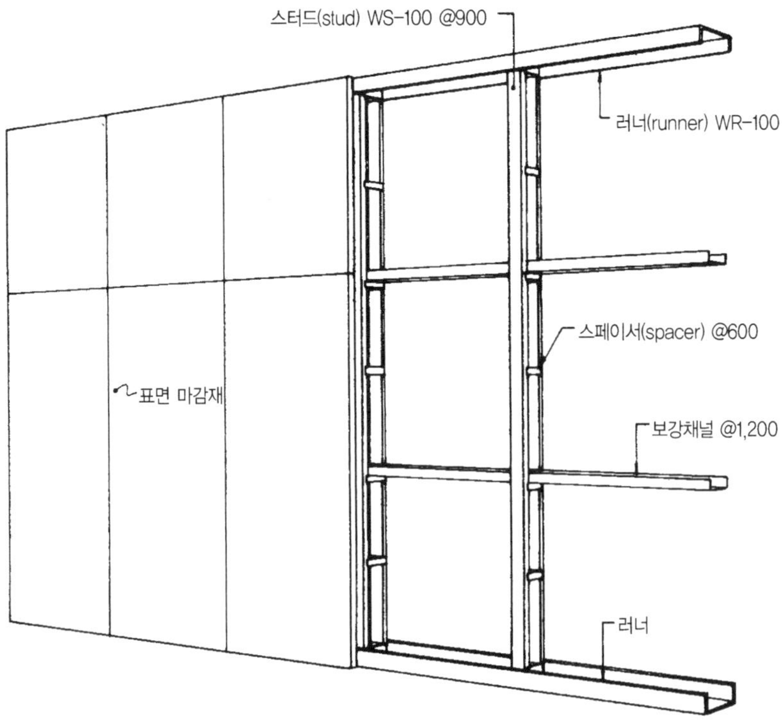

그림 12 - 1 벽 강제 받침재의 구조

■ 표면마감재

바탕보드의 이음부분은 스터드의 중심에 오도록 하고 반대 벽면의 이음새와는 엇갈리게 배치한다. 나사못의 간격은 750mm를 표준으로 하고 스터드의 버팀대에 정확하게 밀어 넣는다. 치장보드는 높이에 맞추어 칼로 정확하게 절단한 후 스터드에 수직이 되게 붙인다. 나사못의 간격은 225mm이하로 하고 나사못의 머리는 보드의 표면보다 약간 들어가게 시공한다.

12 - 4 경량천장틀 구조

1) 천장 강제(鋼製) 받침재료

경량철골 천장에 사용하며 주재료는 천장 강제 받침재와 집섬보드(gypsum board)및 텍스로 이루어지며 천장 받침재의 종류 및 규격은 다음 표와 같다.

표 12-4 천장 받침재의 종류

종 류		기호	비 고
M-bar	19형	C-19	CS-19, CW-19, CC-19를 부속 쇠붙이로 조합시킨 것으로 천장부착물의 적재하중 30kgf에 bar가 견딜 수 있는 것
	25형	C-25	CS-25, CW-25, CC-25를 부속 쇠붙이로 조합시킨 것으로 천장부착물의 적재하중 50kgf에 bar가 견딜 수 있는 것
T-bar	38형	T-38	• Light Duty System : Main T-bar의 최소하중이 직접 매달았을 경우 7.4(kg/m)이상(일반적인 천장에 사용) • Intermediate Duty System : Main T-bar의 최소하중이 직접 매달았을 경우 17.9(kg/m)이상(약간의 하중이 작용하는 천장에 사용) • Heavy Duty System : Main T-bar의 최소하중이 직접 매달았을 경우 23.8(kg/m)이상(천장시설물의 하중이 큰 경우에 사용)
	25형	T-25	

CS : Single Bar, CW : Double Bar , CC : Carring Channel

표 12-5 천장 받침재의 규격

부재 명칭 \ 종 류		19 형	25 형
M-bar (Single Bar)	기 호	CS-19	CS-25
	A×B×t(mm)	25×19×0.5mm	25×25×0.5mm
	L (m)	4.0, 5.0	
M-bar (Double Bar)	기 호	CW-19	CW-25
	A×B×t(mm)	50×19×0.5mm	50×25×0.5mm
	L (m)	4.0, 5.0	
Carring Channel	기 호	CC-19	CC-25
	A×B×t(mm)	38×12×1.2mm	38×12×1.2mm
	L(m)	4.0, 5.0	

경량철골구조(輕量鐵骨構造)

표 12-6 천장 받침재의 부속쇠의 규격

부속쇠 \ 종류	19 형	25 형
Hanger bolt(행거 볼트)	나사산 지름 9mm이상	
Nut(너트)	너트 높이 7.7mm이상	
Hanger(행거)	판 두께 2.0mm이상	
Clip(클립)	판 두께 0.6mm이상	판 두께 0.8mm 이상
Bar joint(바 조인트)	판 두께 0.5mm이상	
Carring channel joint	판 두께 1.0mm이상	

2) 경량천장틀 구조

경량천장틀구조는 규격화된 천장강제 받침부재를 조립하여 천장(반자)을 구성하는 것으로 그 구성 형식은 목재를 사용하여 천장을 구성하는 경우와 거의 동일하며 천장틀 설치는 표 12-7을 기준으로 한다.

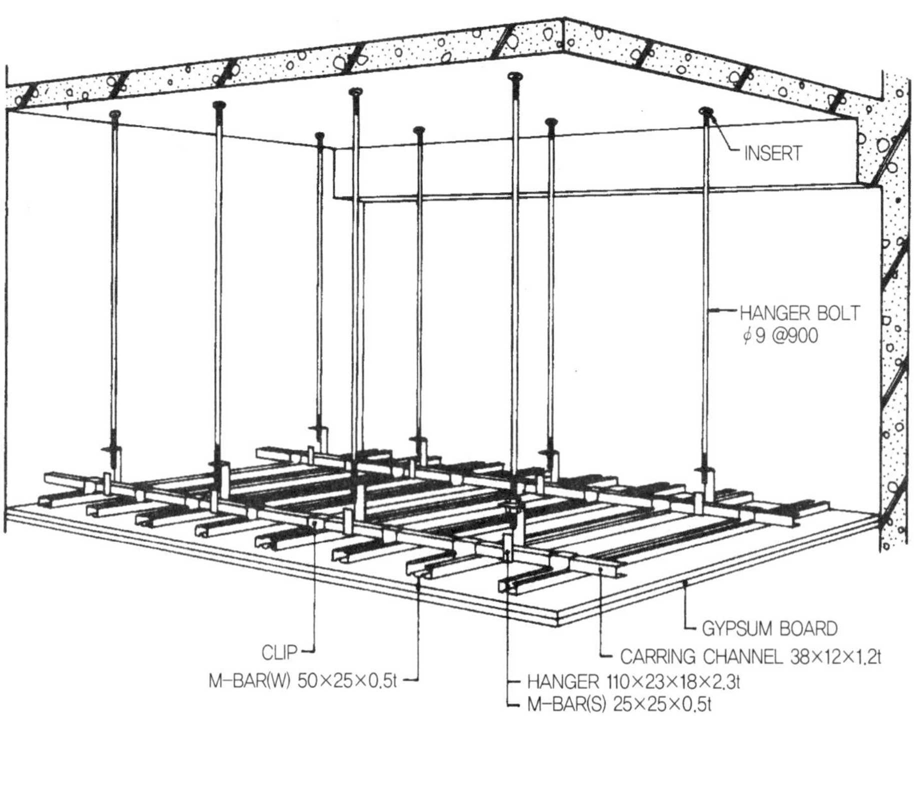

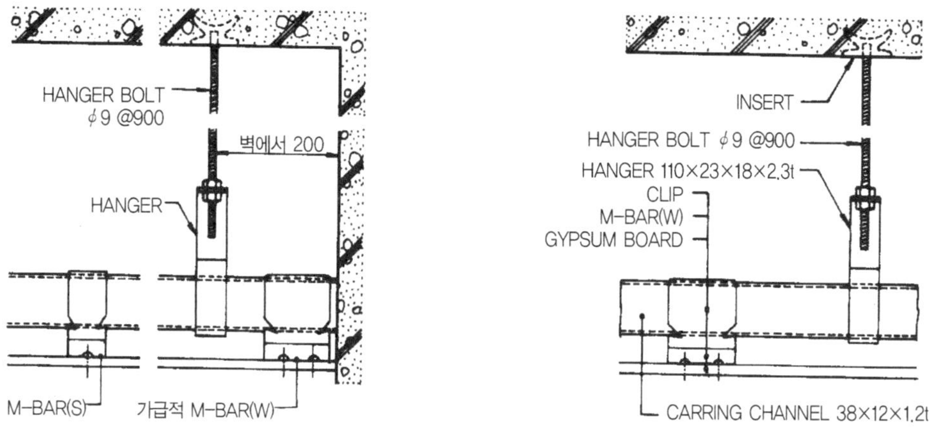

그림 12 - 2 경량 천장틀의 구조

표 12-7 경량천장틀 설치

구 분	재 료	규 격	설 치 기 준
천장바탕 재료	Insert	ϕ9mm, 6mm	벽 끝에서 200mm 떨어져 1,000mm간격
	Hanger bolt	9×1,000mm	벽 끝에서 200mm 떨어져 1,000mm간격
	Carring channel	61×500mm	벽 끝에서 200mm 떨어져 1,000mm간격
	Minor channel		벽 끝에서 500mm 떨어져 2,500mm간격
	Hanger pin		벽 끝에서 200mm 떨어져 1,000mm간격
	Channel clip		Carring channel과 Minor channel 고정
	Carring joint		Carring channel의 이음(제품 4m 기준)
기본형 재료 (M-bar형 천장틀)	M-bar	Double, Single	bar 300mm간격
	bar clip	Double, Single	Carring channel과 M-bar 고정
	bar joint		M-bar의 이음(제품 4m 기준)
	Screw	기타 부속재	천장판 고정용
기본형재료 (H-bar형 천장틀)	H-bar		bar 300mm간격
	Bar clip		Carring channel과 H-bar 고정
	Splicer		H-bar 이음(제품 4m 기준)
	Spline		천장판 사이 삽입고정
	Wall spring		벽부 천장판 고정용

[Chapter 12]

경량철골구조(輕量鐵骨構造)

■ 인서트(Insert)

인서트는 행거 볼트를 달아매기 위하여 슬래브에 미리 매입하는 부속쇠로 거푸집 조립 시에 설치한다. 설치간격은 벽 끝에서 200mm이내, 900mm정도의 간격으로 하고, 격자형으로 배치한다.

■ 행거 볼트(Hanger bolt)

행거 볼트는 특별한 지정이 없을 때에는 지름 9mm, 길이는 900mm이내의 것을 사용하며, 인서트의 배치 간격이 900mm를 초과하거나 길이가 1,000mm를 초과하는 행거 볼트를 사용해야 하는 경우에는 행거 볼트 상호간을 밑잡이로 연결하고 용접하여 고정한다.

■ 캐링 채널(Carring channel) 및 마이너 채널(Minor channel)

캐링채널의 설치 간격은 벽 끝에서 200mm이내, 900mm정도로 하고, 그 방향은 단변방향으로 한다. 경량천장틀에 일정하중 이상의 등기구나 기타 설비가 설치될 때에는 마이너 채널로 보강해야 한다. 마이너 채널은 캐링 채널에 직각방향으로 배치하며 그 간격

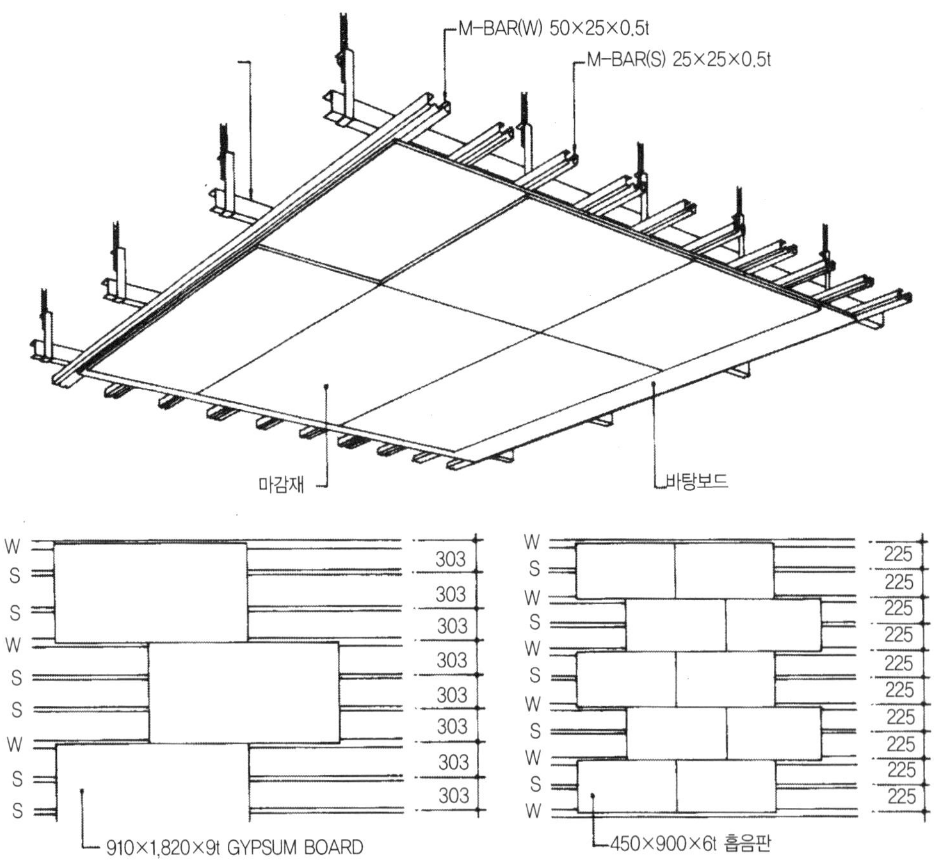

그림 12 - 3 경량 천장틀부재의 배치간격

은 벽 끝에서 500mm이내, 3,000mm정도의 간격으로 하고, 캐링 채널과 마이너 채널은 Channel clip을 사용하여 고정한다.

■ 반자틀 설치

M-bar가 주로 사용되며, 장변방향으로 설치한다. 그 간격은 표면마감재의 크기에 따라 다르나 일반적으로 300mm를 기준으로 한다.

M-bar는 Single-bar와 Double bar로 구분되며 표면 마감재의 종류에 따라서 Single-bar만을 사용하거나 Single-bar와 Double bar를 교차 배치하여 사용한다.

■ 표면 마감재 부착

바탕보드의 이음부분은 M-bar의 중심에 오도록 설치하고 보드 길이방향의 이음은 엇갈리게 부착한다. 치장보드는 바탕보드와 엇갈리게 부착하며, 나사못의 머리는 보드의 표면보다 약간 들어가게 시공한다.

Chapter 13

미 장
(美匠; Plastering)

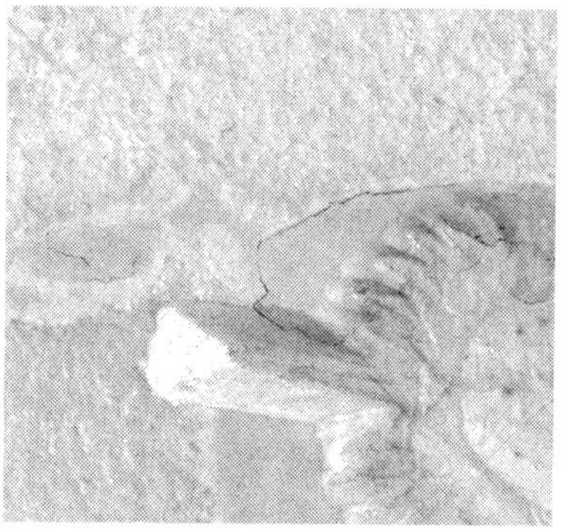

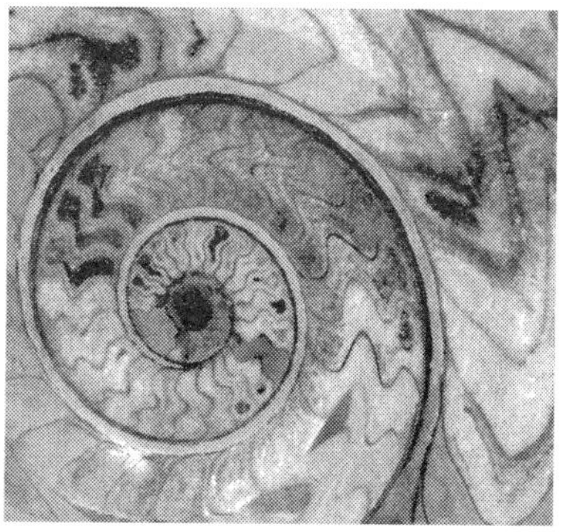

[Chapter 13]

미 장(美裝; Plastering)

13 - 1 미장마무리의 개요(槪要)

건축물의 내벽 및 외벽, 바닥, 천장 등의 미화, 보호, 방습, 방음 등을 목적으로 적당한 두께로 발라 마무리하는 것을 미장 또는 미장마무리라 하며 이때 사용하는 재료의 총칭을 미장재료라고 한다. 미장은 건축물의 최종 표면마무리 또는 도배 및 도장공사 등의 바탕이 되므로 미장마무리의 양부(良否)는 바로 실내건축물의 양부에 영향을 미치며 또한 마무리부분이 모두 노출되므로 양질의 재료를 사용하여 시공해야 한다. 특히 실내건축에서는 미장공사가 최종 마무리공사가 되는 경우가 많으므로 주의해야 한다.

미장재료는 고결재(固結材)와 결합재(結合材), 혼화제(混和劑) 등으로 구성되며 고결재는 공기중의 탄산가스의 작용으로 경화(硬化)하는 기경성(氣硬性)과 가수(加水)에 의해 경화하는 수경성(水硬性)으로 분류할 수 있다.

1) 고결재(固結材)

재료자신이 화학적 또는 물리적으로 경화하여 미장바름의 주체가 되는 재료를 의미한다.

표 13-1 고결재의 분류

구 분		종 류
기경성 미장재료	진 흙 질	진흙(土壁), 새벽흙
	석 회 질	회반죽, 회사벽, 돌로마이트 플라스터(dolomite plaster)
수경성 미장재료	석 고 질	석고 플라스터, 무수석고 플라스터
	시멘트 계	시멘트 모르타르, 인조석(테라조) 바름
기타 미장재료	리신바름, 라프코트, 섬유벽 등	

2) 결합재(結合材)

결합제는 고결재의 결점인 균열방지와, 점성 및 부착력의 증대 등의 목적으로 사용하며, 여물, 수염, 해초풀 등이 있다.

여물(hair)은 진흙질, 회반죽 등 수축성이 있거나 인장에 약한 미장재료의 보강재 또는 균열방지의 목적으로 사용하며 종류에는 짚여물, 삼여물, 종이여물, 털여물, 털종려여물 등이 있고, 품질에 따라 초벌용, 재벌용, 정벌용으로 구분하여 사용한다.

수염은 목조의 졸대 바탕에 사용되며 바름벽의 벗겨짐, 균열 등을 방지하는 역할을 한다.

충분히 건조된 삼실, 종려털, 마닐라 삼 등을 사용한다.

해초풀은 부착력 증대, 균열 및 바탕재의 흡수를 방지하며 건조 후의 강도를 높일 목적으로 사용하는 것으로 과거에는 듬북(角又), 풀가사리 등의 해초풀을 사용하였으나 근래에는 합성수지계의 메틸 셀룰로오스, 폴리비닐 알코올 등의 합성풀을 사용하는 경우가 많다.

3) 혼화제(混和劑)

작업성의 증대, 방수성, 방동성의 저항성을 높이고 착색 또는 응결시간의 조절이나 강도의 증진을 위해서 사용하는 것이다.

방수제, 방동제, 착색제, 응결조정제 등이 있다.

표 13-2 혼화재의 종류 및 용도

구 분	종 류	용 도
방수제(防水劑)	소석회, 점토, 석분 물유리, 지방산염, 명반	공극의 충진
방동제(防凍劑)	염화석회, 식염, AE제	동해방지(凍害防止)
착색제(着色劑)	무기질의 금속산화물	착색
응결촉진제(凝結促進制)	염화석회, 물유리, 염화칼슘, 규산소다	응결시간촉진
응결지연제(凝結遲延制)	전분, 붕사, 해초풀	응결시간 지연

13 - 2 바름 바탕

미장 바름의 바탕은 미장재료의 하중을 지지하는데 필요한 강도와 강성이 있어야 하며, 어느 정도의 진동에도 부착강도를 유지할 수 있는 재질 및 형상을 갖추어야 한다.

또한 화학적으로도 안정한 재질로서 화학반응이나 녹물에 의한 바름 면의 변색 및 흡수 등에 의한 바름 층의 약화가 생기지 않아야 한다.

1) 콘크리트 및 조적조 바탕

콘크리트 및 조적조 벽체의 면이 변형되거나 파손이 심한 경우에는 두께 25mm이하의 모르타르 바름으로 바탕 면을 조정한다.

또한 콘크리트 바탕의 면이 너무 미끈한 것은 미장 바름시 부착력이 저하되므로 와이어 브러시나 정으로 면을 거칠게 하고, 새로 쌓은 벽돌벽이나 블록벽은 쌓기모르타르 부분의 채워지지 않은 곳을 사춤쳐 밀실하게 한 후 경화된 다음에 시공한다.

[Chapter 13]

미 장(美裝; Plastering)

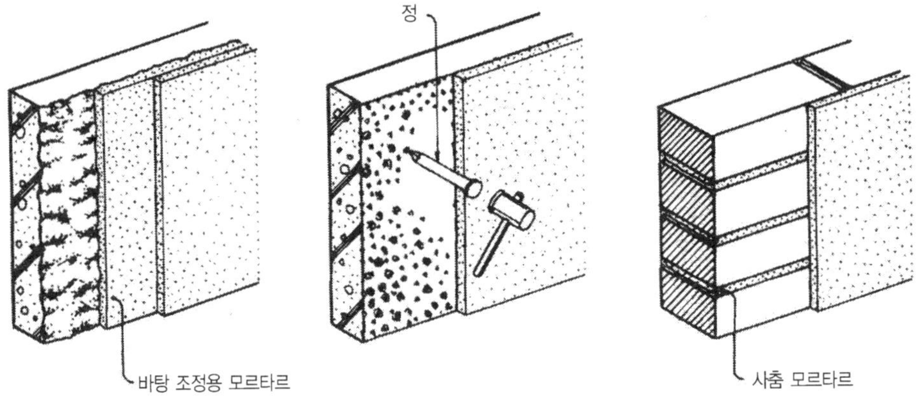

그림 13 - 1 콘크리트 및 조적조 바탕처리

2) 메탈 라스(Metal lath) 바탕

메탈 라스는 KS 규격에 합격한 것으로 1호 2종의 평(平)메탈 라스로 하며, 메탈 라스의 힘살은 강선 지름 2.6mm이상으로 하고 방수지(防水紙)는 아스팔트 펠트 또는 아스팔트 루핑을 사용한다. 메탈 라스를 고정시키기 위한 갈고리 못은 지름 1.6mm(#16), 길이 25mm내외의 철선으로 하며, 외부에 사용하는 강제철망, 스테이플 등의 철물은 아연도금이나 기타 부식을 방지하는 유효한 표면처리가 된 것을 사용한다.

방수지의 이음은 가로 · 세로 90cm이상 겹치게 하고, 약 30cm간격으로 갈고리 못 치기를 한다. 방수지는 주름이 지지 않도록 평탄하게 부착하여야 하며, 찢어지거나 손상된 부위가 있을 때에는 물이 스며들지 않도록 겹쳐 댄다.

벽에 부착하는 메탈 라스는 가로, 세로 30cm정도의 간격으로 갈고리 못 치기를 하고, 천장의 경우에는 15cm내외로 갈고리 못 치기를 하며, 라스의 이음은 45cm이상 겹치도록 한다.

리브 라스(Rib lath)를 부착할 때는 리브를 바탕쪽으로 하여 붙이고 지름 1.2mm이상의 철선으로 얽어매거나 갈고리 못으로 리브를 따라 30cm정도의 간격으로 고정한다. 리브 라스의 접합부는 세로 45mm이상 겹치고, 가로는 리브와 리브를 겹친다.

3) 와이어 라스(Wire lath) 바탕

와이어 라스는 KS 규격에 합격한 것으로 마름모형 라스로 하며, 와이어 라스의 힘살은 강선 지름 2.6mm이상으로 하고 방수지(防水紙)는 아스팔트 펠트 또는 아스팔트 루핑을 사용한다.

또한 갈고리 못은 지름 1.6mm(#16), 길이 25mm내외 의 철선으로 하며, 외부에 사용하는 강제철망, 스테이플 등의 철물은 아연도금이나 기타 부식을 방지하는 유효한 표면처리가 된 것을 사용한다.

라스는 세로로 부착하는 것을 원칙으로 하며, 가로이음은 가로눈 꿰매기로, 세로이음은 철망 1코 겹치기로 하고 힘살을 넣는다. 라스를 고정할 때는 가로, 세로 30cm정도의 간격으로 갈고리 못 치기를 한다.

힘살을 사용하는 경우, 세로는 기둥 및 샛기둥에 닿게 하고 가로는 45cm내외로 꿰매어 누벼 넣거나 덧대고, 교차하는 부분 및 그 중간에 1개씩, 힘살에 둘러 쌓인 라스 부분의 중앙에 갈고리 못 치기를 한다. 천장의 경우에는 미리 메탈라스를 고정한 후 그 위에 와이어라스를 부착한다.

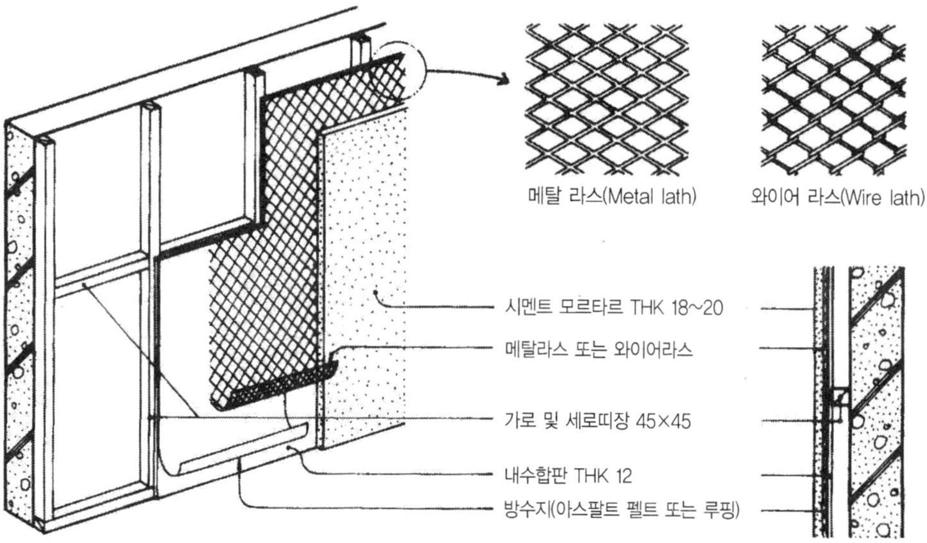

그림 13 - 2 메탈 라스 또는 와이어 라스 바탕

4) 석고 보드(Gypsum board) 바탕

석고 보드와 석고 라스 보드는 KS에 합격한 것으로 두께는 9mm이상의 것을 사용하며, 보드용 평머리못, 기타 부착용 철물은 아연도금 또는 기타 부식을 방지하는 유효한 표면처리가 된 것을 사용한다.

벽체 목조틀의 띠장은 가로, 세로 45cm내외의 간격으로, 천장의 반자틀은 가로, 세로 30cm내외의 간격으로 설치하고 못치기 및 보드의 이음은 띠장면 및 반자틀 면내에서 한다. 보드를 고정할 때는 15cm정도의 간격으로 못치기를 한다.

[Chapter 13]

미 장(美裝; Plastering)

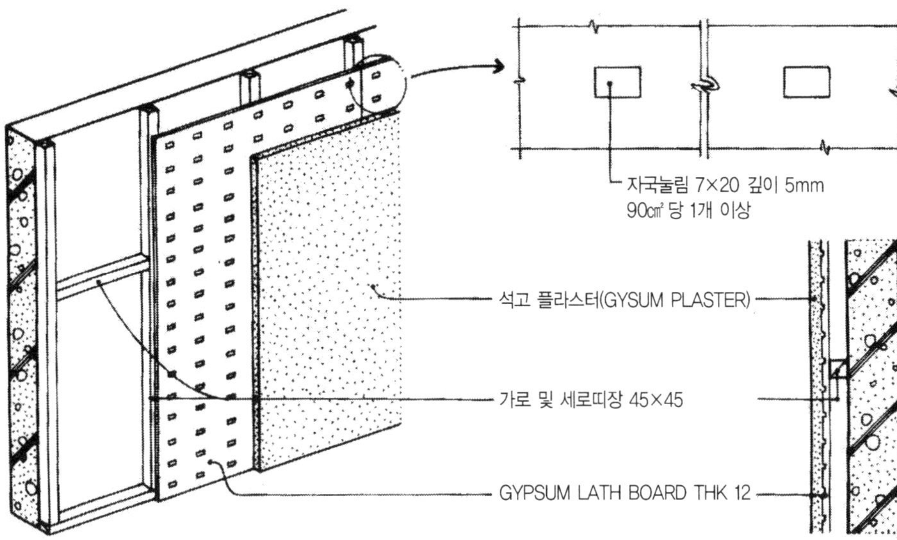

그림 13 - 3 석고 라스 보드 바탕

13 - 3 시멘트 모르타르(cement mortar) 바름

시멘트를 고결재(固結材)로 하고 모래를 골재로 하여 물을 가한 후 반죽하여 사용하는 미장재료로 내구성 및 강도가 크고 작업성이 좋아 가장 일반적으로 사용된다.

표 13-3 모르타르의 종류

구 분	특 징 및 용 도
일반 시멘트 모르타르	① 보통 시멘트 모르타르 : 실내외에 가장 일반적으로 사용하는 모르타르로 시멘트와 모래로 구성된다. ② 백색 시멘트 모르타르 : 치장 줄눈용으로 주로 사용하며 백색 포틀랜드 시멘트, 색소, 돌가루, 모래로 구성된다.
방수 모르타르	① 액체방수 모르타르 : 방수용으로 사용하는 모르타르로 시멘트에 염화칼슘 또는 물유리를 혼합하여 만든다. ② 발수제 모르타르 : 간이방수용 모르타르로 시멘트에 지방산비누나 아스팔트를 혼합하여 만든다.
바라이트 모르타르 (barite mortar)	중원소(重元素)인 바리움(barium)을 원료로 하는 분말재로 모래와 시멘트를 혼합하여 만들며 방사선 차단재료로 사용한다.
아스팔트 모르타르 (asphalt mortar)	아스팔트에 모래, 돌가루, 시멘트 등을 혼입 가열하여 만든 것으로 바닥방수용으로 사용한다. 아스팔트 매스틱(asphalt mastic)이라고도 한다.

구 분	특 징 및 용 도
질석 모르타르 (vermiculite mortar)	운모질 원석을 1,000℃ 정도로 소성하여 유공질로 만들어 비중이 낮아진 경량골재를 질석이라 하며, 이에 시멘트를 가하여 만든 모르타르로 단열이나 보온을 요하는 곳에 사용한다.
석면 모르타르 (asbestos mortar)	시멘트에 석면을 섞은 모르타르로 열차단을 요하는 배관부위에 사용한다.

재료(材料)

시멘트(cement)는 KS규격에 적합한 포틀랜드 시멘트와 백색 포틀랜드 시멘트를 사용하며 모래는 유해량의 철분, 염분, 머지 및 기타 유기분순물 등을 포함하지 않는 것으로 강모래 사용을 원칙으로 한다.

해사를 물로 세척하여 사용할 경우의 염화물 함유량은 0.1%이하로 한다. 퍼얼라이트는 KS F3701, 질석은 KS F3702에 합격한 것으로 하고 물은 깨끗하고 유해한 양의 기름, 염분, 철분 및 유기물 등을 포함하지 않아야 한다.

표 13-4 모래의 표준 입도(粒度)

체의 크기(mm) / 용 도	입도(粒度)별 체의 통과비율					
	0.15	0.3	0.6	1.2	2.5	5
바닥용 및 초벌, 재벌용	2~10	10~35	25~65	50~90	80~100	100
벽 정벌 바름용	2~10	15~45	35~80	70~100	100	-
정벌 바름용, 엷게 바름용	5~15	20~60	45~90	100	-	-

모르타르 배합 및 바름 두께

■ 배합(配合)

모르타르의 배합은 용적배합이며 가수 후 1시간 이상 경과된 것은 사용하지 않는다.

미 장(美裝; Plastering)

표 13-5 모르타르의 용접 배합비

바 탕	바름 부분	초 벌	라스 먹임	고름질	재벌 바름	정벌 바름
		시멘트 : 모래	시멘트 : 모래	시멘트 : 모래	시멘트 : 모래	시멘트:모래:소석회
콘크리트, 시멘트블록 및 벽돌면 바탕	바닥	–	–	–	–	1 : 2
	내벽	1 : 3	1 : 3	1 : 3	1 : 3	1 : 3 : 0.3
	천장	1 : 3	1 : 3	1 : 3	1 : 3	1 : 3
	외벽	1 : 2	1 : 2	–	–	1 : 2 : 0.5
각종 라스 바탕	내벽	1 : 3	1 : 3	1 : 3	1 : 3	1 : 3 : 0.3
	천장	1 : 3	1 : 3	1 : 3	1 : 3	1 : 3 : 0.5
	외벽	1 : 2	1 : 2	1 : 3	1 : 3	1 : 3

■ 바름 두께

모르타르의 바름 두께는 표. 13 – 6을 표준으로 하고, 천장은 15mm이하, 기타 부위는 15mm이상으로 한다.

표 13-6 모르타르 바름 두께

바 탕	바름 부분	바 름 두 께(mm)					
		초벌 바름	라스 먹임	고름질	재벌 바름	정벌 바름	합 계
콘크리트, 시멘트블록 및 벽돌면 바탕	바 닥	–	–	–	–	24	24
	내 벽	7	7	–	7	4	18
	천 장	6	6	–	6	3	15
	외 벽	9	9	–	9	6	24
각종 라스 바탕	내 벽	라스 두께보다 2mm 내외로 두껍게 바른다.		7	7	4	18
	천 장			6	6	3	15
	외 벽			0~9	0~9	6	24

시공(施工)

■ 바탕 처리

바름 바탕은 깨끗이 청소하고, 바탕 면이 부실한 곳은 모르타르로 보수한다. 또한 덧붙임 손질을 요하는 곳은 모르타르로 요철면을 조정하고 지나치게 매끈한 부분은 정이나 와이어 브러시를 사용하여 거칠게 처리하거나 혼화재를 섞은 시멘트풀을 발라 초벌바름의 부착이 잘 될 수 있도록 조치한다. 바르기는 천장, 벽, 바닥의 순서로 한다.

■ 초벌 바름 및 라스 먹임

콘크리트, 시멘트블록 및 벽돌벽 바탕의 건조면은 미리 물축이기를 한 다음 눈에 뜨일만 한 빈틈이 없도록 흙손으로 충분히 눌러 바른다.

초벌 바름 및 라스 먹임은 2주일 이상 방치하여 바름면이나 라스 먹임면 등에 생기는 균열이나 흠을 충분히 발생시킨 후 덧 먹임 한다.

■ 고름질

미장 바름의 두께가 너무 두껍거나 얼룩이 심할 때 면을 평탄하게 하는 작업으로 초벌 바름과 같은 방치기간을 둔다.

■ 재벌 바름

바름 면의 구석, 모서리 등에 규준대를 대고 평탄하게 바른 후 잣대 고르기를 한다.

■ 정벌 바름

재벌 바름의 경화 정도를 보아 재벌 바름과 같은 방법으로 바르되, 흙손 자국이나 얼룩이 생기지 않도록 정확하고 평활하게 마무리한다. 바탕에 심한 요철이 없고 마무리 두께가 2cm이하인 때에는 재벌 바름 공정을 생략하고 초벌 바름 후 정벌 바름을 하는 경우가 있는데 이를 2회 바름 공법이라 하고, 또한 바탕이 평탄하고 마무리 두께가 1cm이하인 때에는 1회로 마무리하는데 이를 1회 바름 공법이라 한다.

이 경우 바탕 면에 시멘트 풀을 바르고 정벌 바름의 배합으로 밑 바름 한 후 수분이 빠지는 것을 보아 윗 바름하고 잣대 고르기를 한다.

모르타르면 마무리

■ 솔질마무리, 시멘트풀 칠(Brush finish, cement paste wash)

정벌 바름 직후, 솔에 물을 축여 벽면을 세로로 쓸어내려 흙손자국이 없어지도록 마무리하는 것이다.

가장 일반적인 마무리 방법이며 가능하면 솔에 물을 많이 묻히지 않아야 한다. 시멘트풀 칠은 시멘트 풀을 솔에 묻혀 2회 이상 방향을 바꾸어 마무리하는 것을 말한다.

■ 뿜칠(Spray coat)

백시멘트(시멘트)에 골재(모래 또는 경량골재), 방수제, 안료 등을 혼합하여 모르타르 건으로 뿜어 마무리하는 방법이다. 천장 면의 마감에 사용한다.

■ 긁어만든 거친 면 마무리

[Chapter 13]

미 장(美裝; Plastering)

재벌 바름까지는 보통 모르타르 바름과 같게 하고 그 위에 두께 6mm이상으로 정벌 바름한 후 경화 정도에 따라 흙손, 쇠빗, 솔 등의 기구로 일정한 방향으로 긁어내어 마무리하는 방법이다.

■ 색(色)모르타르 바름 마무리

백시멘트에 안료를 섞어 바름 마무리하는 것으로 재벌 바름까지는 보통 모르타르 바름과 같게 하고 그 위에 두께 5mm이상으로 색 모르타르로 정벌 바름 한다.

바닥 바름

바닥 바탕표면의 오염물, 침전물 등을 제거하고 깨끗이 청소한 다음, 바탕의 상태를 보아 건조한 바탕일 경우에는 충분히 물 축이기를 한 후 모르타르를 바른다.

바닥 바름은 시멘트 풀을 충분히 문질러 고른 다음 된비빔 모르타르를 바르고 표면에 물이 스며 나오는 정도를 보아 잣대로 고름질하면서 흙손으로 마무리한다. 이때 물을 사용하는 장소일 경우에는 물매에 주의해야 한다.

기타 시멘트계 바름

1) 시멘트계 바탕 바름재

시멘트 및 무기질계 잔골재를 주원료로 하여 공장에서 생산한 제품으로 KS F4716(시멘트계 바탕 바름재)에 합격한 것으로 한다.

건축물의 내외장 마무리 공사의 바탕고름에 사용하며 흙손, 주걱 등으로 두께 1~3mm 정도로 시공하는 재료를 말한다.

2) 엷은 마무리용 벽 바름재

시멘트, 합성수지 등의 결합제와 골재, 무기질계 분체 및 섬유재료를 주원료로 하여 공장에서 생산한 제품으로 KS F4715에 합격한 것으로 한다.

건축물의 내 · 외벽을 뿜칠, 롤러칠, 흙손질 등으로 시공하는 재료로, 원칙적으로 한 겹(두께 3mm이하)이고 표면을 요철모양으로 마무리하는 재료를 말한다.

바름재의 종류는 결합재의 종류 및 용도에 따라 다음과 같이 구분한다.

표 13-7 엷은 마무리용 벽바름재의 종류

구 분		내 용
결합재에 의한 구분	시멘트계	시멘트 또는 시멘트에 혼화용 폴리머디스퍼존을 혼합한 것
	합성수지에멀전계	결합재로서 합성수지 에멀전을 사용한 것
	규산질계	결합재로서 규산질계 또는 규산질에 합성수지에멀젼을 혼합한 것
	합성수지 용액계	결합재로서합성수지 용액을 사용한 것.
	수용성 수지계	수용성 수지 또는 수용성 수지에 합성수지에멀젼을 혼합한 것
용도에 의한 구분	외 장 용	주로 외벽의 마무리로 사용하는 재료
	내 장 용	주로 내벽 및 천장의 마무리에 사용하는 재료

13 - 4 인조석(人造石) 및 테라조 현장 바름

일반사항(一般事項)

인조석 바름이란, 보통 포틀랜드 시멘트 또는 백색 포틀랜드 시멘트에 대리석, 사문암, 화강암 등의 종석(種石)과 돌가루, 안료 등을 혼합하여 물로 반죽한 것을 마감 바름하고, 씻어내기, 갈기, 잔다듬 등으로 마무리한 것으로 종석의 종류 및 입도의 크기에 따라 인조석 및 테라조로 구분한다.

1) 인조석(人造石)바름(artificial stone finish)

보통 포틀랜드 시멘트 또는 백색 포틀랜드 시멘트에 종석과 안료, 석분(石粉) 등을 배합하여 반죽한 것 바르는 것으로 다른 미장재료로 마감한 면보다 수밀하고 내구성이 있으며 외관이 미려하고, 시공성(施工性)이 좋아 바닥, 벽, 계단 등에 널리 사용한다.

2) 테라조 현장 바름

인조석 바름과는 달리 보통 포틀랜드 시멘트는 사용하지 않고 백색 포틀랜드 시멘트만을 사용한다. 인조석 바름보다는 고급 바름으로 시공방법 및 용도는 인조석 바름과 같다.

[Chapter 13]

미 장(美裝; Plastering)

재료(材料) 및 바름 두께

1) 재료(材料)

시멘트, 모래, 물 등의 재료는 모르타르 바름 공사에 따르고, 안료는 순수한 광물성이나 합성안료로 내알칼리성이고 퇴색되지 않는 것을 사용한다. 종석은 대리석, 화강석 등의 쇄석으로 단단하고 미려한 것으로 한다.

2) 바름 두께

인조석 바름의 초벌 재벌 바름 두께는 시멘트 모르타르의 바름 두께와 같고, 인조석 정벌 바름과 테라조 현장 바름의 배합 및 바름 두께는 표 13-8을 표준으로 한다.

표 13-8 배합비 및 바름 두께

종 별		바름 층	시멘트	모래	시멘트	종석	바름 두께
인조석 바름		정벌 바름	-	-	1	1.5	7.5mm
바닥 테라조 바 름	접착공법	초벌 바름	1	3	-	-	20
		정벌 바름	-	-	1	3	15
	유리공법	초벌 바름	1	4	-	-	45
		정벌 바름	-	-	1	3	15

인조석(人造石) 바름

1) 바탕처리

바탕처리는 시멘트 모르타르 바름에 준하고, 잔다듬 마무리를 할 때에는 충격 및 진동에의 한 박리(剝離)를 방지하기 위하여 미리 바탕의 전면에 철망을 설치한다.

2) 인조석 바름

■ 벽 바름

재벌 바름까지는 시멘트 모르타르 바름에 준하고, 재벌 바름의 경화정도를 보아 시멘트 풀 또는 시멘트와 종석의 배합비 1 : 1.5인 모르타르를 3mm 정도의 두께로 바른다.

■ 바닥 바름

바탕에 시멘트 풀을 문질러 칠한 후, 배합비 1 : 3인 모르타르로 두께 15mm 정도로 초벌 바름을 하고, 정벌 바름을 한다.

줄눈대를 설치할 때에는 줄눈 나누기 후 줄눈대를 시멘트 풀이나 모르타르로 고정시키고 경화정도를 보아 초벌 바름 및 정벌 바름을 한다.

3) 인조석 바름 마무리

■ 인조석 씻기(rubbing)

정벌 바름 직후 솔에 물을 묻혀 2회 이상 솔질하여 씻어내고, 종석의 배열을 조정한 후 다시 흙손으로 누른 다음 맑은 물로 씻어 낸다. 씻어내기는 종석지름의 1/3정도로 한다.

■ 인조석 갈기

정벌 바름 후 경화정도를 보아 초벌 갈기를 하고, 인조석 바름과 같은 색의 시멘트 풀로 눈먹임 한 후 시멘트 풀이 경화되면 재벌 갈기를 한다. 재벌 갈기 후 탈락된 종석 부분에 다시 눈먹임 하고 경화정도를 보아 마감 갈기를 한다.

필요에 따라 광내기 마감을 할 때에는 마감숫돌을 사용하며, 왁스 등으로 광을 낸다. 갈기 두께는 종석지름의 1/2정도로 한다.

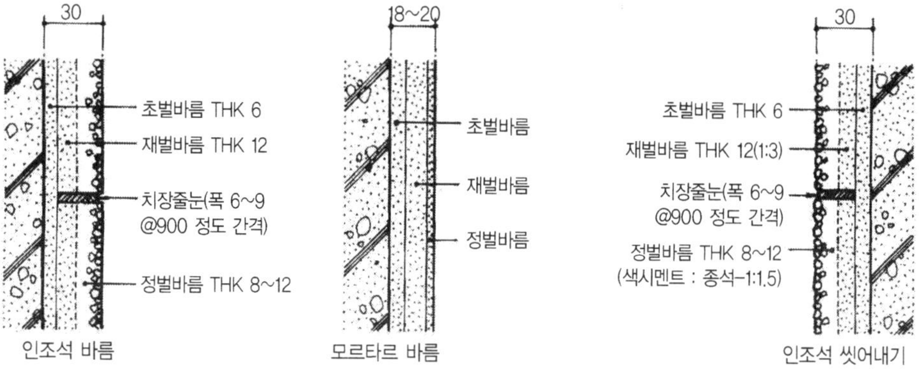

그림 13 - 4 미장바름

■ 인조석 잔다듬

캐스트 스톤(cast stone)이라고도 하며, 정벌바름이 충분히 경화된 다음 정, 도드락 망치, 날망치 등으로 석공사의 표면 마무리에 준하여 가공하는 것으로 마감은 일반적으로 잔다듬으로 한다.

[Chapter 13]

미 장(美裝; Plastering)

테라조(Terrazzo) 현장 바름

1) 바탕처리 및 재료 혼합

바탕처리는 시멘트 모르타르 바름에 준하고, 재료의 혼합은 된비빔으로 한다.

2) 줄눈대 설치

줄눈대는 앵커가 붙은 황동제를 사용하고 줄눈나누기에 따라 줄눈대를 배치한 다음 시멘트풀이나 모르타르로 앵커부분을 고정시킨다. 줄눈 나누기는 1.2㎡ 이내로 하며, 최대 줄눈의 간격은 2m이하, 일반적으로 90cm정도로 한다.

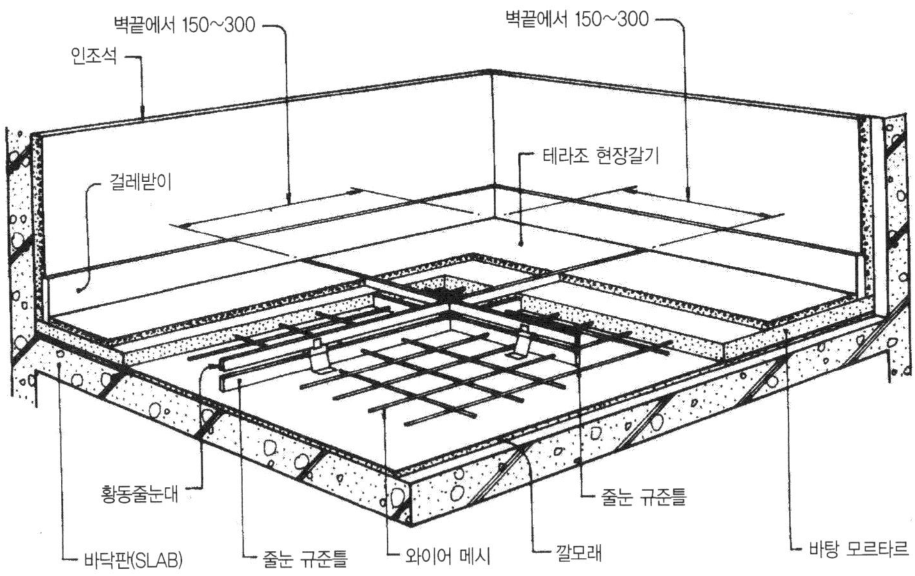

그림 13 - 5 테라조 현장바름

3) 테라조 바름

■ 초벌바름

① 접착공법(接着工法) : 바탕에 시멘트 풀을 문질러 바르고, 줄눈대를 규준으로 하여 나무흙손으로 초벌 바름을 한다. 바닥의 경우에는 되도록 된비빔의 것으로 하고 쇠흙손으로 눌러 바른 후 표면을 거칠게 처리하여 둔다.

② 유리공법(遊離工法) : 줄눈대를 고정시킨 다음 건조한 모래를 5mm정도로 평활하게 깔고, 그 위에 아스팔트 펠트, 또는 아스팔트 루핑을 깔아 바닥과 유리(遊離)시킨다.

그리고 두께 30mm정도로 초벌 바름을 한 후 용접철망 또는 철선지름 3.2mm이상의 철망을 그 위에 깔고 정벌마감 두께만큼을 남기고 모르타르로 눌러 바른 후 표면을 거칠게 처리하여 둔다.

■ 정벌바름

초벌 바름 후 표면의 물 걷히기를 보아 정벌바름을 한다. 바닥일때는 되도록 된비빔의 것을 롤러 또는 진동기를 사용하여 다지고, 쇠흙손으로 고른다.

정벌 바름시 줄눈대 옆부분은 재료가 잘 채워지지 않으므로 주의해야 한다.

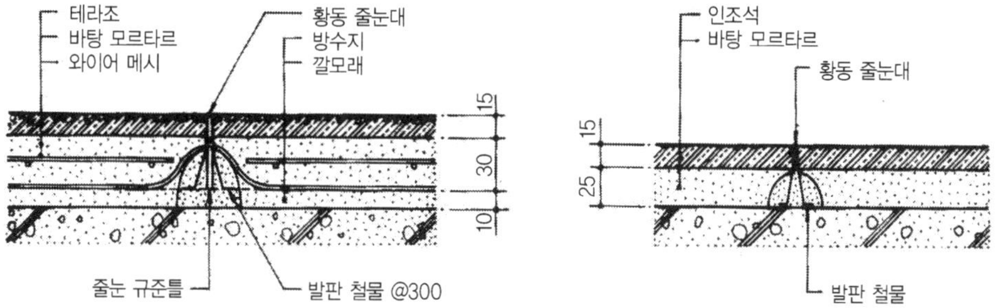

그림 13 - 6 테라조 및 인조석 현장바름

3) 테라조 갈기

정벌 바름 후 시공시기 및 배합에 따라 손갈기 일 때는 1일 이상, 기계갈기 일 때는 5~7일 이상 경과한 후 갈기를 한다. 갈기 공정은 인조석 갈기에 따른다.

13 - 5 기타 미장바름

흙 바름

진흙, 새벽흙, 모래, 짚여물 등을 물로 반죽한 것으로 주로 외바탕에 바름 하는 재래식 재료이다. 일반적으로 초벌 및 재벌 바름에 사용하며 정벌은 회반죽이나, 회사벽으로 마무리 하지만 근래에 들어 재래식 분위기를 내기 위해 정벌용으로 사용하는 경우도 있다.

진흙은 불순물이 혼입되지 않은 부드럽고 차진 것으로 15mm체를 통과하는 정도의 것을 사용하며 균열을 방지용 여물은 볏짚을 약 6cm 정도의 길이로 썰어 넣는다.

표 13-9 흙벽의 바름 두께

초벌바름(맞벽 두포함)	고 름 질	재 벌 바 름	정 벌 바 름	계
20~36mm	8~11mm	8~11mm	2.5 mm	45~55

[Chapter 13]

미 장(美裝; Plastering)

합성수지(合成樹脂) 에멀젼 플라스터 바름

합성수지 에멀젼에 탄산칼슘, 충진제, 골재, 안료 등을 주재료로 하여 공장 생산한 제품으로 경량콘크리트 패널 등의 내장공사에 사용된다. 쇠흙손 및 주걱을 사용하여 마감하며 마감두께는 3mm정도로 한다.

공정은 초벌, 재벌, 정벌 바름의 3회 바름을 원칙으로 하며, 초벌 바름의 소요량은 1.0~5.0kg/m²정도, 보양시간은 2~24시간 이상, 재벌 바름의 소요량은 1.0~1.2kg/m² 정도, 보양시간은 2시간 이상, 정벌바름의 소요량은 0.5~1.0kg/m²정도, 보양시간은 3시간 이상으로 한다.

에멀젼형 용제 및 고무 라텍스형 합성수지 바름

합성수지 에멀젼, 고무 라텍스 및 용제형 합성수지 또는 합성고무에 무기질 분말, 세사(細沙)및 안료를 혼입한 합성수지 페이스트 또는 합성수지 모르타르를 사용하여 흙손 바름, 로울러 바름, 뿜기 등의 방법으로 바닥 마무리를 한다.

바탕처리 후 프라이머는 솔 또는 뿜기로 얼룩 없이 바르며, 프라이머가 건조된 후 바탕바름재로 초벌 바름을 한다. 초벌 바름의 경화 정도를 보아 재벌바름을 하며, 정벌 바름을 뿜칠로 마감할 때에는 2회로 나누어 방향을 바꾸어 칠 한다.

에멀젼형 용제 및 고무 라텍스형 합성수지의 바닥 바름 공정 및 재료의 소요량 등은 표 13－10을 표준으로 한다.

표 13-10 에멀젼형 용제 및 고무 라텍스형 합성수지의 바닥 바름 공정

<table>
<tr><th rowspan="2">공 정</th><th rowspan="2">재 료</th><th colspan="2">골재를 혼입하지 않을 때</th><th colspan="2">골재를 혼입할 때</th><th rowspan="2">보양시간</th></tr>
<tr><th>소요량 (kg/m²)</th><th>바름 방법</th><th>소요량 (kg/m²)</th><th>바름 방법</th></tr>
<tr><td>바탕 누름</td><td>프라이머</td><td>0.2</td><td rowspan="5">솔질 또는 뿜기</td><td>0.2</td><td>솔질 또는 뿜기</td><td>1~6</td></tr>
<tr><td>초벌 바름</td><td>바탕 바름재</td><td>0.3~0.4</td><td>2.0~5.0</td><td>흙손 바름</td><td>3~12</td></tr>
<tr><td>재벌 바름</td><td>재벌 바름재</td><td>0.2~0.4</td><td>1.5~5.5</td><td rowspan="2">흙손 바름 또는 뿜기</td><td>3~12</td></tr>
<tr><td>정벌 바름</td><td>정벌 바름재</td><td>0.2~0.4</td><td>1.5~2.7</td><td>3~12</td></tr>
<tr><td>마감재 바름</td><td>왁스 또는 칠재료</td><td>0.2~0.4</td><td>0.2~0.4</td><td>솔질 또는 뿜기</td><td></td></tr>
</table>

Chapter 14

방 수

(防水; Water proofing)

14-1 개요(槪要)

14-2 시멘트 방수(防水)

14-3 도막(塗膜) 방수

14-4 시트(sheet) 방수(防水)

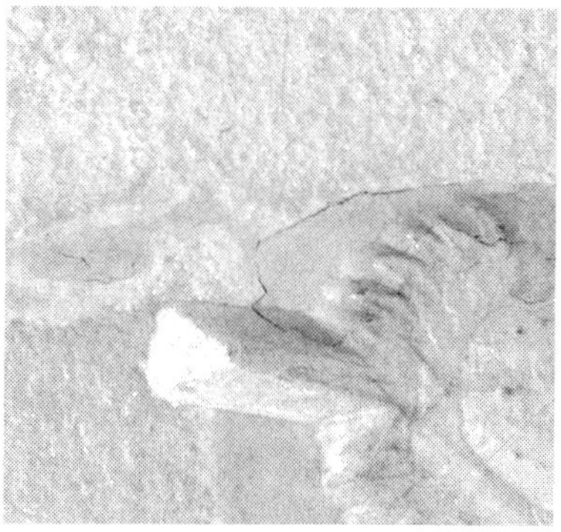

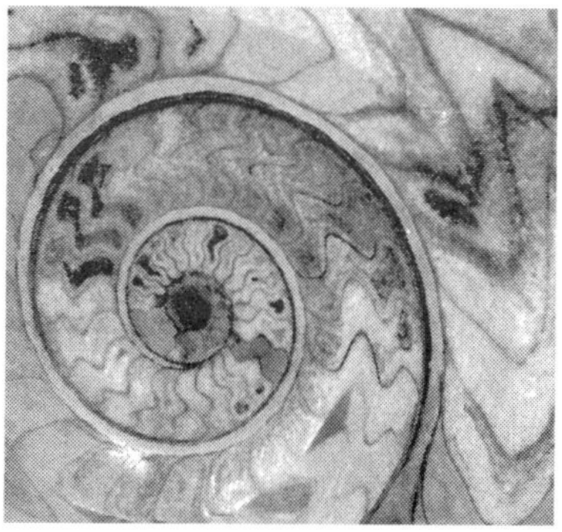

[Chapter 14]

방수(防水; Water proofing)

14 - 1 개 요(槪要)

실내건축에서의 방수는 화장실, 욕실, 세탁실 등 항상 물을 사용하거나 물에 접하는 실내공간이 그 대상이 되며, 우로(雨露)에 노출되는 건물의 외벽이나 옥상, 지하실 등의 방수를 하는 경우는 매우 드물다. 방수공법은 방수재료를 사용해서 건물의 지하실, 지붕 및 바닥에 방수층을 구성하는 방법과 모르타르에 방수용 혼합제를 혼입해서 방수성을 갖게 하는 방법, 바탕에 방수성의 재료를 도포해서 방수성을 갖게 하는 방법 등으로 분류할 수 있으며, 일반적으로 재료에 방수피막 층을 형성시키는 피막방수층 공법이 사용된다. 그 중에서도 대표적인 것이 아스팔트 방수법과 시멘트 액체방수공법이다.

본 장에서는 건축공사에서 사용하는 아스팔트 방수법은 간략하고 실내건축공사에서 주로 사용되는 시멘트 액체방수 및 합성수지계(고분자계) 방수법에 관하여 다루고자 한다.

방수법은 사용재료 및 구조, 시공개소별로 분류하며 그 내용은 다음과 같다.

표 14-1 방수법의 분류

구 분	종 류
재료에 의한 분류	① 아스팔트 방수 ② 시멘트 액체방수 ③ 합성수지 도막방수 및 시트방수 ④ 자체 수밀법 ⑤ 방수도료칠, 시일재 및 수밀재 붙임, 방수재 바름
구조에 의한 분류	① 두꺼운 방수층 : 아스팔트 방수층, 시멘트액체 방수층 ② 피막 방수층 : 아스팔트 모르타르, 방수 모르타르 ③ 수밀법 : 수밀 콘크리트 ④ 피막도포 또는 침투법 : 합성수지도료, 아스팔트용액, 파라핀 ⑤ 간접법 : 드라이 에어리어, 채양
시공 개소별 분류	① 밖 벽방수 ② 옥상방수 ③ 지하실방수 ④ 실내방수

14 - 2 시멘트 방수(防水)

일반사항(一般事項)

시멘트 방수제는 모르타르 또는 콘크리트에 혼입(混入)하면 물리적, 화학적으로 물체의 공극(空隙)을 메우고 이를 수밀하게 하여 방수작용을 하는 재료이다.

방수제는 액상(液狀), 분말상(粉末狀), 반죽상으로 구분하며 액체 방수제는 완전을 요하는 방수공사에, 분말방수제는 방수 모르타르에 주로 사용한다. 시멘트 방수제는 화학조성상 다음과 같이 분류할 수 있다.

■ 염화칼슘계

모르타르나 콘크리트의 수밀성(水密性)은 시멘트의 수화반응과 동반하여 향상되기 때문에 염화칼슘을 혼입하면 시멘트의 수화반응을 촉진하여 시멘트나 콘크리트의 방수효과를 높일 수 있다.

철물류의 녹발생을 촉진시키기 때문에 사용에 주의를 요하며, 경화촉진제이므로 건조수축에 의한 균열의 우려도 있다. 혼입률은 시멘트 대비 중량비로 1～2%정도이다.

■ 규산소다(물유리)계

규산소다는 물유리라고도 하며 규산과 산화나트륨의 혼합물이다. 물유리는 모르타르나 콘크리트 속의 공극을 메워 치밀한 조직을 만들어 방수의 성능을 갖게 한다.

규산소다의 혼입(混入)률은 시멘트 대비 중량비로 1～3%정도이다.

■ 지방산계

가장 일반적으로 사용하는 시멘트 방수제의 주재료로 모르타르나 콘크리트에 지방산을 혼입하면 발수성능이 있는 지방산칼슘이 된다. 혼입(混入)률은 시멘트 대비 중량비로 3%정도이다.

■ 파라핀 에멀젼계 및 아스팔트 에멀젼계

발수성이 우수한 파라핀 및 아스팔트를 모르타르나 콘크리트 속에 혼입하면 지방산계와 동일한 효과를 얻을 수 있다.

■ 수용성 폴리머계

모르타르나 콘크리트에 혼입하면 물시멘트비가 감소하고 워커빌리티, 블리딩에 대한 저항성 등이 개선된다.

일반적으로 미장마감 모르타르나 타일접착용 모르타르의 혼화제로 사용하는 경우가 많으며 혼입(混入)율은 시멘트대비 중량비로 0.05～3%정도이다.

재료(材料)

■ 시멘트(cement) 및 모래

시멘트는 KS 규격에 적합한 것으로 한다. 모래는 유해량의 철분, 염분, 먼지, 기타 유기분순물 등을 포함하지 않는 것으로 하며, 모래의 입도는 표. 14－2를 기준으로 한다.

[Chapter 14]

방수(防水; Water proofing)

표 14-2 모래의 표준 입도(粒度)

용도 \ 체의크기(mm)	입도(粒度)별 체의 통과비율					
	0.15	0.3	0.6	1.2	2.5	5
방수 페이스트용	5~15	20~60	45~90	100	-	-
방수 모르타르용	2~10	10~30	25~65	50~90	80~100	100

■ 물 및 방수제

물은 깨끗하고 유해한 양의 기름, 염분, 철분 및 유기물 등을 포함하지 않아야 한다. 액상 방수제를 원칙으로 사용하며, 소정 사용량, 사용방법 등이 명시되고, 방수성능 및 시험성적 등이 확인되었거나 신뢰할 수 있는 것으로 한다.

시멘트 액체방수(液體防水)

1) 바탕 처리

시멘트 방수층은 아스팔트 방수층에 비해 신축성이 거의 없어 모체의 균열 발생시 방수층도 균열이 되므로 바탕은 밀실하고 기밀하며 평활하게 처리해야 한다.

방수바탕은 깨끗이 청소하고, 바탕면에 박힌 철선, 못 등은 제거하며, 부실한 곳은 모르타르로 보수한다.

또한 덧붙임 손질을 요하는 곳은 모르타르로 요철면(凹凸面)을 조정하고, 지나치게 매끈한 부분은 정이나 와이어 브러시를 사용, 거칠게 처리하여 시멘트 풀의 부착이 잘 될 수 있도록 조치한다.

시멘트액체 방수법은 모체에 방수제를 침투시키거나, 방수제를 혼입한 모르타르를 일정한 두께로 발라 방수의 목적을 이루고자 하는 것이다.

2) 시공(施工)

시멘트 액체 방수공법은 다음 3공정의 반복으로 처리하며, 시멘트 방수제의 배합비는 표 13-3을, 방수층의 층수는 표 13-4를 기준으로 한다.

■ 시멘트 방수제의 배합비

표 14-3 방수제의 배합비(중량비)

종별		중량배합비				바름 두께(mm)	
		시멘트	모래	물	방수제	벽	바닥
1	방수용액침투	–	–	5~10	1	–	–
		2~2.5	–	4	1	–	–
2	방수시멘트 풀칠	3~3.5	–	2.5	1	–	–
3	방수모르타르 바름	2.5	5	4	1	6~9	10~15
		2.5	7.5	5	1	–	–

■ 공법

① 방수 원액을 5~10배 정도로 물에 타서 모체 또는 밑 바름 층에 도포하여 침투시킨다. 특히, 우묵한 곳, 굴곡부, 구석부, 모서리 등은 빈틈없이 도포하여야 한다.

② 도포한 방수용액의 경화시기를 보아 시멘트, 방수제, 물을 배합하여 반죽한 방수시멘트 페이스트를 균등히 도포한다.

③ 도포한 방수시멘트 페이스트의 경화정도를 보아 시멘트, 방수제, 모래, 물을 배합한 방수모르타르를 쇠흙손으로 눌러 바른다.

표 14-4 시멘트 방수층의 층수

층수 \ 종별	A 종	B 종	C 종	D 종
1 층	방수액 침투	방수액 침투	방수액 침투	방수액 침투
2 층	방수시멘트풀 솔칠	방수시멘트풀 솔칠	방수시멘트풀 솔칠	방수시멘트풀 솔칠
3 층	방수액 침투	방수액 침투	방수액 침투	방수액 침투
4 층	방수시멘트풀 솔칠	방수시멘트풀 솔칠	방수시멘트풀 솔칠	방수시멘트풀 솔칠
5 층	방수액 침투	방수액 침투	방수모르타르 바름	방수액 침투
6 층	방수시멘트풀 솔칠	방수시멘트풀 솔칠	방수액 침투	방수모르타르 바름
7 층	방수모르타르 바름	방수모르타르 바름	방수시멘트풀 솔칠	–
8 층	방수액 침투	방수액 침투	방수모르타르 바름	–
9 층	방수시멘트풀 솔칠	방수시멘트풀 솔칠	–	–
10 층	방수액 침투	방수모르타르 바름	–	–
11 층	방수시멘트풀 솔칠	–	–	–
12 층	방수모르타르 바름	–	–	–

[Chapter 14]

방수(防水; Water proofing)

방수 모르타르

일정량의 방수제를 혼합한 모르타르를 구체에 발라 방수목적을 이루고자 하는 공법으로 실내건축공사에서 일반적으로 사용되는 공법이다. 방수 모르타르는 보통 모르타르보다 접착력이 작으므로 바탕 면을 깨끗하게 하고 거칠게 하여 부착력을 높여야 한다.

바름은 한번에 두껍게 마무리하는 것이 일반적이나, 상당한 두께를 필요로 할 경우에는 6~9mm정도로 2~3회 나누어 바르고, 총 바름 두께는 12~25mm정도로 한다.

이때 바름 면은 매회 거칠게 해야 하며, 배합은 1 : 2~1 : 3의 모르타르에 방수제 제조회사의 지정 배합량을 혼입한다.

14 - 3 도막(塗膜) 방수

도료상(塗料狀)의 방수재를 모체의 바탕 면에 여러 번 칠하여 소요두께의 방수피막을 형성시켜 방수층을 만드는 것을 도막방수공법이라 하며, 도막방수재료는 유제형(樹脂乳劑形 ; emul- sion)과 용제형(溶劑形 ; solvent)이 있다.

수지유제형 도막방수(樹脂乳劑形 塗膜防水)

아크릴수지(acrylic resin), 아크릴 스티렌(acrylic styren)공중합, 초산비닐 합성고무 등의 수지유제(resin emulsion agent)를 바탕 모르타르나 콘크리트 면에 여러 번 발라 두께 0.5~1.0mm정도의 방수층을 형성하는 것으로 방수제만을 도포하거나 시멘트를 혼합하여 시멘트 페이스트로 만들어 바를 때도 있다.

도막의 보강 및 두께의 확보를 위하여 유리섬유 비닐론, 데빌론 등의 망상포(網狀布) 등을 병용하기도 한다.

바탕처리는 시멘트 액체방수에 준하고 모서리, 구석 등은 지름 5cm이상의 곡면으로 처리한다. 바탕면이 부실하거나 평활하지 않으면 도막두께의 균일성이 없어 작은 구멍이 생길 우려가 있으며, 건조경화에 시간이 걸리므로 우기(雨期)나 동기(冬期)시공은 피하는 것이 바람직하다.

용제형 도막방수(溶劑形 塗膜防水)

합성고무를 휘발성 용제(solvent)에 녹인 일종의 고무도료를 바탕 모르타르나 콘크리트

면에 여러번 발라 두께 0.5~0.8mm정도의 방수피막을 형성하는 것으로, 형성된 피막은 탄력 있는 고무 시이트상으로 되어 균열에도 우수한 방수피막이 된다.

바탕처리는 유제형 도막방수에 준하며, 방수제는 1회 도포한 후 1.5~2.0시간 정도 지나서 재도포하고, 수직부 치켜올림 부분 등은 흘러내려 얇아지기 쉬우므로 바름횟수를 증가하는 것이 좋다.

용제로 사용되는 재료는 가연성으로 인화성인 것이 많고, 인체에도 유해하므로 화기와 환기에 주의해야 한다. 또한 잔류용제의 증발로 도막이 부풀어오를 우려가 있으므로 매회 바름마다 용제가 완전히 증발되도록 해야 한다.

에폭시 도막방수(塗膜防水; epoxy)

에폭시 수지를 바탕 모르타르나 콘크리트 면에 2~3번 발라 두께 0.1~0.2mm의 도막 방수층을 형성하는 것으로 신장(伸張)이 작아 내균열성을 기대하기는 어렵다.

그러나 내약품성, 내마모성이 우수하여 화학공 장의 방수층 겸용 바닥 마무리재로 많이 사용한다. 에폭시 수지에 유연성을 주기 위하여 탈 에폭시, 치오콜 에폭시 등의 변성 에폭시를 배합하여 사용할 때도 있다.

우레탄 도막방수(塗膜防水; urethane)

용제형 도막방수제의 일종으로 우레탄수지를 바탕 모르타르나 콘크리트 면에 2~3번 발라 두께 3mm정도의 도막방수층을 만드는 방수법이다.

탄력성 및 방수성능은 우수하나 가격이 고가인 것이 단점이다.

표 14-5 도막방수 재료량(우레탄계 및 에멀전계 : 두께 3mm 기준)

구분 / 명칭	규 격	단위	수 량		
			고무아스팔트에멀전계	우레탄계	무기질 탄성계
고무아스팔트 에멀전	고형분 60%	ℓ	5.075	–	–
우레탄 방수제	주제 · 경화제	kg	–	3.900	–
에 멀 전		kg	–	–	1.496
마감 코팅제		kg	–	0.295	0.455
프라이머		ℓ	0.402	0.402	–
부 직 포		m²	1.110	–	1.110

[Chapter 14]

방수(防水; Water proofing)

명 칭 \ 구분	규 격	단위	수 량		
			고무아스팔트에 멀전계	우레탄계	무기질 탄성계
희 석 제		kg	–	0.410	–
파 우 더		kg	–	–	1.160
시 멘 트		kg	2.500	–	–
모 래		㎥	0.005	–	–

1) 재료(材料)

■ 방수용 도막제

폴리우레탄을 주원료로 하는 주제와 경화제를 조합하여 사용하는 것으로서, 품질에 따라 노출형 우레탄고무계와 비노출형 우레탄고무계로 구분한다.

■ 프라이머

프라이머는 KS M5000(건조시간 및 가열잔분 시험)의 품질(건조시간 : 5시간 이내, 가열잔분 : 20%이내)에 적합한 것으로 한다.

■ 보강재

도막의 보강 및 두께의 확보를 위하여 사용하는 것으로, 신장률 및 인장강도 등의 기준에 적합한 것으로 한다. 유리섬유 비닐론, 데빌론 등의 망상포(網狀布)가 대표적으로 사용된다.

2) 바탕처리

바탕처리는 시멘트 액체방수에 준하고 배관 등의 관통공사가 종결된 후에 시공한다.

3) 시공(施工)

바탕 면에 프라이머를 도포하고, 1~3시간 경과 후 주제와 경화제 및 시방서에 명기된 기타 재료를 제조사의 배합시방에 따라 혼합하고, 기포가 생기지 않도록 치켜올림 부분과 평면 부분의 순서로 도포한다.

도막의 두께는 3mm이상으로 하고, 보강포 위에 도포 할 경우에는 불침투 부분이 생기지 않도록 주의해야 한다.

방수제의 겹쳐바르기는 전 공정의 칠 방향과 직교하게 하고, 겹쳐바르기 또는 이어바르기의 폭은 100mm내외로 하며, 겹쳐바르기의 시간 간격은 여름 5시간~2일, 봄 및 가을 10시간~3일, 겨울 15시간~5일을 표준으로 한다.

14 - 4 시트(sheet) 방수(防水)

두께 0.8~2.0mm의 합성수지 시트를 1겹 사용하거나, 얇은 필름(film)을 여러 겹 적층하여 방수층을 형성하는 것으로, 시트재는 합성고무계와 열가소성수지계로 분류된다.

시공방법은 완전접착, 줄접착, 점접착, 들뜬 접착이 있으며, 일반적으로 완전접착이 사용된다.

Chapter 15

타 일
(Tile)

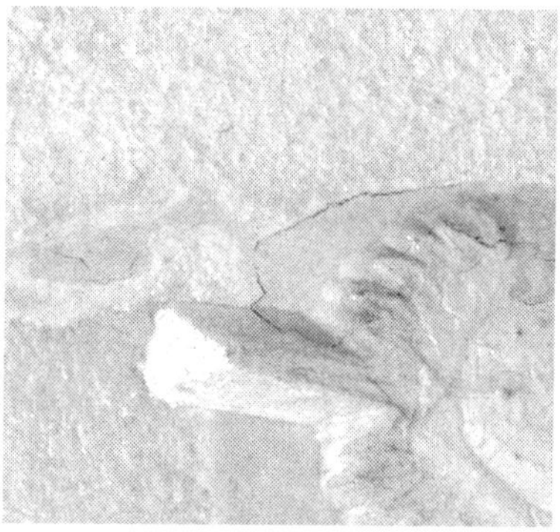

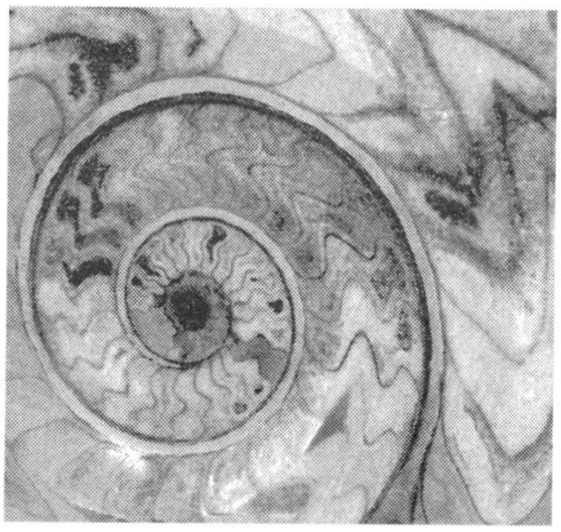

[Chapter 15]

타일(Tile)

15 - 1 개요(槪要)

타일은 점토 또는 암석의 분말을 성형한 후 소성하여 만든 박판제품(薄板製品)을 총칭한 것으로 이것을 모르타르나 접착제로 건축물의 내외 벽면, 바닥 등의 표면에 붙이는 것을 타일공사라 한다.

일반적으로 타일은 도기질타일(陶器質 ; ceramic tile)을 의미하며, 타일붙임의 목적은 미화(美化), 청결(淸潔), 바탕보호, 방수(防水) 등에 있다. 타일은 소지의 질, 형상, 용도에 의하여 분류하며 그 내용은 다음과 같다.

타일의 분류

1) 소지의 질에 의한 타일의 분류

표 15-1 소지의 질에 의한 타일의 분류

종 류	소성온도(℃)	소 지				용 도
		흡수율	색조	성 질	성 분	
도기질 (earthen ware)	1,100 ~1,230	15~20%	백색 유색	경견(硬堅) 탁음(濁音)	점토질 및 원석	내장용타일
석기질 (stone ware)	1,160 ~1,350	8%이하	유색	경견(硬堅) 청음(淸音)	원석과 다량의 점토	내장, 외장, 바닥용 타일(clinker tile)
자기질 (porcelain)	1,230 ~1,460	1%이하	백색	경견(硬堅) 청음(淸音)	양질원석 및 소량의 점토	내장, 외장, 바닥용 타일, 모자이크타일

2) 용도에 의한 분류

■ 내벽용(內壁用) 타일

흡수성이 약간 있고 외기에 대한 저항력이 작은 도기질, 반자기질이 주로 사용된다.

■ 외벽용(外壁用) 타일

건물의 외벽에 사용되는 타일로, 흡수율이 낮고 강도가 큰 자기질이나 석기질이 사용된다.

■ 내부 바닥용 타일

흡수성이 거의 없고 경질이며 내마모성이 큰 자기질이나 석기질이 사용된다.

■ 특수형 타일

가늘고 길게 된 봉형(棒形)의 시유제품으로 걸레받이나 징두리용으로 사용되는 보더 타일(border tile), 4cm각 이하의 소형타일로 30cm각 huttorn paper에 줄눈을 미리 나누어 붙인 상태로 판매되는 모자이크 타일(mosaic tile), 모자이크 타일 중에서 11mm각 이하의 극히 작은 타일로 무늬모양이나 회화 등을 표현할 때 사용되는 아트 모자이크 타일(art moasic tile, lath moasic)이 대표적이며, 이 외에 둥근모 및 볼록타일, 모서리용 타일 등이 있다.

■ 면처리 타일

표면이 긁힌 모양으로 외장용으로 사용하는 스크랫치 타일(scratch tile), 고온으로 소성한 타일로 표면에 요철(凹凸)무늬가 있으며 외부바닥용으로 사용하는 클링커 타일(clinker tile)과 표면을 섬유와 같은 질감으로 처리한 태피스트리 타일(tapestry tile), 천무늬 타일 등이 있다.

■ 특수용도 타일

미끄럼막이용으로 계단의 디딤판 끝 부분에 사용하는 논슬립 타일(nonslip tile)과 창 인방용 타일(물끊기 홈이 있는 것), 창대용 타일 등이 있다.

3) 타일의 형상에 의한 분류

표 15-2 타일의 형상에 따른 분류

타일의 형상	종 류
일반적인 타일	정사각형, 직사각형, 정육각형, 팔각형 등
표면처리 타일	스크랫치 타일, 태피스트리 타일, 천무늬 타일, 클링커 타일
특수형상 타일	보더 타일(boder tile), 모자이크 타일, 둥근모 타일, 볼록 타일, ㄱ자형 타일 등
특수용도 타일	창인방용 타일, 창대용 타일, 논슬립(non-tile)용 타일

15 - 2 타일시공

타일은 대형일수록 치수의 차가 크고 모양이 뒤틀리거나 우그러진 것이 많고 저급품일수록 표면에 결함이 많다. 그러므로 타일을 선정할 때는 타일의 종류, 등급, 형상, 치수, 소지표면의 상태, 광택 등을 면밀히 살펴, 설계도 및 시방서의 내용과 동일한 제품인지를 확인해야 한다.

[Chapter 15]

타일(Tile)

타일붙임 재료는 시멘트 모르타르와 유기질 고무계 및 에폭시계로 분류할 수 있으며, 접착력 및 내구성이 강하고 작업이 용이하며 경제적이어야 한다. 접착력은 4kg/㎠이상이 되어야만 타일의 탈락과 동해(凍害)에 의한 내구성의 저하를 방지할 수 있다.

표 15-3 타일붙임 재료별 성능

구 분	재 료 별	시멘트 모르타르	아크릴 에멀전	합성고무 라텍스	에폭시 합성 고무 라텍스
필요성능	접착, 내수, 작업성	○	○	○	○
	보 수 성	○	△	△	△
	내열, 내한, 내구성	○	×	×	×
시공장소	외 벽	○	×	×	×
	욕실(벽면)	○	○	×	×
	욕실(바닥)	○	×	×	×
바탕	미장모르타르	○	○	○	○
	석고보드	프라이머 처리	프라이머 처리	프라이머 처리	프라이머 처리
타일의 종류	자기질(외벽)	○	×	×	×
	자기질(내벽)	○	○	×	×
	자기질(바닥)	○	×	×	×
	도기질(내벽)	△	○	○	○
기 타	바탕의 건습	살 수	건 조	건 조	건 조
	양생온도	10℃ 이상	10℃ 이상	10℃ 이상	10℃ 이상

○ : 적당, × : 부적당, △ : 검토 후 사용

1) 타일 나누기

시공에 앞서 타일을 실제로 배치하여 줄눈이 일정하고 토막타일을 쓰지 않도록 놓아 보는 것을 타일나누기라 하며, 타일나누기는 마감면의 외관에 직접적인 영향을 주므로 세밀한 계획을 세워야 한다. 타일나누기를 할 때의 주의 사항은 다음과 같다.

① 가급적이면 타일 붙임 면 전체에 온장이 쓰일 수 있도록 계획하고, 부득이한 경우라도 반절 이하의 토막타일은 쓰지 않도록 한다.

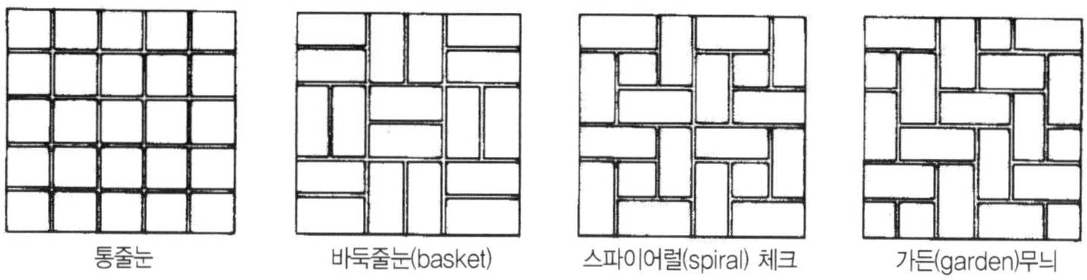

그림 15 – 1 바닥타일 줄눈나누기

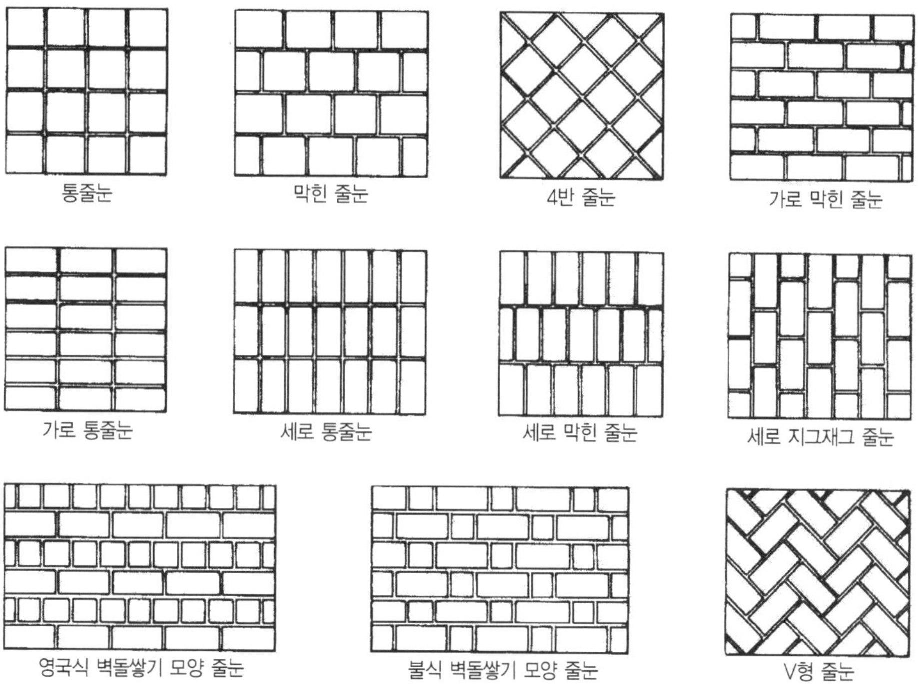

그림 15 – 2 벽타일 줄눈나누기

② 바닥과 벽의 접촉부, 모서리, 구석 등은 특수타일을 사용하고 미리 주문하여 둔다.

③ 타일 한 장의 기준치수는 타일치수와 줄눈치수를 합한 것으로 한다.

④ 시공도를 작성할 때는 타일의 매수와 토막 또는 특수타일을 사용하는 장소 및 타일에 부착되는 매설물의 위치를 정확히 명기한다.

⑤ 수도관, 하수관 등의 위치는 타일의 한가운데 두지 말고 가급적이면 타일의 줄눈이 교차하는 위치에 오도록 조정한다.

⑥ 타일의 줄눈은 통줄눈 또는 막힌줄눈으로 하고 경우에 따라 병용할 수 있으며, 바닥과

벽을 동시에 계획한다.

2) 타일시공

타일을 붙이기 전에 바탕의 들뜸, 균열 등을 검사하여 불량부분은 보수하며, 불순물을 깨끗이 청소하고, 붙임바탕의 건조상태에 따라 바탕에 충분히 물을 뿌린다.

압착붙이기나 접착제붙이기를 할 때의 바탕면의 평활도는 벽의 경우 2.4m당 3mm이내, 바닥의 경우 3m당 3mm이내의 범위에 들도록 한다.

또한 바닥면은 물고임이 없도록 하고 도면에 명시되지 않은 욕실 및 다용도실의 물매는 1/100, 발코니는 1/150정도로 유지되도록 한다.

바탕 모르타르 바르기는 타일의 두께와 붙임 모르타르의 두께를 고려하여 2회에 나누어 바르고, 바름두께가 10mm이상일 경우에는 1회에 10mm이하로 하여 쇠흙손으로 눌러 바른다. 바탕 모르타르를 바른 후 타일붙임까지의 존치기간은 1주일 이상 두는 것을 원칙으로 한다.

타일의 시공시 붙임 모르타르 및 치장줄눈 모르타르의 배합비는 표 15-3, 15-4, 15-5를 표준으로 하고 배합수량은 타일바탕 면의 습윤상태에 따라 적절히 조정한다.

모르타르는 건(乾)비빔한 후 3시간 이내에 사용하며, 가수(加水)하여 반죽한 것은 1시간 이내에 사용해야 한다.

표 15-4 바닥타일 붙임 모르타르 표준배합

구 분	시멘트	모 래	비 고
바닥용 타일	1	3	된비빔
모자이크 타일	1	3	된비빔
클링커 타일	1	3	된비빔

표 15-5 벽타일 붙임 모르타르 표준배합

구 분				시멘트	모래	혼화제
벽 타 일	발라 붙이기		내·외장	1	3~4	지정량
	압 착 붙이기	낱장 붙이기	내·외장	1	2~2.5	지정량
		판형 붙이기	내장	1	0.5~1.0	지정량
모자이크 타일	내.외장			1	0~0.5	지정량

표 15-6 치장줄눈용 모르타르 표준배합

구 분	시멘트	모 래	비 고
내장용 타일	1	0.5~1.5	배합비는 줄눈폭에 따라 달라진다. 착색안료는 지정량을 사용한다.
외장용 타일	1	0.5~1.0	
모자이크 타일	1	0~0.5	
클링커 타일	1	2.0	줄눈나비 15mm이상인 경우

15 - 3 부위별 타일시공

1) 벽 타일 붙임 공법

벽 타일 시공은 특기사항이 없는 경우 압착 붙이기를 원칙으로 하고, 시공장소가 실내인 경우 입구에서 보아 눈에 잘 띄는 부위에 온장이 위치하도록 하며, 균열이 생기기 쉬운 부분은 신축줄눈을 설치하는 것이 바람직하다.

벽 모서리, 창문틀 등의 요소에 가로 및 세로로 기준먹줄을 치고 필요할 때는 수직 및 수평실을 치고 기준타일을 붙인 다음 밑에서부터 붙여 올라간다. 벽 타일붙이기의 시공법은 다음과 같다.

■ 압착 붙임 공법

붙임 모르타르의 두께는 원칙적으로 타일두께의 1/2이상으로 하고 5~7mm정도를 표준으로 하여 붙임 바탕에 바르고 자막대를 사용하여 표면을 고른다.

타일의 1회당 붙임 면적은 모르타르의 경화속도와 작업성을 고려하여 1.2~1.5m^2 정도로 하고, 붙임 시간은 15분 이내를 원칙으로 하되 30분을 초과하지 않도록 주의한다. 타일은 한 장씩 붙이고 고무망치 또는 나무망치 등으로 충분히 두들겨 타일의 뒷면이 붙임 모르타르 안에 박혀 줄눈부위에 모르타르가 타일두께의 1/3이상 올라오도록 한다.

■ 접착제 붙임 공법

붙임 모르타르 대신 합성수지, 합성고무 에멀젼형, 합성고무 용제형, 에폭시수지계 등 유기질 계통의 접착제를 사용하여 붙이는 공법이다.

바탕 고르기를 정밀하게 해야 하는 단점은 있으나 시공이 간단하고 빠르며, 일반 건축판재료를 바탕으로 사용할 수 있어 실내건축공사에 많이 사용되고 있다.

■ 떠 붙임(발라 붙임)공법

타일 뒷면에 붙임 모르타르를 바르고 바탕에 눌러 붙이는 공법으로, 바탕 고르기가 간단

[Chapter 15]

타일(Tile)

하고 초벌 바름만으로 된다. 쌓아 올리는 시공법에 적합하며, 타일 면을 조정할 수 있는 장점은 있으나 기능공의 숙련을 필요로 하며, 공기가 길어지는 단점이 있다.

타일 붙임 모르타르의 두께는 벽면의 수직정도와 평활 정도에 따라 다르나 보통 15~20mm를 표준으로 하며 하루 붙임 높이는 대형타일의 경우 90cm정도, 소형타일의 경우에는 1.5m정도를 표준으로 한다.

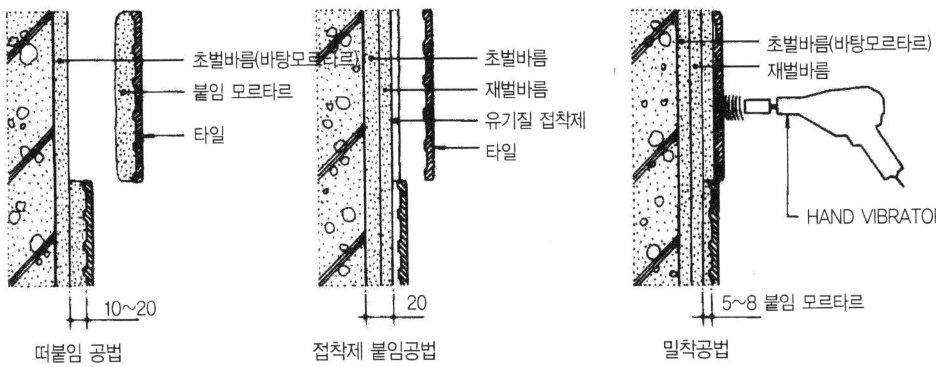

그림 15 - 3 각종 벽타일 붙임공법

2) 바닥타일 붙임 공법

타일나누기에 따라 수평 및 물흘림 경사를 잡아 기준먹줄을 치고, 필요할 때는 가장자리 또는 중간요소에 수평실을 친 후 모르타르를 바른다.

바탕모르타르는 된비빔으로 하며 두께 10mm정도로 고르게 펴 바른다. 붙임 면적이 클 때에는 입구에서 보아 눈에 잘 띄는 부위에 기준타일을 먼저 붙인다. 붙임 모르타르의 깔기 면적은 1회에 6~8㎡을 표준으로 한다.

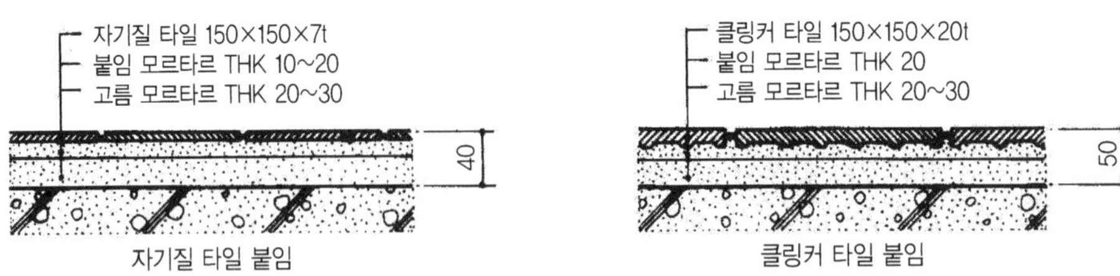

그림 15 - 4 바닥타일 붙임

3) 치장줄눈

타일을 붙인 후 3시간 정도 경과하면 줄눈파기 및 청소를 하고 24시간 경과 후 붙임 모르타르의 경화정도를 보아 줄눈 부위에 물을 뿌리고 치장 줄눈을 넣는다.

치장 줄눈의 나비가 5mm이상일 때는 고무흙손으로 충분히 눌러 발라 빈틈이 생기지 않도록 해야 하며, 2회로 나누어 줄눈을 채우는 것을 원칙으로 한다.

15 - 4 테라코타(Terra-cotta)

테라코타란 이탈리아어로 '구운 흙' 이란 뜻으로, 도토(陶土), 자토(磁土) 등을 반죽하여 형틀에 넣고 성형하여 소성한 속이 빈 대형의 점토제품이다. 일반 석재보다 가벼우며, 압축강도는 화강암의 1/2정도이다. 또한 화강암보다 내화도가 높으며 대리석보다 풍화에 강하다.

구조용과 장식용으로 구분하며, 구조용은 바닥, 간막이 등에 사용되고, 장식용은 난간벽(扶壁), 주두(柱頭), 돌림대, 창대 등에 사용된다.

표 15-7 테라코타 규격 및 매수 (㎡당)

규 격(cm)	붙임매수(매)	규 격(cm)	붙임매수(매)
30.7×15.8×12	19	30.7×14×12	21
14.3×15.8×12	39	28.9×18×11	18
17.5×15.8×12	32	31.0×11×15	26
30.7×15×12	20	38.8×20×19	12

테라코타의 시공법은 바탕청소 후 물 축이기를 한 다음 줄눈 나누기에 맞추어 수평실을 치고 테라코타의 부호에 따라 귀 모서리를 잘 맞추어 뒤틀림이나 턱 등이 없게 붙인다. 이때 바탕 및 테라코타는 충분히 물 축이기를 하여 습윤(濕潤)시키고, 각 단마다 맞댐자리 홈턱이 있는 것은 연결철물 및 고정철물을 사용하여 철골 또는 철근에 2개소 이상 연결하고 뒷면에 모르타르를 충분히 사춤쳐 넣는다.

Chapter 16

도 장 (塗裝)

16-1 개요(槪要)

16-2 바탕 만들기 및 칠공법

16-3 도장(塗裝)

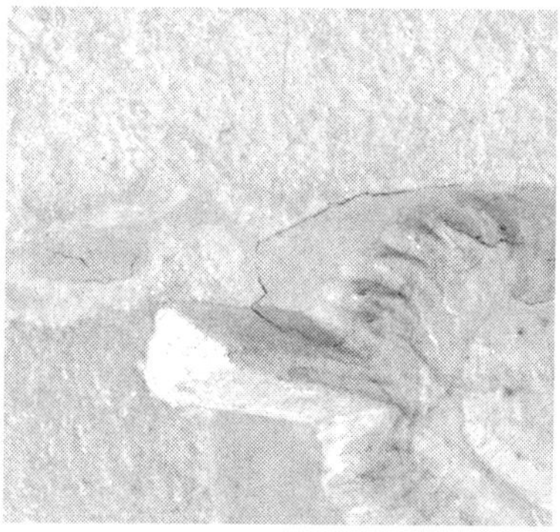

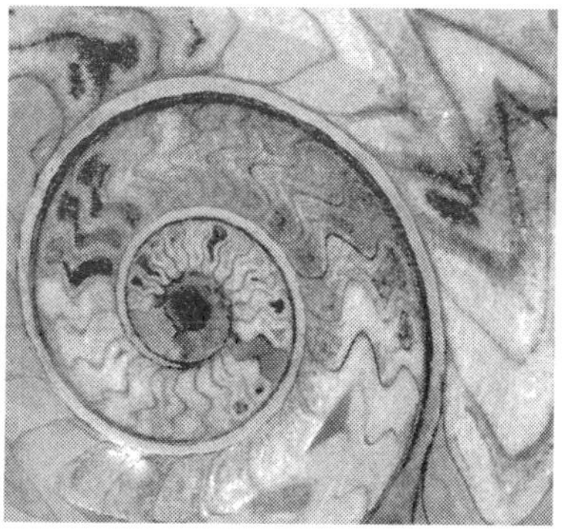

[Chapter 16]

도장(塗漿)

16 - 1 개요(槪要)

물체의 표면에 유동상태(流動狀態)의 물질을 발라 표면에 부착된 상태로 물리적 또는 화학적으로 변화되어 경화(硬化)되는 물질로 연속적인 얇은피막을 형성하는 것을 도장재료라 하며, 이것으로 물체의 보호(방청, 방습, 내유, 내약품성 등), 외관이나 형상의 변화(색 및 광택의 변화, 미관의 변화, 표면의 평활화 등), 열 및 전기 등의 전도성(傳導性) 조절, 생물의 부착방지, 살균, 음파의 반사 등의 성능 부여나 그 목적을 위한 일을 도장 또는 칠일(painter's work)이라 한다.

1) 도료(塗料)의 원료(原料)

■ 전색제(展色劑)

도장 후 공기와 접촉하여 산화피막을 형성하는 것으로, 건조성 지방유 및 용해수지 등이 있으며 아마인유(linseed oil), 오동유(tung oil), 삼씨기름(hemp oil) 등의 건성유와 콩기름, 채소씨 기름, 참기름, 어유 등의 반건성유로 분류할 수 있다.

식물성 기름을 가열하여 정제한 것을 보일드유(boiled oil)라 하고 이것을 다시 공기를 차단하여 고열로 처리한 것을 스탠드 오일(stand oil)이라 하며 에나멜용으로 사용된다.

■ 건조제(乾燥劑 ; dryer, drier)

도료의 건조를 촉진시키기 위하여 사용하는 것으로 리사지(litharge), 연단(鉛丹), 수산화망간, 붕산망간, 염화코발트 등의 산화물이나 염류 등이 사용된다.

■ 희석제(稀釋制 ; thinner)

기름의 점도(粘度)를 적게 하여 솔질이 잘되게 하는 것으로 신전제(伸展劑) 또는 휘발성 용제라고도 한다.

송진 건류품(테레핀유), 석유 건류품(미네랄 스피리트(mineral spirit), 휘발유, 석유 등), 코울타르 증류품(솔벤트 나프터(solvent naphther), 벤젠 등), 알코올(메틸알코올, 에틸알코올, 아밀알코올), 에스테르(초산메틸, 초산아밀, 초산부틸) 등이 있다.

■ 안료(顔料 ; pigment)

물, 알코올, 휘발유, 기름 등에 용해되지 않는 불투명 유색분말을 말하며, 대부분이 무기광물질이다. 도막에 빛깔을 주고, 기름층을 두껍게 하여 기밀하게 하고, 내구력을 증진시킨다.

① 백색 : 연백, 아연화, 리트폰(litphone), 티탄백(titanite white) 등

② 적색 : 주토(朱土), 연단, 산화 제2철, 레이크 안료

③ 황색 : 리사지(litharge), 일산화납(Pb), 아연노랑, 크롬노랑(鉛黃), 황토 등

④ 초록 : 크롬초록, 산화크롬초록, 아연초록

⑤ 파랑 : 감청(紺靑), 군청, 코발트청

⑥ 검정 : 카본블랙(carbon black), 흑연

⑦ 금속색 : 알루미늄 분말(銀粉), 황동분말(金粉)

■ 수 지(樹脂 ; resin)

용제에 용해되며, 도포하면 용제는 증발하고 수지만 남아 피막을 형성하는 것으로 송진(로진), 댐머, 셀락 등의 천연수지와 요소수지, 비닐수지, 멜라민수지 등의 합성수지가 있다.

2) 도장재료(塗裝材料)의 분류

도장재는 도료의 성분에 따라 페인트, 바니시, 합성수지도료 등으로 분류하고 건조과정에 의하여 자연건조형과 가열건조형 도료로 구분하며 용도에 따라 목재용, 철제용, 실내용, 실외용 등으로 구분하기도 한다.

표 16-1 도장재료의 분류

도료의 분류			종 류
페인트	일 반 페인트	유성(油性)페인트	된반죽 페인트, 중반죽 페인트, 조합 페인트
		수성(水性)페인트	카세인, 카세인 텍스, 에멀젼 페인트
		수지성(樹脂性)페인트	합성수지계 페인트
	특 수 페인트	방청(防錆)페인트	광명단, 산화철 녹막이 도료, 아연분말 도료 등
		알루미늄 페인트	알루미늄 분말을 안료로 한 것.
		내알칼리 페인트	염화비닐 도료, 아크릴수지 도료
		에나멜 페인트	바니시에 안료를 혼합한 도료
		함석 페인트	초산동, 황산동의 수용액 + 보통 페인트
바니시	휘발성(揮發性) 바니시		락크, 래커
	오일 바니시		단유성 바니시, 중유성 바니시, 장유성 바니시
기 타	방화도료(防火塗料)		요소수지, 비닐수지, 염화파라핀
	방부도료(防腐塗料)		코울타르, 크레오소트 오일, 아스팔트, 유성페인트

16 - 2 바탕 만들기 및 칠 공법

유분(油分), 수분, 오손(汚損), 진액, 금속의 녹 등이 칠의 바탕 면에 부착되어 있으면 칠의 부착을 저해하고 칠의 부풀음, 터짐, 탈락 등의 원인이 되므로 칠의 목적을 이룰 수 없게 된다. 따라서 바탕면의 처리는 칠공사의 양부(良否)를 좌우하는 중요한 공정이 되며, 이와 같은 이유로 바탕면을 깨끗이 청소하고, 요철을 제거하여 면을 평활하게 하여야 한다.

바탕처리에 사용하는 재료에는 바탕재의 구멍, 흠, 균열 등을 메우는데 사용하는 퍼티류와 도료와 바탕과의 부착을 좋게 하고 표면을 보호하는 바탕용 도료가 있다.

1) 바탕용 재료

■ 바탕용 도료

도료와 바탕과의 부착을 좋게 하고 표면을 보호하는 역할을 하는 도료이다.

표 16-2 바탕용 도료의 종류

바탕용 도료	용 도 및 특 징
오일 프라이머 (oil primer)	오일바니시와 안료를 혼합한 것으로 프라이머 중의 유성의 것이다. 퍼티와의 부착력을 높이고 바탕의 표면을 보호기 위하여 사용한다.
래커샌딩실러 (lacquer sanding sealer)	니트로 셀룰로오스, 수지, 가소제 등 을 용제에 용해시켜 스테아린산 아연 등을 분산하여 만든 것으로 목재의 투명래커 도장시 스프레이 공법에 적합한 액상 반투명 도료이다.
래커 프라이머 (lacquer primer)	니트로 셀룰로오스, 수지, 가소제 등을 용제에 용해하여 만든 전색제에 안료를 분산하여 만든다. 래커 에나멜 도장을 할 때 금속의 도장에 적합한 액상, 불투명 휘발건조성의 도료로서 단시간에 도막을 형성하게 한다.
에칭 프라이머 (etching primer)	금속소지에 대한 도료의 부착성과 방식성을 증가시킬 목적으로 사용하는 금속표면 처리용 도료로 주제와 첨가제를 나누어 성분을 2액형으로 하여 사용하기 직전에 혼합하여 사용한다.

■ 퍼티(putty)

도장 바탕재료의 구멍, 균열, 흠 등을 메우는데 사용하는 것이다.

표 16-3 퍼티의 종류

퍼 티	용 도 및 특 징
도장용 퍼티 (coating putty)	도장 바탕재의 구멍, 균열, 흠 등을 메우는데 사용하는 것으로 사용부위에 따라 목재 눈먹임용, 콘크리트나 모르타르의 바탕조정용, 철재의 눈먹임용 등으로 구분한다.
징크퍼티 (zinc putty)	광명단, 주토(朱土)등을 아마인유로 반죽한 것으로 연백이나 아연화 등을 혼합하여 사용하며, 방수와 방청의 효과가 있어 가스관이나 배수관의 접합부에 사용한다.
석고판 조인트 처리재	천연석고 및 화학석고 등을 처리한 반수석고와 물을 가함에 따라 유화 또는 용해하는 아크릴계, 초산비닐계의 분말수지 등을 결합제로 하고 충진재와 혼화제를 배합한 것으로 주로 석고판의 조인트 부분을 보강하고 평활하게 가공하기 위해 사용된다.

2) 재료별 바탕 만들기

■ 목부면(木部面) 바탕 만들기

유분(油分), 수분, 오손(汚損), 진액, 금속의 녹 등은 제거한 후 깨끗이 청소하고, 필요할 경우에는 더운물로 닦는다. 또한 표면에 돌출된 못이나 철사 등은 깊숙이 쳐 박고, 녹이 슬 우려가 있을 때에는 징크 퍼티를 채운다.

대패자국, 엇결 등의 부위는 연마지 닦기를 하여 면을 평탄하게 하고 목재의 구멍, 균열, 흠 등은 목재 눈먹임용 퍼티로 빈틈없이 구멍땜을 하여 면을 평탄하게 한 다음 24시간 이상 방치하고 연마지로 닦는다.

■ 철부면(鐵部面) 바탕 만들기

유분(油分) 등의 부착물과 오염, 먼지 등은 깨끗이 닦아내고, 금속표면의 녹, 용접, 리벳 접합 등의 부분에 부착된 불순물은 스크레이퍼(scraper), 와이어 브러시(wire brush), 또는 내수 연마지로 제거한다. 녹 제거 후에는 에칭 프라이머(etching primer)를 1회 얇게 바른다.

■ 콘크리트, 모르타르, 플라스터면 바탕 만들기

바탕 면은 충분히 건조시키고 오염, 부착물 등을 제거한 후 깨끗이 청소한다. 구멍, 균열, 흠 등은 콘크리트나 모르타르의 바탕조정용 퍼티로 빈틈없이 구멍땜을 하고 구멍땜한 퍼티가 충분히 건조되면 #120연마지로 닦아 면을 평활하게 한다.

[Chapter 16]

도장(塗漿)

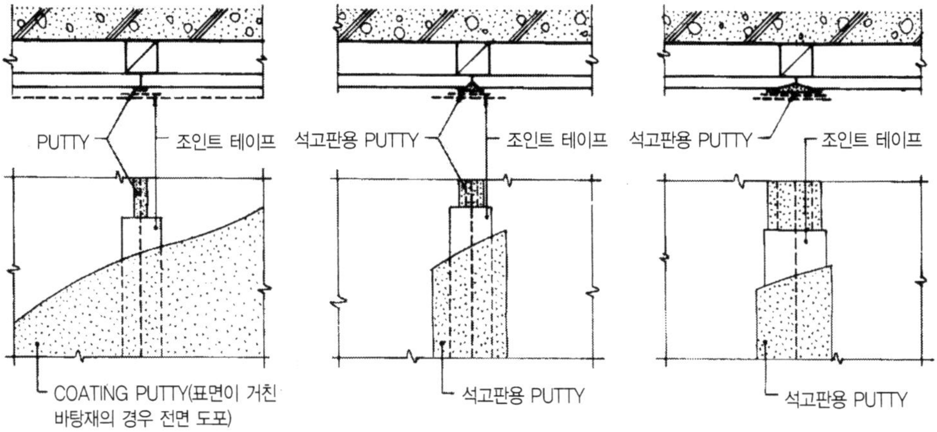

합판의 이음부 처리 석고보드의 이음부 처리

그림 16 - 1 보드류의 이음부 처리

3) 칠 공법

■ 솔칠(Brush painting) 공법

솔칠은 이음새, 틈, 경계, 구석 등의 칠에 유리한 공법으로 특별한 경우 이외에는 솔 칠 공법 한가지로만 칠공사를 하는 경우는 거의 없고, 구석부의 칠이 어려운 롤러칠과 같이 사용한다. 솔칠은 솔에 칠을 충분히 묻혀 손이 도달할 수 있는 작업범위 내에서 위로부터 아래로, 왼편에서 오른편의 순서로 칠한다.

마무리 솔 칠은 재료의 길이 방향 또는 나무결 방향으로 가볍게 운행하여 솔 자국, 칠의 모임, 칠의 흐름 등이 없도록 주의하며 칠한다.

■ 롤러칠(Roller painting) 공법

벽, 천장 등의 평활하고 넓은 면을 칠하는데 유리한 공법으로 칠 막 두께의 가감이 어렵고 구석부의 칠이 어려운 단점이 있다.

일반 도장용 롤러 크림타입 도장용 무늬롤러

그림 16 - 2 각종 롤러

■ 뿜칠(Spray painting) 공법

공기압력으로 스프레이 건의 노즐을 통해 도료를 뿜어 칠하는 공법으로 장소 및 도료의 종별에 관계없이 칠할 수 있는 공법이다.

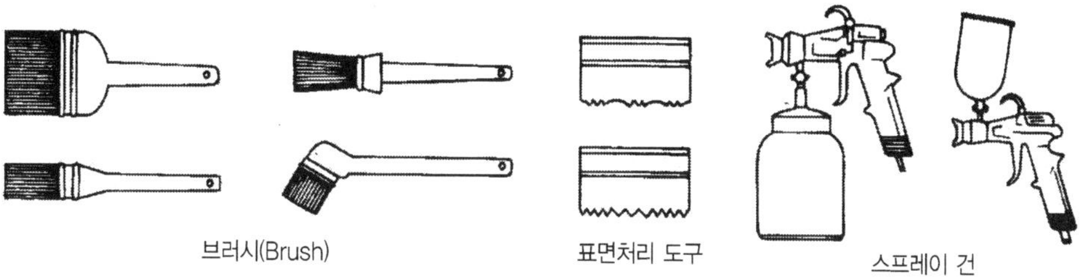

그림 16 - 3 각종 도장 도구

16 - 3 도장(塗裝)

수성페인트(Water paint)

소석고(燒石膏), 안료(顔料), 카세인을 혼합하고 용제로 물을 사용하는 것으로 취급이 간단하고 건조가 빠르며 작업성과 내수성이 우수하다.

희석제로 물을 사용하므로 독성 및 화재의 위험이 적고 기름을 쓰지 않아 알칼리의 침해를 받지 않으며, 칠 면은 광택이 없어 부드러운 느낌이 나고 가격이 저렴한 장점은 있으나 교착제를 사용한 것은 곰팡이가 날 우려가 있고, 장시일 경과 후 분해 및 탈락의 우려가 있는 것이 단점이다.

1) 수성페인트의 분류

유기질 및 무기질 수성페인트와 에멀젼 페인트가 있다. 유기질 수성페인트는 가장 일반적으로 사용하는 것으로 카세인을 교착제로 사용한 것이다. 풀기가 약해 습기가 없는 곳에 주로 사용한다.

무기질 수성페인트는 백색 포틀랜드 시멘트 또는 마그네시아 시멘트 등을 교착제로 사용하고 방수제, 안료 등을 혼합한 것으로 실내외 모두 사용할 수 있다. cement water paint라고도 한다.

에멀젼 페인트(emulsion paint)는 수성페인트에 합성수지와 유화제를 가한 것으로 수성과 유성의 특질을 겸비한 것이다. 실내외에 모두 사용되며 표면의 광택은 거의 없다.

[Chapter 16]

도장(塗漿)

2) 수성페인트 칠

솔 칠 및 롤러 칠인 경우 3회, 스프레이 칠인 경우에는 2회칠 마감을 원칙으로 하며, 바탕처리는 퍼티 → 연마지 닦기 → 퍼티 → 연마지 닦기의 공정으로 2회에 걸쳐 반복하여 면 고르기 작업을 한다.

표 16-4 수성페인트칠 공정

공정		재료	공정의 내용 및 특기사항
1	바탕누름	바탕처리용 도료	특기시방에 정하지 않았을 때에는 생략한다.
2	초 벌 칠	수성페인트	5시간 이상 방치한다.
3	연마지 닦기	#120~180(연마지)	요철부위 퍼티작업 및 면 고르기 연마지 닦기
4	재 벌 칠	수성페인트	재벌 칠 후, 필요에 따라 3의 공정을 반복할 수 있다.
5	정 벌 칠	수성페인트	

3) 합성수지 페인트 칠

표 16-5 합성수지 에멀전 페인트칠의 공정

공정		재료	공정의 내용 및 특기사항
1	바탕누름	합성수지 에멀전	흡수성이 심한 석고보드, 섬유판 등의 바탕 면에 한하며, 누름 칠 후 5시간 이상 방치한다.
2	초 벌 칠	합성수지 에멀전	5시간 이상 방치한다.
3	연마지 닦기	#120~180(연마지)	요철부위 퍼티작업 및 면 고르기 연마지 닦기
4	재 벌 칠	합성수지 에멀전	재벌 칠 후, 필요에 따라 3의 공정을 반복할 수 있으며5시간 이상 방치한다.
5	정 벌 칠	합성수지 에멀전	

에나멜페인트(Enamel paint)

유성바니시에 안료를 혼합하여 만든 것으로 유성페인트와 유성바니시의 중간 성질을 갖는 페인트이다. 건조속도는 느린편이나 광택 및 내수성, 내유성, 내약품성이 우수하다.

1) 에나멜페인트의 종류

광택 에나멜 페인트, 무광택 에나멜 페인트, 알루미늄 페인트로 분류한다. 광택 에나멜페인트는 가장 일반적으로 사용되는 페인트로서 피막이 두껍고 강인하며 광택이 우수하다. 무광택 에나멜페인트는 휘발성 용제를 많이 혼합한 것으로 광택이 나지 않으며 내후성이 적고 건조가 빠르다.

알루미늄 페인트(aluminium paint)는 알루미늄분말과 스파 바니시를 각각의 용기에 넣어 1조로 한 제품으로 내열성, 내구성이 우수하여 방청도료, 내화도료로 사용한다.또한 은색(銀色) 에나멜페인트는 알루미늄분말과 골드사이즈를 혼합한 제품으로 온수관이나 라디에이터의 도장에 사용한다.

2) 목부(木部) 에나멜 페인트 칠

표 16-6 목부(木部) 에나멜 페인트칠의 공정

공 정		재 료	공정의 내용 및 특기사항
1	연마지 닦기	#120(연마지)	
2	초 벌 칠	초벌용 에나멜	48시간 이상 방치한다.
3	연마지 닦기	#160~180(연마지)	요철부위 퍼티작업 및 면 고르기 후 연마지 닦기
4	퍼티먹임	바탕용 퍼티	24시간 이상 방치한다.
5	물 갈 기	연마재	특기시방에 따른다.
6	재벌칠 1회	목재 바탕용도료	12시간 이상 방치한다.
7	연마지물갈기	내수용#320~400	특기시방에 따른다.
8	재벌칠 2회	에나멜페인트	24시간 이상 방치한다.
9	연마지물갈기	내수용 #400	특기시방에 따른다.
10	정 벌 칠	에나멜페인트	

3) 철부(鐵部) 에나멜 페인트 칠

표 16-7 철부(鐵部) 에나멜 페인트칠의 공정

공 정		재 료	공정의 내용 및 특기사항
1	녹막이칠 1회	녹막이용 도료	초벌칠 1회 공정이며, 48시간 이상 방치한다.
2	연마지 닦기	#160(연마지)	
3	녹막이칠 2회	녹막이용 도료	초벌칠 2회 공정이며, 48시간 이상 방치한다.
4	연마지 닦기	#160~180	24시간 이상 방치한다.

공 정		재 료	공정의 내용 및 특기사항
5	퍼티먹임	바탕용 퍼티	회수는 특기시방에 따르고, 각 회 24시간 이상 방치한다.
6	물 갈 기	연마재	특기시방에 따른다.
7	재벌칠 1회	철재 바탕용도료	24시간 이상 방치한다.
8	연마지물갈기	내수용 #240	특기시방에 따른다.
9	재벌칠 2회	에나멜페인트	24시간 이상 방치한다.
10	연마지물갈기	내수용#280~400	특기시방에 따른다.
11	정 벌 칠	에나멜페인트	

4) 철부(鐵部) 알루미늄 페인트 칠

표 16-8 철부(鐵部) 알루미늄 페인트칠의 공정

공 정		재 료	공정의 내용 및 특기사항
1	녹막이칠 1회	녹막이용 도료	초벌칠 1회 공정이며, 48시간 이상 방치한다.
2	연마지 닦기	#160~180(연마지)	
3	녹막이칠 2회	녹막이용 도료	초벌칠 2회 공정이며, 48시간 이상 방치한다.
4	퍼티먹임 및 연마지 닦기	바탕용 퍼티 및 연마지(#160~180)	회수는 특기시방에 따르고, 각 회 48시간 이상 방치한 후 연마지 닦기
5	재벌칠, 정벌칠	알루미늄페인트	재벌칠 후 24시간 이상 방치한 후 정벌칠

바니시(Varnish)

천연수지를 건성유로 녹이고 점조도를 적당히 하고자 희석제(稀釋制)를 가한 것으로 속칭 니스라고도 한다. 기름의 산화에 따라 수지와 결합하여 투명담색의 피막이 생기며 광택, 작업성, 점착성은 우수하나 내약품성 및 내후성이 약해 실내 목부에 주로 사용한다.

1) 바니시의 분류

바니시는 오일과 수지의 비율에 따라 장유성, 중유성, 단유성 바니시로 분류할 수 있다. 장유성(長油性) 바니시(spar varnish)는 내수성, 내마모성이 우수하고 내후성도 있어 목부 외부용으로 사용한다. 중유성(中油性) 바니시(copal varnish)는 코팔(천연수지의 원료)과 건성유를 가열 반응시켜 만든 것으로 목부 내부용으로 사용하며 단유성(短油性) 바니시(gold size varnish)는 코팔 바니시의 단유성으로 코팔 바니시의 초벌용으로 사용한다.

2) 바탕 만들기의 칠 종별 및 바니시 칠 공정에 대한 칠 종별

옥내 바니시 칠의 종별은 표 16－9, 바탕 만들기의 칠 종별은 표. 16 - 10과 같이 4종으로 하고, B종을 표준으로 한다.

표 16-9 바니시칠의 종별

칠부분	칠종별	초벌칠	재벌칠	정벌칠	계
옥 내	A종	1회	2회	1회	4회
	B종	1회	1회	1회	3회
	C종	1회	–	1회	2회

표 16-10 바탕 만들기의 칠 종별

칠종류	바탕의 종류	착색제의 종류
A종	참나무류	유성 스테인(stain)
B종	참나무류	수성 스테인(stain)
C종	참나무류	착색겸용 눈먹임재
D종	삼나무, 삼송, 낙엽송류	유성 또는 수성 스테인

3) 내부 바니시 칠 공정

표 16-11 A, B, C종 바니시 칠

종 별	공 정		재 료	공정의 내용 및 특기사항
A종	1	초 벌 칠	spar varnish	24시간 이상 방치한다.
	2	연마지 닦기	#180	
	3	재벌칠 1회	spar varnish	72시간 이상 방치한다.
	4	연마지 닦기	#240~400	
	5	재벌칠 2회	spar varnish	72시간 이상 방치한다.
	6	물 갈 기		특기시방에 따른다.
	7	정 벌 칠	spar varnish	96시간 이상 방치한다.

[Chapter 16]

도장(塗漿)

종별		공정	재료	공정의 내용 및 특기사항
B종	1	초 벌 칠	spar varnish	24시간 이상 방치한다.
	2	연마지 닦기	#180	
	3	재 벌 칠	spar varnish	72시간 이상 방치한다.
	4	연마지 닦기	#240~400	
	5	정 벌 칠	spar varnish	96시간 이상 방치한다.
C종	1	초 벌 칠	spar varnish	24시간 이상 방치한다.
	2	연마지 닦기	#180~240	
	3	정 벌 칠	spar varnish	

4) 외부 바니시 칠 공정

표 16-12 외부 바니시칠

종별		공정	재료	공정의 내용 및 특기사항
공통	1	스밈막이	스밈막이재	10시간 이상 방치한다.
	2	착 색	유성 또는 수성 착색제	10시간 이상 방치한다.
	3	색깔 고름질	유성 또는 수성 착색제	10시간 이상 방치한다.
	4	색깔누름		2시간 이상 방치한다.
	5	초 벌 칠	spar varnish	72시간 이상 방치한다.
	6	연마지 닦기	#180(연마지)	
	7	재 벌 칠	spar varnish	72시간 이상 방치한다.
	8	연마지 닦기	#240~400(연마지)	
	9	정 벌 칠	spar varnish	

래커(Lacquer)

수지류를 휘발성 용제로 녹인 것으로 용제로 에틸알코올을 사용하기 때문에 휘발성 바니시(alcohol varnish)라고도 한다.

피막은 유성바니시보다 약하나 칠의 질이 우수한 고급 칠이다. 원료와 첨가제에 따라 래커, 래크, 래커 에나멜, 하이 솔리드 래커, 호트 래커 등으로 분류한다.

1) 투명 래커(clear lacquer) 칠

섬유소계수지를 용제로 녹인 것으로 투명한 피막을 형성하며 내수성, 내산성, 내알칼리성이 우수하다. 또한 광택이 풍부하고 내구성이 크며 건조가 빨라 뿜칠 시공한다.

클리어 래커라고도하며 유성 바니시에 비해 도막은 얇으나 견고하다. 주로 목재면의 투명도장에 이용한다.

표 16-13 목부(木部) 투명래커칠의 공정

공정		재료	공정의 내용 및 특기사항
1	연마지 닦기	#120~160(연마지)	
2	착색(着色)	착색제	10시간 이상 방치하며, 투명마무리인 경우 생략
3	색깔고름질	착색제	10시간 이상 방치하며, 투명마무리인 경우 생략
4	초 벌 칠	wood sealer	2시간 이상 방치한다.
5	눈먹임 2회	목재용 퍼티	각 회 2시간 이상 방치한다.
6	재벌칠 2회	투명래커	1회 2시간 이상, 2회 1시간 이상 방치한다.
7	연마지 닦기	#120~160(연마지)	
8	정벌칠 2회	투명래커	1회 2시간 이상, 2회 1시간 이상 방치한다.
9	마무리칠	투명래커	24시간 이상 방치한다.
10	닦기 마무리	polishing compound	8, 9의 공정에 무광래커를 사용할 경우는 생략

2) 래커 에나멜(lacquer enamel, color lacquer) 칠

투명래커에 안료를 가한 것으로 색 래커라고도 한다. 속건성(速乾性)이며 도막이 단단하고 광택이 우수하며 내유, 내수성이다. 내후성에 따라 실내용, 실외용으로 구분하여 사용한다

■ 목부(木部) 래커에나멜 칠

표 16-14 목부(木部) 래커 에나멜 뿜칠의 공정

공정		재료	공정의 내용 및 특기사항
1	초 벌 칠	oil primer	24시간 이상 방치한다.
2	연마지 닦기	#160~180(연마지)	
3	눈먹임 1회	목재용 퍼티	24시간 이상 방치한다.
4	연마지 닦기	#160~180(연마지)	
5	눈먹임 2회	목재용 퍼티	24시간 이상 방치한다.
6	연마지 닦기	#180~240(연마지)	

[Chapter 16]

도장(塗漿)

공 정		재 료	공정의 내용 및 특기사항
7	눈먹임 3회	목재용 퍼티	48시간 이상 방치한다.
8	물갈기	연마재	특기시방에 따른다.
9	재벌칠 2회	oil surfacer	각 회 24시간 이상
10	연마지물갈기	#280~320(내수용)	특기시방에 따른다.
11	정벌칠 1회	래커에나멜	12시간이상 방치한다.
12	연마지물갈기	#400(내수용 연마지)	
13	정벌칠 2회	래커에나멜	12시간 이상 방치한다.
14	연마지물갈기	#400(내수용 연마지)	
15	마무리칠	래커에나멜	24시간 이상 방치한다.

■ 철부(鐵部) 래커에나멜 칠

표 16-15 철부(鐵部) 래커 에나멜 뿜칠의 공정

공 정		재 료	공정의 내용 및 특기사항
1	초벌칠 1회	oil primer	48시간 이상 방치한다.
2	연마지 닦기	#160~180(연마지)	
3	초벌칠 2회	oil primer	48시간 이상 방치한다.
4	연마지 닦기	#160~180(연마지)	
5	퍼티먹임 1회	바탕용 퍼티	48시간 이상 방치한다.
6	연마지 닦기	#180~240(연마지)	
7	퍼티먹임 2회	바탕용 퍼티	24시간 이상 방치한다.
8	연마지 닦기	#180~240(연마지)	특기시방에 따른다.
9	퍼티먹임 3회	바탕용 퍼티	24시간 이상 방치한다.
10	물갈기	연마재	
11	재벌칠 2회	oil surfacer	각 회 12시간 이상
12	연마지물갈기	#280~320(내수용)	특기시방에 따른다.
13	정벌칠 1회	래커에나멜	12시간이상 방치한다.
14	연마지물갈기	#400(내수용 연마지))	
15	정벌칠 2회	래커에나멜	12시간 이상 방치한다.
16	연마지물갈기	#600(내수용 연마지))	
17	마무리칠	래커에나멜	24시간 이상 방치한다.

복층무늬 도료(뿜칠용 도료)

1) 복층무늬 도료의 종류

복층무늬 도료는 합성수지를 주원료로 하여 만든 입체감(立體感)을 지닌 무늬를 형성하는 치장용 뿜칠 도장재료로 모든 바탕에 칠이 가능하고 내수성, 내알칼리성, 내오염성이 우수하다.

복층무늬 도료에는 수성용 본 타일, 아크릴 본 타일, 에폭시 본 타일이 있으며, 수성용 본 타일은 주로 콘크리트, 모르타르, 석고보드 등의 실내바탕에 사용하며, 아크릴 본 타일은 내수성, 내알칼리성, 내오염성, 광택, 색상보유력 등이 우수한 아크릴수지를 주성분으로 한 것으로 내외부 모두 사용할 수 있다.

에폭시 본 타일은 실내외부 모두 사용할 수 있으며 부착성, 내수성, 고내후성, 강도, 광택, 색상보유력 및 내오염성 등이 우수하다.

2) 칠의 공정(工程)

■ 수용성 본 타일 뿜칠

표 16-16 수용성 본 타일 뿜칠 공정

공정		재료	공정의 내용 및 특기사항
1	바탕조정	바탕조정용 퍼티	특기시방에 따른다.
2	초 벌 칠	아크릴 에멀젼 프라이머	8시간 이상 방치한다.
3	퍼티먹임	바탕조정용 퍼티	24시간 이상 방치한다.
4	연마지 닦기	#180~240(연마지)	
5	재벌칠 1회	2액형 폴리우레탄 에나멜	24시간 이상 방치한다.
6	정벌칠 1회	2액형 폴리우레탄 에나멜	24시간 이상 방치한다.

■ 아크릴 본 타일 뿜칠

표 16-17 아크릴 본 타일 뿜칠 공정

공정		재료	공정의 내용 및 특기사항
1	바탕조정	바탕조정용 퍼티	특기시방에 따른다.
2	초 벌 칠	투명 아크릴수지	6시간 이상 방치한다.
3	재 벌 칠	유성형 중도무늬 도장재	24시간 이상 방치한다.
4	정벌칠 2회	아크릴수지 에나멜	24시간 이상 방치한다.

[Chapter 16]

도장(塗漿)

■ 에폭시 본 타일 뿜칠

표 16-18 에폭시 본 타일 뿜칠 공정

공 정		재 료	공정의 내용 및 특기사항
1	바탕조정	바탕조정용 퍼티	특기시방에 따른다.
2	초 벌 칠	투명 에폭시 에멀젼	
3	재 벌 칠	에폭시 에멀젼 중도무늬	
4	정벌칠 2회	아크릴 우레탄수지	24시간 이상 방치한다.

롤러(Roller) 무늬 마무리칠

롤러무늬 마무리 도장재는 합성수지페인트와 무기질 혼화재, 안료 등을 공장에서 배합하여 제품화 한 수용성(희석제로 물을 사용하는) 도장재료로, 각 종 무늬를 형성시키는 무늬롤러를 사용하여 다양한 패턴으로 마무리 할 수 있다.

시멘트계와 합성수지 에멀젼계로 대별할 수 있으며, 주로 실내용으로 사용한다.

1) 시멘트 스터코(Cement stucco) 칠의 공정

표 16-19 시멘트 스터코 롤러무늬 마무리칠 공정

공 정		재 료	공정의 내용 및 특기사항
1	밑바탕칠	합성수지에멀젼	공정간 1시간 이상 방치한다.
2	시멘트 스터코칠	시멘트 스터코	칠한 후 30분 전후(1시간 이내)에 무늬 넣기
3	무늬넣기		무늬롤러로 무늬 넣기 후 48시간 이상 방치한다.
4	마무리칠	합성수지계 도료	최종양생은 24시간 이상

2) 시멘트계 롤러무늬 마무리 칠

시멘트, 세골재, 무기질 혼화재, 안료 등을 공장에서 배합하여 만든 제품으로 칠의 배합은 제조업자의 지정에 따르고 칠의 공정은 표 16-20을 표준으로 한다.

표 16-20 합성수지계 롤러무늬 마무리칠 공정

공 정		재 료	공 정 의 내 용 및 특 기 사 항
1	밑바탕 칠	합성수지에멀젼	공정간 1시간 이상 방치한다.
2	무늬형성재 칠	무늬 형성재	칠한 후 30분 전후(1시간 이내)에 무늬 넣기
3	무늬 넣기		무늬롤러로 무늬 넣기 후 24시간 이상 방치한다.
4	마무리 칠	합성수지계 도료	최종양생은 24시간 이상

3) 합성수지계 롤러무늬 마무리 칠

합성수지에멀젼, 탄산칼슘, 충진재, 세골재, 안료 등을 공장에서 배합하여 만든 제품으로 칠의 배합은 제조업자의 지정에 따르고 칠의 공정은 표 16-21을 표준으로 한다.

표 16-21 다채무늬 도료 뿜칠 공정

공정		재료	공정의 내용 및 특기사항
1	바탕조정	합성수지에멀젼 퍼티	24시간 이상 방치한다.
2	연마지 닦기	#220~400(연마지)	
2	초벌칠 1회	합성수지에멀젼 페인트	3시간 이상 방치한다.
3	초벌칠 2회	합성수지에멀젼 페인트	3시간 이상 방치한다.
4	재 벌 칠	뿜칠용 무늬코트 도장재	24시간 이상 방치한다.
5	정 벌 칠	투명 아크릴수지	

다채(多彩)무늬 도료(뿜칠용 도료)

도장 면의 외관을 용해성과 색이 다른 2가지 이상의 도료로 변화를 주어 도장의 효과를 향상시킬 목적으로 사용하는 도료로 주로 실내용으로 사용한다.

합성수지 도료(合成樹脂塗料)

합성수지를 주체로 하여 만든 도료로 유성페인트와 바니시에 비해 건조시간이 빠르고 도막이 단단하며, 방화성이 있고 내산·내알칼리성이 있어 콘크리트나 플라스터 바탕에 직접 칠할 수 있는 장점이 있다. 합성수지의 조성상에 따라 합성수지 페인트, 합성수지 바니시, 합성수지 수성페인트로 분류한다.

1) 페놀수지도료(phenol resin paint)

석탄산수지(石炭酸樹脂)도료라고도 하며 내수성, 내유성, 내후성, 내산성이 우수하며 속건성이고 내알칼리성도 있다.

2) 비닐수지계도료

■ 초산비닐도료(醋酸 vinyl 塗料)

물이 thinner역할을 하므로 칠 작업 중에 화재의 염려가 적다. 광택이 있고 가격은 저렴하나 내구성이 약하고 선명한 색상을 만들기 어려우며 금속을 녹슬게 하는 결점이 있으

[Chapter 16]

도장(塗裝)

며, 유성페인트와 겹쳐 바를 수 없다.

■ 염화비닐도료(鹽化 vinyl 塗料)

내수성 및 내약품성, 내산성 등이 우수하며 방청을 위한 초벌용으로 사용하기도 한다.

3) 에폭시수지도료(epoxy resin paint)

내약품성이 우수하고 경도 및 인성(靭性)이 가장 큰 도료 중의 한가지로 경금속에 대한 부착력이 우수하고 칠막은 충격에 강하며 내마멸성도 우수하다.

4) 멜라민수지도료(melamin resin paint)

도막이 단단하고 색상은 선명하나 내수성과 내구성에 결점이 있어 알키드수지계와 혼합하여 사용하거나 달굼칠 도료(소부도료)로 사용한다.

건조가 균일하고 도막이 단단하다. 공기와 접촉하지 않아도 건조되므로 밀폐된 부분이나 깊은 곳의 도장에 유리하다.

5) 폴리에스테르수지도료(polyester resin paint)

건조가 균일하고 도막이 단단하다. 공기와 접촉하지 않아도 건조되므로 밀폐된 부분이나 깊은 곳의 도장에 유리하다.

6) 실리콘수지도료(silicon resin paint)

내약품성, 내알칼리성, 내후성, 전기절연성이 우수하다. 칠막은 발수성이 있어 방수제로도 우수하며 자연건조형과 소부형(燒付形)이 있다.

특수 도료(特殊塗料)

특수한 원료를 주성분으로 하거나 특수한 방법으로 도장하는 도료를 의미한다.

1) 방청도료(防請塗料)

철 및 비철금속의 방청을 목적으로 사용하는 도료로 녹막이 도료라고도 한다.

■ 광명단도료(鋃丹塗料)

광명단과 보일드유를 조합하여 만든 것으로 유성페인트의 일종이며 광명단 조합페인트라고도 한다. 보일드유 대신 전색제로 사용할 때도 있다.

■ 알루미늄도료(aluminium paint)

알루미늄의 분말(粉末)을 안료로 한 것으로 방청의 효과뿐만이 아니라 광선이나 열을 반사하는 효과를 내기도 한다. 방청의 효과는 전색제에 따라 달라지며, 정벌칠에도 사용한다.

■ 역청질도료(瀝淸質塗料)

아스팔트, 타르피치(tar pitch) 등의 역청질을 주원료로 하고 건성유, 수지류를 첨가하여 제조한 것으로 일시적인 방청에는 무난하나 장기적으로는 그 효과가 적다.

■ 징크로메이트도료(zincromate paint)

알키드수지를 전색제로 하고 크롬산아연을 안료로 한 것으로 녹막이효과가 우수하다.

2) 방화도료(防火塗料)

가연성물질에 도장하여 인화(引火) 및 연소를 방지하거나 지연시킬 목적으로 사용하는 도료로 염화비닐수지, 프탈산수지, 바니시 등의 전색제에 염화파라핀, 산화안티몬 등 소화성 가스 발생제를 가한 것이 주로 사용된다.

3) 발광도료(發光塗料)

전색제에 형광체(螢光體) 또는 인광체(燐光體)의 안료를 가한 것으로 선전 또는 광고용이나 어두운 곳에서의 식별에 필요한 계기류 눈금, 지시판, 스위치 등의 표시에 사용한다.

4) 소부도료(燒付塗料)

상온(常溫)에서는 건조되지 않고 도료를 도포한 후 가열(加熱)하여야만 도막이 고화되는 도료로 가열건조도료라고도 한다. 가열온도는 도료의 종류에 따라 다르나 70~260℃ 정도이다.

소부도료의 특징으로는 바탕과의 밀착성이 증가되고 도막이 견고해지며, 광택이 좋아지고 내마멸성이 증가하며, 내후성, 내수성, 내약품성, 내열성이 좋아진다.

유성소부도료, 멜라민계 소부도료, 에폭시계 소부도료 등이 있으며, 가구, 차량, 철물 등의 도장에 사용한다.

Chapter 17

도 배
(塗褙)

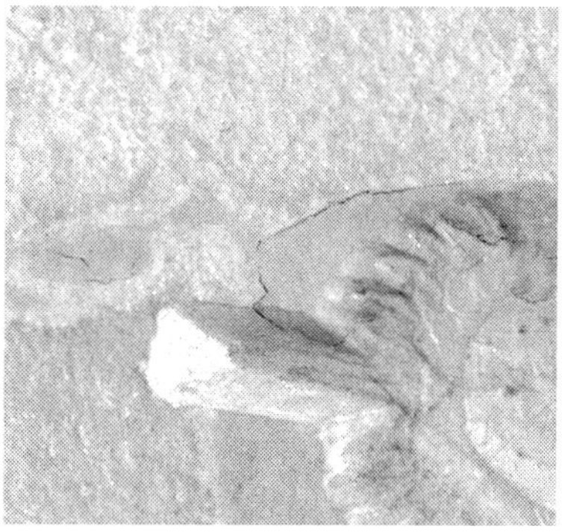

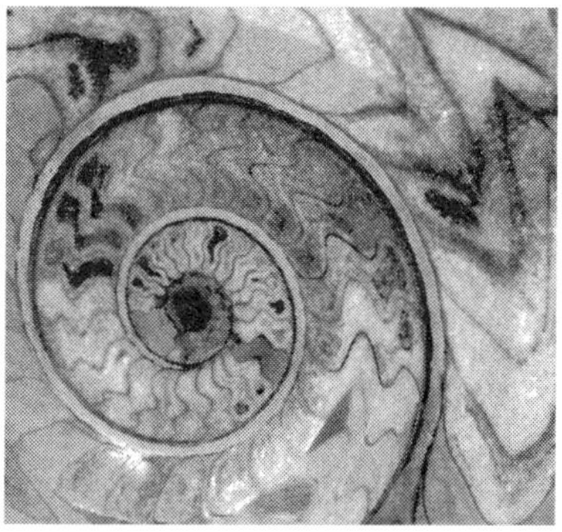

[Chapter 17]

도배(塗褙)

17 - 1 개요(概要)

벽지(壁紙)란 종이제, 섬유제, 플라스틱제 및 금속박제 등의 것으로 가요성이 있고 접착제로 붙이는 것과 미리 접착제나 점착제를 도포한 것을 총칭하는 용어이다. 이러한 재료를 벽, 천장, 바닥 등에 접착제를 사용하여 붙이는 공사를 도배(塗褙)라고 하며 벽, 천장, 바닥의 장식 및 보호에 그 목적이 있다.

벽지는 소재에 따라 종이벽지, 직물벽지, 비닐벽지, 목질계 벽지 및 무기질 벽지로 구분하며 바탕용으로 사용하는 초배지 및 재배지와 마감용으로 사용하는 정배지로 구분하기도 한다. 벽지는 내구성, 내후성, 내마모성, 내충격성 등의 재질적 성능과 장식성, 내오염성 등의 기능성을 고려하여 사용부위 및 목적에 적합한 것을 선정해야 하며 초벌 및 재벌 바름에 사용하는 종이는 한지(참지, 백지, 피지), 또는 갱지, 모조지 등의 질기고 풀을 발라 붙이기 쉬운 종이가 사용된다.

17 - 2 재료(材料)

1) 정배지(正褙紙)

■ 종이벽지(wall paper)

가장 일반적으로 사용하는 벽지이다. 원지 2매를 종, 횡으로 붙인 후 그 표면에 프린트 가공을 하거나 엠보스 가공한 것으로 일반벽지와 가공벽지로 구분한다.

종이벽지는 디자인과 색조가 풍부하며, 시공성이 우수하며 가격이 저렴한 장점은 있으나 종이가 얇아서 찢어지기 쉽고 내오염성이 작은 단점이 있다.

■ 직물벽지(織物壁紙 ; 섬유벽지)

소재로 견직, 모직, 마직물 등의 천연섬유와 레이온, 나일론 등의 합성섬유를 사용하여 만든 벽지로 직물만이 갖는 부드러운 질감과 호화로운 느낌이 특징이며 흡음과 단열효과도 우수하다. 종이나 비닐벽지에 비해 먼지를 많이 흡수하고 퇴색하기 쉬운 것이 결점이다.

표 17-1 직물벽지의 종류

구분		용도 및 특징
천연섬유벽지	견직물	최고급 벽지로 광택이 좋고 온화한 느낌이 든다. 화려한 실내장식에 많이 사용된다.
	모직물	질감이 가장 우수하며, 튼튼하고 흡음 및 단열효과가 좋다.

구 분		용 도 및 특 징
합성섬유벽지	레이온	셀룰로오스계의 재생섬유로 염색성이 좋고 광택이 있으며, 가격이 저렴하다. 다른 섬유와 혼방하여 널리 사용된다.
	나일론	탄력성 및 내구성이 우수하며, 염색이 자유롭다.
	아크릴	가벼운 천으로 보존성이 우수하고 색의 발색이 선명하다. 오염되기 쉽고 불에 타기 쉬운 결점이 있다.

■ 갈포벽지(葛布壁紙)

갈사(葛絲)와 면사로 직조한 것을 원지에 접착하여 만든 벽지로 인공재료에서는 느낄 수 없는 거칠고 자연스러운 질감이 돋보이는 벽지이다.

대량생산이 어렵고 시공성이 나쁘며 수명이 짧은 것이 단점이다.

■ 비닐벽지(vinyl wall covering)

비닐벽지는 염화비닐 필름에 종이를 안대기 하고 표면에 프린트 가공 또는 엠보스 가공을 한 것과 안 종이에 프린트 가공을 하고 그 위에 염화비닐을 압착하는 2가지 방법으로 제조하며 종이벽지와 같이 일반적으로 사용하는 벽지이다.

비닐벽지는 내오염성이 커서 오염이 되더라도 젖은 천으로 간단히 닦아낼 수 있다. 일반적으로 통기성이 부족해서 결로의 우려가 있고, 곰팡이가 생기기 쉬운 결점이 있다.

표 17-2 비닐벽지의 종류

구 분		용 도 및 특 징
일반 비닐벽지	프린트 비닐벽지	염화비닐 필름의 표면에 색무늬 모양을 프린트 가공한 벽지로 엠보스 비닐벽지와 함께 일반적으로 사용하는 벽지이다.
	엠보스 비닐벽지	약간의 엠보스 가공을 한 벽지
발포 비닐벽지	프린트 발포벽지	발포비닐을 사용하여 표면에 부드러움을 준 벽지로 프린트 잉크에 발포제를 넣어 염화비닐 필름 위의 프린트 부분을 발포시킨 벽지
	고발포 비닐벽지	발포시킨 염화비닐 필름에 깊은 오목형 누름의 엠보스(emboss)를 만든 벽지
비닐라미네이트 벽지		종이의 표면에 모양을 프린트하고 그 위에 투명 염화비닐 필름을 압착한 벽지이다.
비닐레저 벽지		염화비닐필름의 표면에 레자 터치 모양이 엠보스 가공된 것으로 안대기는 종이, 천, 부직포 등이 사용된다.

[Chapter 17]

도배(塗褙)

■ 무기질계(無機質系) 벽지

표 17-3 무기질계 벽지의 종류

구 분	용 도 및 특 징
질석(蛭石) 벽지	안대기 종이 위에 고운 질석가루를 뿌려 접착시킨 벽지로 내화성이 우수하다. 접촉시에 질석가루의 탈락이 우려되므로 인체와의 접촉이 없는 천장용으로 주로 사용한다.
아스베스트(asbestos)벽지	석면에 펄프를 혼입한 아스베스트 시트에 염화비닐 필름을 라미네이트하여 프린트 또는 엠보스 가공을 한 벽지로 방화성능이 우수하다.
금속박(金屬薄) 벽지	표면은 프린트 또는 엠보스 가공을 하고, 안대기 종이에 알루미늄박을 붙인 벽지

■ 목질계(木質系) 벽지

표 17-4 목질계 벽지의 종류

구 분	용 도 및 특 징
수지가공 단판벽지	나무의 결을 자연스럽게 표현한 벽지로 티크, 월넛, 오크 등의 무늬 및 색이 아름다운 목재의 단판에 염화비닐 시트 등으로 안대기하여 만든다. 단판의 표면은 투명 플라스틱으로 코팅을 하여 보호한다.
코르크(cork) 벽지	안대기 종이 위에 얇게 자른 코르크 조각을 접착한 것으로 흡음효과가 우수하다.

2) 장판지(壯版紙 ; floor paper)

저피섬유와 목재펄프를 혼합하여 만든 크고 두꺼운 장지에다 식물성 기름을 침투시킨 종이로 온돌바닥에 붙일 때 사용한다.

3) 접착제

■ 전분질계(澱粉質系) 접착제

쌀, 옥수수, 감자 밀 등의 녹말성분을 원료로 하고 물을 가한 후 가열하여 풀로 만든 것으로 주로 도배용으로 사용한다.

■ 소맥질(小麥質) 접착제

소맥(밀)에 함유되어 있는 단백질을 가열하여 만든 것으로 용도는 전분질계 접착제와 같다.

■ 비닐수지 접착제(vinyl resin paste)

초산비닐 또는 초산비닐과 염화비닐의 공중합체를 주성분으로 하는 접착제로 용제형과 에멀젼형의 2가지로 분류된다.

용제형은 초산비닐을 아세톤이나 메탄올 등에 용해시킨 것으로 용도는 넓으나 0℃ 이하 또는 60℃이상으로 되면 접착강도가 저하되며 내수성 및 크리프 저항이 적은 것이 단점이다. 에멀젼형은 용제를 포함하지 않기 때문에 화재나 독성의 위험이 적다. 또한 값이 저렴하고 작업성이 우수하여 도배용으로도 우수한 접착제이다.

17 - 3 시공법(施工法)

도배지를 보관하는 장소의 온도는 항상 4℃ 이상으로 유지되도록 하고, 시공장소의 온도는 시작하기 전 72시간부터 시공 후 48시간이 경과할 때까지 16℃ 이상 유지되도록 한다.

도배의 바탕 만들기는 모르타르의 경우 도장의 바탕 만들기에 따르고, 합판, 석고보드 등의 바탕인 경우에는 그 이음새를 틈이 없게 밀착시키고, 바탕의 표면이 심하게 손상된 경우에는 도장의 바탕 만들기를 따른다.

또한 풀의 종류 및 배합은 특기 시방에 따르되, 특별한 규정이 없을 때에는 표 17-5 및 17-6에 따르고, 흡수가 심하거나 건조한 바탕일 경우에는 미리 물을 뿜어 축여 두거나 또는 바탕 면에 묽은 풀칠을 한 후 초배지 바름을 한다.

벽지에 풀칠할 때에는 귀얄(풀칠용 솔)을 가급적 빠른 속도로 평행하게 운행하여 풀이 고르게 묻도록 하고, 가장자리는 풀이 너무 많이 묻거나 또는 덜 칠해진 부분이 없도록 주의하여 칠한다.

또한 두꺼운 벽지나 장판지는 미리 물을 축여 두거나 묽은 풀칠을 하여 2시간 정도 방치한 다음 풀칠을 고르게 하여 붙인다.

초배지는 피지나 백지를 사용하고 이음매의 겹침은 6~15mm내외로 하며, 붙임의 이음은 엇갈리게 한다. 정배지는 색깔 및 무늬를 맞추어 마름질하여 음영이 생기지 않는 방향으로 이음을 두어 6mm정도 겹쳐 붙인다.

무늬가 있는 벽지인 경우 이어지는 부분의 무늬맞춤에 특히 주의하고, 색조에 따라 다소 농담의 차이가 있을 경우에는 눈에 띠지 않도록 유의하여 배치하며 가급적이면 같은 날짜에 생산된 제품을 사용한다.

[Chapter 17]

도배(塗褙)

표 17-5 전분질계의 풀의 배합비율

사 용 범 위	배 합 비 율	
	풀	물
전체 풀칠을 하는 초배용	30	70±5
종이벽지의 도배용, 특수벽지의 가운데 풀칠용	40	60±5
고급벽지 정배용	50	50±5
특수 도배지 갓 둘레 풀칠용	80	20±5
고급 장판용, 뒷면을 뜨게 바르는 초배용	100	±5

표 17-6 전분풀과 비닐수지 접착제의 배합비율

사 용 범 위	배 합 비 율		
	전 분 풀	비닐수지 접착제	물
벽지의 갓 둘레 풀칠용	80	20±5	0~10
벽지의 가운데 풀칠용	80	20±5	20~30

1) 밑 바름(하장) 공법

■ 전체 풀칠(전체 바름)

바탕면의 균열, 미세한 흑, 차이 등을 어느 정도로 평면화 시키기 위하여 사용하는 방법으로 종이 전면에 풀을 발라 바탕면의 전체에 바른다.

■ 갓 둘레 풀칠(봉투 바름)

직물벽지의 시공에 적합한 방법으로 종이의 갓 둘레에만 풀칠하고 붙이는 방법이다. 중앙부에는 풀칠을 하지 않으므로 수축팽창에 대해서도 저항성을 갖게된다.

■ 눈 바름

종이를 60mm정도의 폭으로 잘라 건식보드류(합판, 섬유판, 석고보드 등)의 이음매나 바탕의 균열 부위에 바르는 방법이다.

■ 비늘 바름(한 쪽 풀칠)

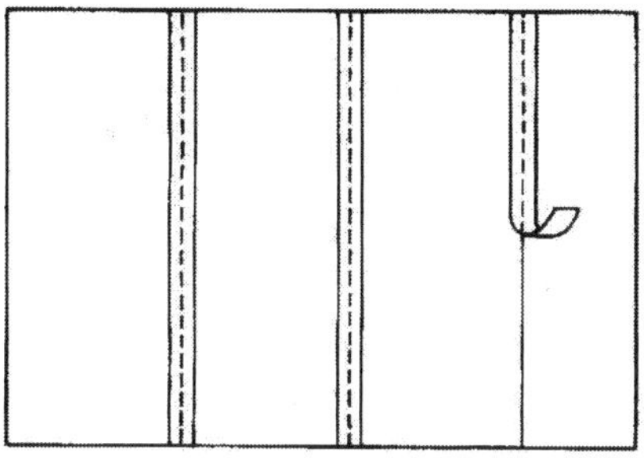
눈바름

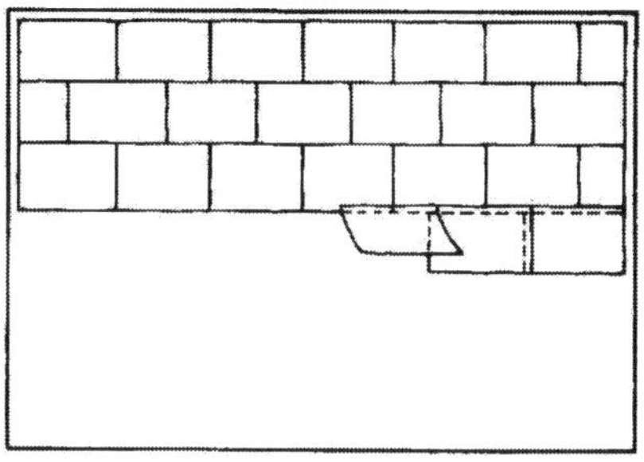
봉투 바름

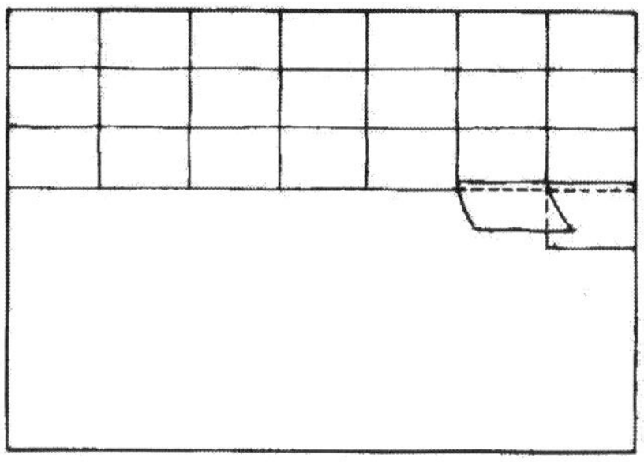
전체 바름

조인트 전체 바름

그림 17 - 1 밑바름 공법

2) 초배(初褙) 및 재배(再褙)

초배 및 재배의 공정 종별은 붙임바탕 또는 정배지의 종류에 따라 표 17-7에 의하고, 특별한 지정이 없을 때에는 B종으로 한다.

표 17-7 초벌 및 재벌바름 공정의 종별

공정 \ 종별			A 종	B 종	C 종
1	초벌 붙임	전체 바름	참지	백지, 백지	백지, 마분지, 신문지
2	재벌 붙임	전체 바름	참지, 피지	백지, 마분지	마분지, 신문지, 갱지
3	재벌 붙임	비늘 바름	참지, 백지	백지, 마분지	-
4	재벌 붙임	전체 바름	참지, 백지	-	-
5	재벌 붙임	봉투 바름	참지, 백지	-	-
6	밑 바 름	전체 바름	참지, 백지	백지, 갱지	백지, 갱지
총 붙임횟수			6	4	3

[Chapter 17]

도배(塗褙)

3) 정배(正褙)

■ 종이벽지(wall paper) 및 비닐벽지(vinyl wall covering)

바름면의 치수를 측정 한 다음 작업손실을 고려하여 40~50mm정도 여유 있게 재단하고 정배지는 음영이 생기지 않는 방향으로 이음을 두어 6mm정도로 겹쳐 붙인 다음, 마른 헝겊으로 표면을 문질러 주름과 들뜬 곳이 없도록 붙인다.

특히 갓 둘레는 들뜨지 않도록 밀착시킨다. 벽 면에 붙이는 정배지는 위에서 아래의 방향으로 붙이되, 벽의 한 높이를 여러 장의 벽지로 붙일 때에는 밑에서 위로 붙이는 것을 원칙으로 하고 띠 벽지 및 걸레받이용 벽지는 정배가 끝난 다음에 붙인다.

■ 직물벽지(織物壁紙 ; 섬유벽지) 및 갈포벽지

밑 바름은 전체 바름으로 하고, 바름 면의 치수를 측정 한 다음 작업손실을 고려하여 여유있게 재단한다. 정배지는 전체바름으로 하고, 벽지의 이음은 맞대기 붙임으로 하며, 맞댐 면은 핸드롤러로 압착한다.

Chapter 18

실내 마무리
(Interior finish)

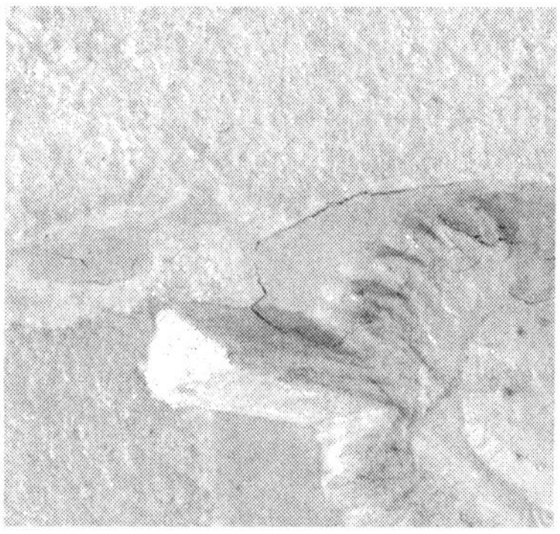

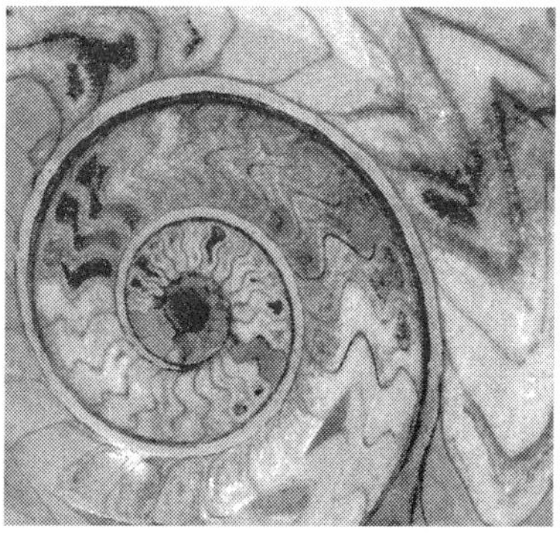

[Chapter 18]

실내 마무리(Interior finish)

18 - 1 실내마무리의 개요(槪要)

실내마무리란 시행자의 요구조건(要求條件)에 맞게 설계도 및 시방서에 따라 건물내부의 벽, 바닥, 천장 등의 치장과 마감을 목적으로 하는 것을 의미하며, 실내건축공사의 공정상 최종단계가 되는 중요한 공정이다.

실내마무리의 범위를 한정하기는 모호하지만 본 장에서는 18장 이전에 기술한 내용을 포함하지 않는 공사와 동종의 공사지만 최종 마무리단계에서 마감재를 시공해야 하는 바닥마무리와 커튼 및 블라인드 설치 등을 실내마무리로 다루었다.

18 - 2 플라스틱(Plastic)

플라스틱 제품(合成樹脂製品)

플라스틱(plastic)은 임의의 온도범위에서 가소성을 유지하는 물질로 열 및 압력을 가하면 자유로운 형상의 성형이 가능한 천연 또는 합성의 고분자화합물질의 총칭이며 열가소성과 열경화성으로 대별된다.

플라스틱은 화열(火熱)에 약하고 연소시 유독성 가스를 발생하며 경도 및 내마모성이 작은 단점은 있으나 가공성이 우수하고, 착색이 자유로우며, 내수성, 내식성, 내화학성 등 우수한 장점이 많아 건축물의 내외장재의 원료로 많이 사용되며 또한 새로운 제품의 개발속도가 빨라 상품의 다양성으로 인한 소비자 선택의 폭이 넓으며 이에 따라 그 사용량이 증가하는 추세이다.

플라스틱(합성수지)을 주원료로 한 제품에는 외부마감재, 바닥재, 천장재, 비닐레저 및 필름, 합성수지관, 도장재, 코킹재, 접착제 등 수많은 종류가 있으며, 플라스틱제품의 용도에 따라 다음과 같이 분류한다.

표 18-1 플라스틱 제품의 용도에 의한 분류

구 분	플 라 스 틱 제 품
지 붕 재	폴리에스테르 경화파형판(硬化波形板), 아크릴 파형판, 염화비닐 파형판 등
외 벽 재	폴리에스테르 경화평판, 염화비닐 평판, 페놀수지 합판 등
내 벽 재	염화비닐 치장판, 멜라민 치장판, 폴리에스테르 치장판 등
채 광 재	아크릴 투명판, 염화비닐 투명판, 셀룰로오스 투명판 등
천 장 재	폴리에스테르 강화판, 염화비닐 적층판 등

구분	플라스틱 제품
바닥재	염화비닐 타일, 비닐시트, 아스팔트 타일 등
설비재	염화비닐 파이프, 페놀수지 파이프, 폴리에스테르 욕조 및 세면기 등
단열재	폴리에스테르 발포제, 합성고무 스폰지, 염화비닐 스폰지 등
도장재	페놀수지 및 비닐계수지 도료, 에폭시수지 및 합성수지에멀젼 페인트 등
기 타	비닐레저, 염화비닐 창호바퀴, 튜브, 폴리에스테르 필름 등

1) 판상제품(板狀製品)

■ 폴리에스테르 강화판(polyester hard board)

유리섬유를 불규칙하게 혼입하여 상온에서 가압성형 한 판상형의 재료로 강도가 크고 알칼리 이외의 화학약품에는 저항성이 우수하다. 설비재, 실내외의 수장재로 사용된다.

■ 폴리에스테르 치장(수장)판(polyester decorated board)

합판, 하드보드 등의 표면에 0.5~1mm두께의 수지피막을 입힌 판으로 바탕색채, 무늬 등을 투영시켜 의장효과가 우수하다. 천장재, 내벽재, 가구재 등에 사용된다.

■ 폴리스티렌 투명판(透明板)

폴리스티렌수지를 형(mold)에 주입하여 성형한 제품으로 무색투명하며 투광율이 90% 이상으로 채광판으로 이용된다. 내후성이 부족하며 착색판은 실내장식용으로 사용된다.

■ 멜라민 치장판(melamine board)

두꺼운 종이에 페놀수지를 침투시켜 부착시킨 바탕에 색종이나 나무 무늬판 등을 붙이고 멜라민수지를 침투시킨 종이를 씌운 후 140℃에서 100kg/㎠로 가압하여 성형한 판으로 의장성이 우수하며 내마모성, 내열성, 내약품성이 크다. 내장재 및 가구재로 사용한다.

■ 아크릴 투명판(acrylate board)

입상아크릴 원료를 열압, 성형한 얇은 판으로 무색 투명판과 착색 반투명판이 있다. 투광율은 90%정도이고 유리에 비해 가볍고 잘 깨지지 않아 유리대용으로 사용한다.

■ 염화비닐 수장판(polyvinyl chloride board)

합판, 경질섬유판 등의 바탕에 무늬가 있는 종이나 색종이 등을 붙이고 염화비닐 투명막을 씌워 만든 판으로 무늬와 색채가 아름다워 실내장식재 및 가구재로 사용한다.

■ 페놀수지 경화판(phenol formaldehyde hard board)

종이에 페놀수지를 침투시켜 가열 가압하여 판상으로 제조한 베크라이트판(bakelite

실내 마무리(Interior finish)

board)과 목재박판에 페놀수지액을 침투시켜 수매씩 겹쳐 가열 가압하여 만든 강화목재 적층판(强化木材 積層板)으로 구분하며 실내장식재로 사용한다.

■ 페놀수지 화장판(化粧板)

페놀수지 경화판의 일종으로 합판의 표면에 페놀수지를 침투시킨 종이를 한층만 붙이고 가열 가압하여 판상으로 제조한 제품으로 내장재로 사용한다.

2) 합성수지 바닥재

■ 염화비닐 타일(polyvinyl chloride tile)

염화비닐에 가소제와 석면, 석분, 코르크분말 등의 진충제를 혼합하고 안료를 넣어 타일 형상으로 열압성형한 제품으로 색상 및 무늬가 다양하고 내화학성 및 내마모성도 우수해 실내바닥재로 흔하게 사용된다.

■ 아스팔트 타일(asphalt tile)

아스팔트와 쿠마론인덴수지를 혼합하여 진충제, 안료를 섞어 타일형상으로 열압성형한 제품으로 내화학성, 내마모성 등이 우수하다. 주로 사무공간의 바닥마감재로 사용하며 가격이 저렴한 것이 장점이나 무늬 및 색상은 다양하지 않다.

■ 비닐시트(polyvinyl chloride sheet)

염화비닐과 초산비닐의 공중합체를 원료로 하여 석면, 펠트 등을 진충제로 사용하고 안료로 착색하여 열압성형한 두루말이형의 제품으로 주거공간에 주로 사용하는 경보행용 바닥재와 상업 및 업무공간에 사용되는 중보행용 바닥재로 구분한다.

■ 비닐 코르크시트(vinyl cork sheet)

코르크판 위에 두께 1mm정도의 비닐막을 씌워 만든 제품과 비닐원료에 코르크분말을 진충제로 사용하여 열압성형한 제품이 있으며, 탄성이 있고 마모가 적으며 흡음과 보온의 효과가 있다.

■ 리놀륨(linoleum), 리놀륨 타일(linoleum tile)

아마인유의 산화물인 리녹신에 수지, 코르크 분말, 안료 등을 섞어 열압성형한 것으로 리놀륨은 시트 형태로 리놀륨 타일은 타일형상으로 판매된다.

■ 스폰지 시트(sponge sheet)

염화비닐수지를 원료로 하고 가소제, 충진제, 발포제 등을 혼입하여 스폰지 층 위에 염화비닐의 착색막을 붙여 만든 것으로 단열성 방음성이 우수하여 바닥재 및 내벽재로 사용한다.

3) 염화비닐 필름(film)

염화비닐수지를 주원료로 하고 석재, 금속, 목재 등의 질감으로 표면 처리하여 만든 제품으로 사용범위가 넓어 마감재로의 사용이 급증하고 있는 재료이다.

인테리어 시트필름이란 상품명으로 판매되고 있으며, 규격은 두께 0.08~0.5mm, 폭 910, 1,220mm가 일반적이다.

시공일반(施工一般)

거의 모든 플라스틱 제품은 표면경도(表面硬度)가 낮고 화열에 약하므로 취급과 시공에 주의를 요하며, 특히 열팽창계수가 높은 열가소성수지류는 시공시 열에 의한 신축(伸縮)의 여유를 충분히 고려해야한다.

아크릴 및 폴리에틸렌 평판의 경우 신축을 고려, 10℃의 온도차마다 1m당 1~1.5mm, 염화비닐평판의 경우에는 0.7~0.8mm의 여유를 두는 것을 표준으로 한다.

또한 플라스틱 제품 시공시 접착력을 높이기 위하여 열압(熱壓)하는 경우, 열가소성수지 제품은 50℃(단시간 60℃)를 넘지 않도록 하고 열경화성수지 제품의 시공온도 범위는 표 18-2를 기준으로 한다.

표 18-2 열경화성 수지 제품의 시공온도 범위

종 류	시공 온도 범위
경화 폴리에스테르수지, 요소수지	80℃(단시간 100℃)
페놀수지, 멜라민수지	100℃(단시간 120℃)

1) 일반공법(一般工法)

플라스틱 제품의 절단(切斷), 구멍가공 및 시공법은 표 18-3을 기준으로 하고, 염화비닐렌의 절단에는 핫 나이프(hot knife)를 사용하여 배접되어 있는 실이 풀어지지 않도록 한다. 구멍 뚫기는 재료가 손상되지 않도록 주의하면서 천천히 가공한다.

표 18-3 플라스틱 제품의 일반적인 시공법

종 류	제품의 형상	절 단	구멍 가공	접 착	정 착
염화비닐, 아크릴, 멜라민 수지	평판, 골판, 적층판	목공 사용톱	핸드드릴, 송곳	지정 접착제	못, 나사못
염화비닐 수지	타일	컷터칼, 재단기	자유	지정 접착제	못, 리벳
	레져, 시트, 필름	가위, 컷터칼			

2) 접착(接着)

접착제는 플라스틱 제품 제조사의 지정 접착제를 사용하는 것을 원칙으로 하고 가열 접착할 때의 시공온도는 표 18－2를 기준으로 한다. 에멀젼형 접착제는 겨울철에 얼지 않도록 주의해야 하며, 주제와 경화제를 혼합하여 사용하는 열경화성 접착제의 경우 그 배합비율은 제조회사의 규정량을 지킨다.

시공 후 제품의 표면에 묻은 접착제는 제품을 침식하지 않는 용제나 중성세제로 즉시 닦아내고 용제형 접착제를 사용하는 경우에는 특히 화기에 주의해야 하며 또한 작업장의 환기를 충분히 해야한다.

판상제품(板狀製品)의 시공

1) 평판(平板) 및 적층판(積層板)

폴리에스테르 치장(수장)판, 염화비닐 수장판, 페놀수지 경화판, 페놀수지 화장판(化粧板) 등의 평판 및 적층판의 시공은 내부마감 목공사의 합판부착공법에 준한다.

2) 박판(薄板)

멜라민 치장판(melamine board), 베크라이트판(bakelite board)등의 박판시공은 접착제를 사용하여 부착하는 것을 원칙으로 하며, 가열가압 접착시에는 표 14－2를 기준으로 한다.

합성수지 바닥재의 시공

1) 합성수지계 타일

모르타르를 사용한 바탕 고르기는 미장공사에 따르되, 건조기간은 14일을 원칙으로 하며, 목조바닥 바탕면은 수평이 유지되어야 한다.

접착제는 제조사의 전용 접착제 사용을 원칙으로 하며, 접착제는 빗자국 주걱으로 균일하게 바르고 필요하면 타일의 뒷면에도 바른다.

소정시간 내에 붙이지 않으면 접착성이 저하되므로 한번에 시공할 수 있는 도포면적을 파악한 후 시공하도록 한다. 타일을 붙인 후, 표면으로 누출된 접착제를 닦아내고, 들뜬 것, 비뚤어진 것을 수정하고 핸드롤러로 압착시켜 타일 접착면의 공기를 빼낸다.

접착제의 경화정도를 보아 타일표면을 청소하고, 수용성 왁스를 사용하여 마무리 닦기를 한다. 시공시 온도가 5℃ 이하일 경우에는 공사를 중지하거나 적절한 조치를 취한 후 시공한다.

2) 합성수지계 시트

바탕면은 충분히 건조시킨 후 깨끗이 청소한다. 시트는 실제치수보다 3~5cm정도 여유 있게 재단하고 시트류의 감긴 자리가 남지 않도록 일정시간 임시 깔기(리놀륨은 48시간 이상)를 한다.

이음 및 벽의 옆, 기둥, 출입구 부분 등의 잘라내기 부분은 정확히 재단하여 틈서리가 생기지 않도록 하고 접착제는 제조사의 전용 접착제 사용을 원칙으로 하며, 접착제는 빗자국 주걱으로 균일하게 바르고 필요하면 시트의 뒷면에도 바른 후 정깔기를 한다.

소정 시간내에 붙이지 않으면 접착성이 저하되므로 한번에 시공할 수 있는 도포면적을 파악한 후 시공하도록 한다. 시트를 붙인 후에는 표면으로 누출된 접착제를 닦아내고, 핸드롤러로 압착시켜 시트 접착면의 공기를 빼낸다. 보행량이 적은 곳은 시트의 갓 둘레부분만을 접착제로 붙여 시공해도 무난하며 시트의 이음 부분은 제조사의 용접액을 사용하여 일매지게 접착한다. 접착제의 경화정도를 보아 시트표면을 청소하고, 수용성 왁스를 사용하여 마무리 닦기를 한다.

필름제품의 시공

바탕면에 부착되어 있는 유분(油分), 수분, 오손(汚損), 진액, 금속의 녹 등은 필름의 점착(粘着) 또는 접착을 저해하며, 필름의 부풀음, 표면손상, 바탕과의 탈락 원인이 되므로 이와 같은 하자를 미리 방지하기 위해서 바탕 면을 깨끗이 청소하고, 요철을 제거하여 면을 평활하게 하여야 한다.

1) 바탕처리

■ 목재 및 목재가공품의 바탕처리

합판, 코어합판, 섬유판 등 필름붙임 바탕의 표면에 묻은 부착물은 깨끗이 제거하고 닦아낸다. 바탕의 표면을 #180번 정도의 연마지로 연마하여 면을 평활하게 한 후, 표면에 부착된 연마 찌꺼기는 깨끗한 헝겊에 알코올 또는 신너를 묻혀 닦아낸다.

바탕 면의 미세한 구멍, 이음의 틈새 등은 퍼티로 메우고 다시 연마지 닦기를 한다. 필요하면 2회 이상 반복처리하고, 퍼티 처리면을 알코올 또는 신너를 적신 헝겊으로 깨끗이 닦아낸다. 신너가 휘발하면 바탕 전면에 필름전용 프라이머를 도포한다.

흡수력이 큰 바탕 면에는 2~3회 도포하고, 각 회 도포는 전회에 도포한 프라이머가 충분히 건조한 후 실시해야 하며 필름의 부착은 최종 프라이머 도포 후 15~30분 정도 경과 후에 실시한다.

단, 바탕면이 MDF인 경우에는 1시간 이상의 건조시간을 갖는다.

■ 강판, 알루미늄, 아연도금강판, 스테인리스강판의 바탕처리

바탕의 부착물은 깨끗이 제거하고 닦아낸다. 녹이 있을 경우에는 와이어 브러시나 연마지로 제거한 후 바탕의 표면을 #180번 정도의 연마지로 연마하여 면을 평활하게 처리한다. 바탕 면의 미세한 구멍, 이음틈새 등은 퍼티로 메우고 연마지 닦기를 한다. 필요하면 2회 이상 반복처리하고, 퍼티 처리면을 알코올 또는 신나를 적신 헝겊으로 깨끗이 닦아낸다.

■ 석고보드 및 석면시멘트판의 바탕처리

바탕에 돌출된 못은 깊숙이 쳐 박고 바탕의 부착물은 깨끗이 닦아낸 후 바탕의 미세한 구멍, 이음틈새 등은 퍼티로 메우고 연마지 닦기를 한다.

석고보드 및 석면시멘트판의 경우 바탕 전면에 퍼티먹임을 한다. 퍼티먹임 및 연마지 닦기는 가급적 2회 이상 반복하여 처리하고, 퍼티 처리면을 알코올 또는 신너를 적신 헝겊으로 깨끗이 닦아낸다.

■ 페인트칠 면의 바탕처리

칠의 종류, 칠의 건조상태 등을 점검하여 칠이 필름의 접착에 영향을 줄 수 있는지의 여부를 사전에 확인하고, 바탕표면에 부착된 먼지나 찌꺼기 및 유분은 깨끗한 헝겊에 알코올, 가솔린 또는 중성세제를 묻혀 닦아낸다.

이때 청소용제가 칠 막을 침식시키는지의 여부를 사전에 반드시 확인해야 한다. 페인트칠의 바탕면은 전면 퍼티먹임을 원칙으로 하며 바탕의 요철부는 퍼티로 메우고 연마지 닦기를 한다. 퍼티 먹임 및 연마지 닦기는 가급적 2회 이상 반복하여 처리하고, 퍼티 처리면을 알코올 또는 가솔린을 적신 헝겊으로 깨끗이 닦아낸다.

2) 시공(施工)

필름의 이음부분은 맞댐 면에 간격이 생기는 것을 방지하기 위하여 접착 후 최소한 1일 이상 방치하는 것을 원칙으로 한다.

맞댐 면은 양측의 필름과 함께 후지(後紙)가 부착된 상태로 50mm정도의 여유를 둔 상태로 접착하며, 양측의 필름은 30mm정도 겹쳐지도록 한다. 필름과 필름을 중복하여 부착하는 경우에는 반드시 전용 프라이머를 도포 한 다음 5분 정도 경과한 후에 부착한다. 무늬나 엠보스 가공된 필름지의 경우 방향성에 주의하여야 하며 또한 필름의 표면이 손상되지 않도록 부착한다.

필름의 재단은 청결한 장소에서 하고, 주위의 다른 작업으로 인하여 필름 시공에 지장을 받거나 필름의 손상이 우려될 때에는 작업을 중지한다.

■ 평면부위(平面部位)의 접착

접착면의 치수를 측정한 다음, 작업손실을 고려하여 접착면의 치수보다 40~50mm정도 여유 있게 재단한 후, 필름을 부착시킬 면에 펼쳐 놓고 전체의 위치를 결정한다. 붙이는 면적이 클 때에는 후지(後紙 ; 필름의 뒷면에 붙인 종이)의 끝 부분을 50~100mm 정도 벗기고, 벗긴 부위를 기준 삼아 먼저 접착한다. 필름은 플라스틱 주걱으로 압착하며 압착방향은 중앙부위에서 가장자리 쪽으로 눌러 밀듯이 압착하여 필름과 바탕면 사이의 공기를 최대한 밀어낸다.

필름접착 후 남아있는 기포가 있을 때에는 침 또는 핀으로 기포의 중앙부에 구멍을 만들어 플라스틱 주걱으로 눌러 빼고 압착한다.

■ 모서리 부위의 접착

접착하고자하는 모서리부위에 필름전용 프라이머를 도포한 후, 접착 면의 치수를 측정한 다음 작업손실을 고려하여 접착면의 치수보다 40~50mm정도 여유있게 재단한다.

필름을 부착시킬 면에 펼쳐 놓고 전체의 위치를 결정한다. 붙이는 면적이 클 때에는 후지(後紙)의 끝 부분을 50~100mm정도 벗기고, 벗긴 부위를 기준 삼아 먼저 접착하되, 모서리부위를 경계로 면적이 넓은 부위부터 한다.

필름은 플라스틱 주걱으로 압착하며 압착방향은 중앙부위에서 가장자리 쪽으로 눌러 밀듯이 압착하여 필름과 바탕면 사이의 공기를 최대한 밀어낸다. 필름접착 후 남아있는 기포가 있을 때에는 침 또는 핀으로 기포의 중앙부에 구멍을 만들어 플라스틱 주걱으로 눌러 빼고 압착한다.

■ 3차 곡면부위의 접착

접착하고자하는 곡면부위에 필름전용 프라이머를 도포한 후, 접착면의 치수를 측정한 다음 작업손실을 고려하여 접착면의 치수보다 100mm정도 여유 있게 재단하고 곡면부위에 후지(後紙)를 벗긴 필름을 대고 가열 드라이어(drier)로 필름을 유연하게 하여 필름을 주의해서 늘이면서 곡면을 감싸듯이 접착한다. 이때 주름이나 기포가 생기지 않도록 가볍게 잡아당기면서 압착한다.

18 - 3 카펫(carpet)

[Chapter 18]

실내 마무리(Interior finish)

카펫은 양털, 레이온, 아크릴 등으로 짠 바닥깔기 재료로 촉감이 좋고 흡음성능과, 보온효과도 우수하며 색채와 무늬가 아름다워 바닥의 고급 마감재료로 사용한다.

카펫은 천연의 양모와 실크, 천연염료를 사용하여 손으로 짠 수직물(手織物)과 아크릴사, 나일론, 합성섬유, 화학염료를 사용하여 기계로 짠 기계직(機械織)으로 분류할 수 있으며, 양탄자 또는 융단(戎壇)이라고도 한다.

1) 재료

■ 수직(手織) 카펫

카펫 중에서 가장 호화롭고 품위가 있으며, 감촉이 부드러우며 품질도 최상급이다. 단통(緞通)이라고도 한다. 페르시아산, 터키산 등이 유명하며, 중국산, 스페인산 등도 수입되어 판매되고 있다.

■ 윌튼(wilton) 카펫

기계직 중에서 가장 튼튼하고 내구성이 우수한 카펫으로 18세기 말 영국의 윌튼이란 마을에서 처음 만들어 졌으며 현재는 윌튼이란 말 자체가 고급카펫을 대표하는 용어로 사용되고 있다.

■ 액스민스터(axminster) 카펫

19세기말 미국의 하르시온 스키너라는 사람이 발명한 직조기계를 도입한 액스민스터라는 영국지방의 지명에서 유래한 명칭으로 다색모양의 특색 있는 카펫으로 유명하다.

■ 터프테드 카펫

바탕 천에 미싱바늘로 파일사를 자수하여 만든 것으로 제조법이 간단하여 대량생산이 가능하므로 가격이 저렴하다. 가장 일반적으로 사용되고 있는 대표적인 카펫이다.

■ 타일(tile) 카펫

500mm×500mm크기의 정방형으로 재단하여 타일형상으로 만든 것으로 일반카펫의 장점인 탄력성, 내구성, 방염성, 흡음성 등은 그대로 유지하고, 단점인 유지관리 및 보수의 어려움을 보완한 것이다. 레이 아웃의 변경이나 부분적으로 오염이 됐을 경우 카펫을 떼어 내거나 다시 까는 작업이 용이한 장점이 있다.

■ 니들(needle) 펀치(punch) 카펫

미국에서 1963년경부터 만들어지기 시작한 펠트상의 부직 카펫으로 가격이 아주 저렴하다. 바탕 천에 펠트섬유를 바늘에 꿰어 바탕천에 감아 펠트상으로 압축성형하여 만든다. 탄력성은 없으나 마찰에 강하다.

2) 시공법(施工法)

바탕면은 수평이 유지되어야 하며, 각 바탕만들기는 공종에 따른다. 바탕은 충분히 건조시키고 깨끗이 청소해야 하며 카펫을 못으로 고정하는 경우에는 미리 목재 받이재를 묻어 둔다.

■ 그리퍼(gripper) 공법

실(室)의 주변에 카펫을 고정할 그리퍼를 설치하고 이것에 카펫을 끌어당겨 고정시키는 방법으로 실의 면적이 작은 경우에 적합하다.

바탕면은 충분히 건조되어 있어야 하며, 바탕면을 깨끗이 청소한 후 실(室)의 주변 바닥에 두께 7mm, 폭 30mm정도의 목재 그리퍼를 벽면에서 카펫 두께의 2/3정도로 이격(離隔)시켜 못이나 접착제로 고정한다.

고정시킨 그리퍼 안쪽에는 펠트를 미리 깔고 실의 면적보다 여유있게 카펫을 재단한다. 재단한 카펫은 기준 벽을 따라서 신전기로 펴면서 그리퍼에 고정시켜 나간다. 이 경우 여분의 길이를 남겨두고 깔기가 마무리 된 다음 끝 부분의 감기는 여분 길이를 보아 재단하고 구석부분을 감아 마무리한다. 다른 쪽 3변도 같은 방법으로 시공하며 타 재료와의 접촉부는 재료분리대를 겸한 메탈 몰딩으로 처리한다.

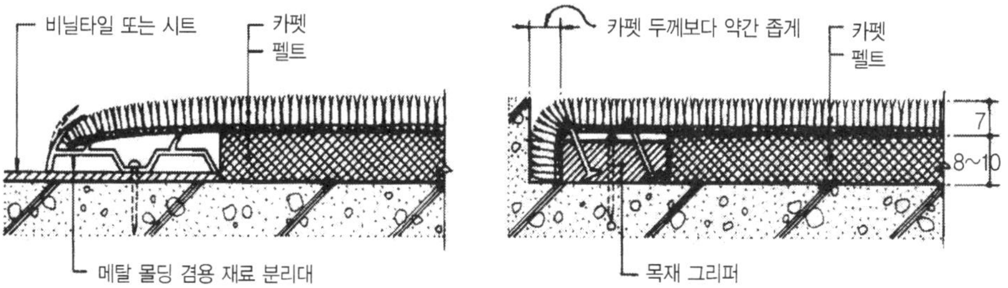

그림 18 - 1 그리퍼 공법

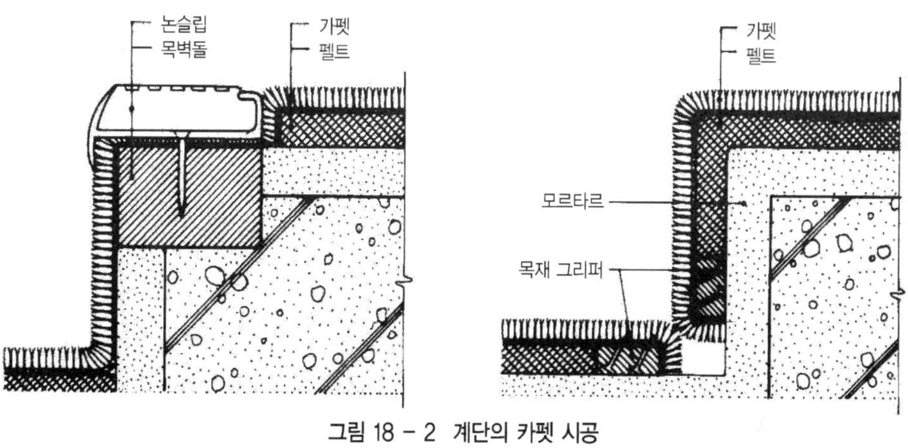

그림 18 - 2 계단의 카펫 시공

■ 접착제 공법

바닥전면에 접착제를 도포하고 카펫을 붙이는 방법으로 실의 면적이 넓고 보행량이 많은 공간에 적합하다. 바탕면은 충분히 건조시키고 깨끗이 청소한 후 시공방향과 무늬 맞추기, 시공 폭(幅)수 등을 계획하되, 출입구 쪽 이음은 피하도록 계획한다.

기준이 되는 첫 번째 폭의 원단은 시공길이보다 5~10cm정도 여유 있게 재단하고, 지정된 접착제를 사용하여 카펫을 접착시킨다.

이때 원단 위에 양손을 펴서 중앙부위부터 가장자리로 압착하면서 접착시킨다. 기준 폭 접착이 끝나면 다음 접착할 원단과의 무늬를 맞추고 이음선에서 양쪽으로 20mm정도 접착제를 도포 한 후 동일한 방법으로 시공한다. 시공된 이음부분은 깨끗이 청소한 후, 지정 용착제로 이음매를 따라 2~3mm폭으로 도포(塗布)하고 1~2시간 경과하여 완전히 경화 될 때까지 움직이거나 밟지 않도록 한다.

■ 타일카펫 시공법

타일카펫의 시공법은 접착제를 사용하지 않고 단순히 카펫타일만을 바닥에 배열하는 배열시공법과 접착제를 사용하는 접착시공법으로 구분할 수 있으며, 배열시공법은 보행으로 인한 타일의 이동으로 틈이 생기거나 타일이 겹쳐 올라오는 경우가 있기 때문에 바람직한 시공방법이라 볼 수 없다.

바탕면은 충분히 건조시키고 깨끗이 청소한 후 벽선에 직각이 되도록 바닥면을 4등분하여 먹매김 한다. 이때 벽주변에 배치되는 타일의 크기는 1/2이상이 되도록 조절하고 4등분 된 면적 중 시공순서를 결정한 후 1/4의 면적에 접착제를 도포한다.

이때 접착제는 최소한의 양으로 하여 오염된 타일을 교체하거나 타일을 제거할 때 바닥이 상하지 않도록 해야한다. 카펫타일은 전면접착과 부분접착을 병용할 수 있으며, 중량물의 이동이 많은 곳에는 전면접착으로 하는 것이 바람직하다. 부분접착으로 시공할 경우라도 출입구 부분이나 라디에이터 등이 있는 부분에는 반드시 접착제를 사용해야 한다.

18 - 4 커튼(Curtain)

커튼은 실내장식 및 연출에 있어서 아주 중요한 디자인 요소이며, 외부로부터의 시선차단, 빛과 열의 조절, 보온과 흡음의 효과를 얻을 수 있다.

직물류의 커튼은 카펫과 같이 소방법 시행령에 의한 방염처리를 해야하는 물품이므로 관련법규(제3장 소방법 마감재료 제한)를 필히 검토한 후 공간의 용도에 맞게 사용해야 한다.

대표적인 커튼의 소재 및 특징은 다음과 같다.

표 18-4 커튼의 소재

소 재	특 징 및 용 도
면(綿 : cotton)	천연섬유로 질기며 가격이 저렴하지만 물세탁과 염소표백은 불가능하다. 주로 프린트 커튼용으로 사용한다.
마(麻)	질기고 심이 강하지만 구겨지기 쉽다. 주로 케이스먼트 커튼용으로 사용한다.
레이온	드레이프 커튼용으로 사용하며 천연섬유와 비슷하고 가격이 저렴하다. 물세탁과 염색표백은 불가능하다.
폴리에스테르	레이스 커튼지로 적합하며 질기고 치수의 안정성이 있다. 물세탁이나 드라이크리닝이 가능하다.
아크릴	가볍고 보온성이 좋다. 주로 케이스먼트 커튼이나 프린트 커튼용으로 사용한다.

1) 커튼(curtain)의 종류

표 18-5 커튼의 종류

종 류	특 징 및 용 도
드레이프(drape) 커튼	두껍고 중량감이 있는 커튼으로 천이 지닌 광택이나 느낌이 특색이 있으며 짜임새가 치밀하고 통기성은 작으나 차광, 방음, 보온성이 우수하다.
레이스(lace)커튼	가는 합섬사(合成纖維絲)를 이용하여 얇게 짠것으로 커튼 중에서 가장 통기성이 크고, 빛을 확산시키며, 외부로부터의 시선의 차단 효과도 크다.
케이스먼트 (casement)커튼	드레이프와 레이스의 중간형으로 일반적으로 한 겹으로 달며, 장식성이 풍부하고 약간의 투시성이 있으면서 실내의 프라이버시도 확보할 수 있다. 4계절 모두 사용할 수 있으며 현대 감각이 요구되는 공간에 잘 어울린다.
프린트(print)커튼	면, 아크릴계 및 레이온 등의 바탕천에 추상무늬, 나뭇잎 등을 프린트한 것으로 보통커튼과 롤(roll) 스크린용으로 사용한다.
선염(先染)커튼	직조하기 전에 울, 면, 폴리염화비닐 등의 원모 또는 실의 단계에서 염색한 후 직조한 커튼으로 주로 드레이프 커튼용으로 사용한다.
후염(後染)커튼	무지 또는 무늬 직물을 염색한 것으로 캘리코(calico), 포플린과 같은 얇은 천을 비롯하여 도비(dobby), 자카드(jacquard) 등 거의 모든 직물에 사용된다.

2) 커튼의 구성(構成)

■ 커튼 본체

커튼 자체를 의미하며 한겹달기와 두겹달기로 구분한다. 한겹달기는 레이스 커튼 또는 프린트 커튼을 단독으로 다는 경우로 차광(遮光)을 필요로 하지 않는 곳에 사용한다. 두겹달기는 레이스 커튼을 실내측에 병용하여 다는 경우로 차광과 채광을 겸할 수 있는 장점이 있다.

■ 밸런스(balance)

커튼레일을 가리고 커튼의 장식성을 더욱 풍부하게 하는 것으로 밸런스의 디자인에는 커튼과 동일한 주름을 잡은 주름 밸런스, 바탕 천을 평평하게 두고 하단에 요철을 주거나 장식을 다는 플랫 밸런스, 궁전풍의 드레이프 밸런스 등 3가지 종류가 있다.

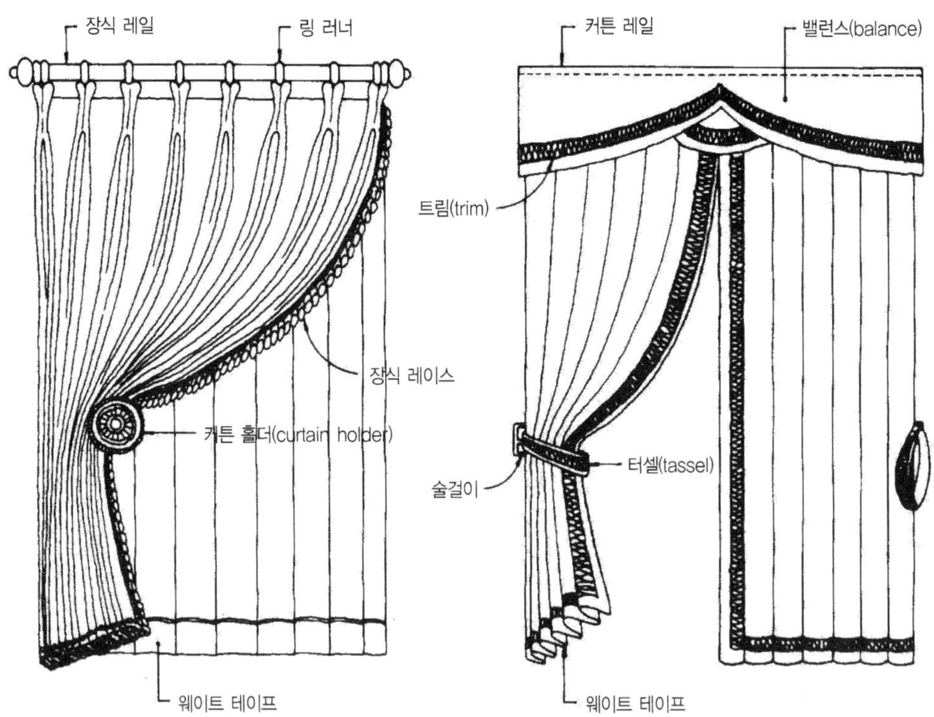

그림 18 - 3 커튼의 구성

■ 커튼 레일 및 부속품

① 기능레일 : 일반적으로 보급되어 널리 사용되고 있는 레일로 단면모양에 따라 I식, C식, D식, L식으로 구분하며 각 형식에 맞는 러너(레일을 미끄러지는 바퀴), 스토퍼(레

일의 양단을 막거나 러너를 멈추게 하는 장치), 브라켓(레일을 벽에 고정하는 부속품), 후크(커튼을 달 때 커튼지에 부착하는 고리)로 구성된다.

② 장식레일 : 클래식 타입이 주를 이루며 1개의 봉으로 된 것이 많다. 종류로는 목재 환봉, 알루미늄 환봉, 알루미늄 각봉 등이 있다. 1겹 달기일 때는 장식레일 1개를 사용하지만 두 겹 달기일 때는 기능레일을 바깥쪽에 사용하고 장식레일을 실내 측에 사용한다.

■ 커튼 액세서리(accessory)

① 터셀(tassel) 및 홀더(holder) : 커튼을 좌우로 끌어 모아 술걸이에 고정하기 위한 것으로 커튼과 같은 천으로 만들거나 기성품을 사용한다.

② 술걸이 : 터셀 및 홀더를 고정하기 위한 것으로 세로창틀에 고정시킨다.

③ 트림(trim) : 커튼 및 밸런스 등에 악센트를 주기 위한 테두리 및 끝단의 장식으로 방울이 달린 것, 술을 붙인 것 등 종류가 다양하다.

18 - 5 블라인드(blind)

날개(slat)의 각도를 조절하여 외부로부터 실내로 들어오는 빛의 양 및 조망(眺望), 시선 차단 정도를 조절할 수 있는 창 가리개로 수평 및 수직 블라인드로 대별할 수 있다.

1) 수평 및 수직 블라인드

■ 수평 블라인드(horizontal blind, venetian blind)

가장 일반적으로 사용하는 블라인드로 실내에 수평적 요소를 부여함으로 안정감을 주지만 날개에 먼지가 쌓일 우려가 크다.

베니션 블라인드라고도 하며 슬랫은 열반사율이 높은 알루미늄 합금이 주로 사용된다. 블라인드의 품질, 색상, 무늬 등은 미리 견본품을 제출하여 담당원의 승인을 받은 것으로 하고, 블라인드의 형식 및 조작방법은 특기시방에 따르되, 특기시방에서 정한바가 없을 때의 조작방법은 끈 당김으로 한다.

[Chapter 18]

실내 마무리(Interior finish)

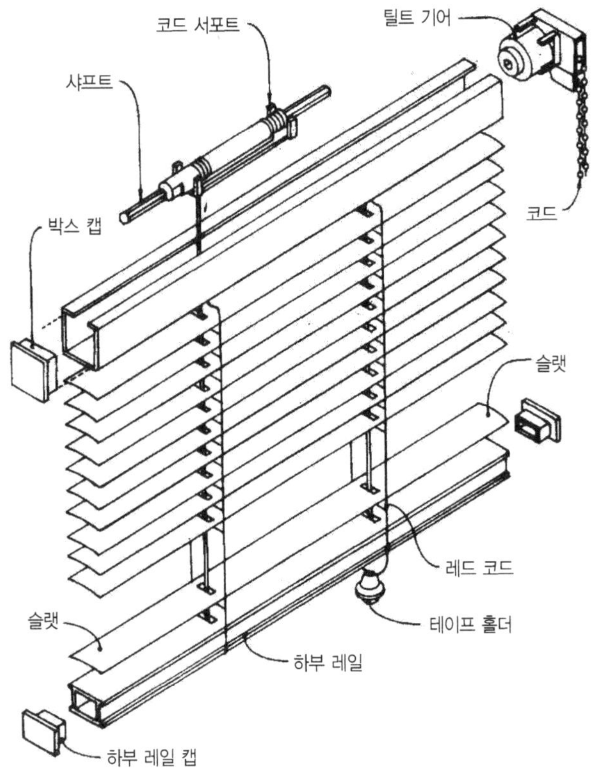

그림 18 - 4 수평 블라인드의 구성

■ 수직 블라인드(vertical blind)

슬랫이 세로로 늘어선 것으로 틸트 기어(tilt gear)의 체인에 연결되어 180° 회전이 가능하다. 실내에 수직적인 요소를 부여하며 좌우로 개폐되므로 출입구에도 설치할 수 있다. 블라인드의 품질, 색상, 무늬 등은 견본품을 제출하여 담당원의 승인을 받은 것으로 하고, 블라인드의 형식 및 조작방법은 특기시방에 따른다.

블라인드의 길이는 창대에서 300mm내외 아래까지 하고, 출입구용은 바닥 윗면까지로 하며, 나비는 창문폭의 1.5배 이상으로 한다. 커튼용 레일의 종류 및 재질은 특기시방에 따르고, 달줄로 할 때 그 길이의 한도는 2m내외로 하며, 커튼용 레일 이외의 것을 사용은 특기시방에 따른다.

2) 롤 블라인드(roll blind, roll screen)

■ 롤 블라인드(roll blind)

롤 셰이드(roll shade) 또는 롤 스크린(roll screen)이라고도 하며, 회전구동기구를 작동시켜 직물 전체가 감기거나 풀리면서 개폐된다. 회전구동 기구에는 수동식과 전동식이 있다.

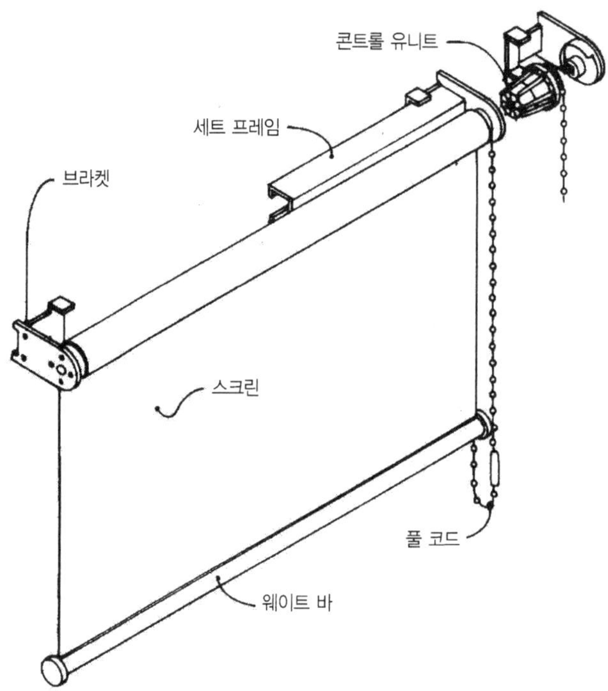

그림 18 - 5 롤 블라인드의 구성

■ 로만 블라인드(roman blind)

로만 셰이드(roman shade)라고도 하며, 천의 내부에 설치된 풀 코드나 체인에 의해 당겨져 아래가 접히면서 올려진다.

18 - 6 암막(暗幕)

침실이나 영사실 등의 공간에서 외부로부터의 빛 차단을 목적으로 설치하는 커튼으로 보통의 드레이프 커튼에 검은 천을 대거나 천 안쪽에 폴리우레탄 또는 아크릴수지를 코팅하여 만든다. 차광(遮光) 커튼이라고도 한다.

1) 감아올림 암막

암막용 천의 품질 및 부속품은 미리 견본품을 제출하여 담당원의 승인을 받은 것으로 한다. 암막의 길이는 창 밑에서 300mm내외로 길게 하고 상부박스 및 좌우에는 특수 가이드 레일을 댄다.

2) 끌어올림 암막

암막용 천의 품질 및 부속품은 미리 견본품을 제출하여 담당원의 승인을 받은 것으로 하고, 암막은 겹으로 설치하는 것을 원칙으로 한다.

암막의 길이는 창밑에서 450mm내외로 길게 하고, 폭은 개구부에 알맞은 크기로 한다.

3) 가로당김 암막

암막용 천의 품질 및 부속품은 미리 견본품을 제출하여 담당원의 승인을 받은 것으로 하고, 천의 나비는 개구부 폭의 1.5배 이상으로 한다.

양쪽 가로당김의 경우, 중앙의 마중 여밈 폭은 300mm이상으로 하고, 막의 길이는 창 밑에서 450mm내외로 길게, 출입구는 바닥 윗면까지로 한다. 또한 막의 벽 옆 끝 부분에는 창문선 또는 적당한 개소에 테두리 누름선을 설치하고 고정한다.

한쪽 당김인 경우에는 한 쪽 벽 옆에는 세로박스를 설치하고 다른 한쪽은 테두리 누름선을 설치한다.

18 - 7 방염처리(防炎處理)

가연성 물질의 인화 및 연소 방지 또는 연소를 지연시킬 목적으로 방화성능이 있는 물질로 마감재의 표면을 처리하는 것으로 공공건물이나 집회장소의 실내마감재에 적용된다. 방염처리가 필요한 장소 및 방염 대상물은 소방법 시행령에 규정되어 있으므로 시공 전에 미리 확인해야 한다.

1) 재료(材料)

방염도료가 일반적으로 사용된다. 방염도료는 내열성 합성수지와 인산염 유도체를 적절하게 배합한 발포성 도료로서, 용도에 따라 화재시 단열층을 형성하여 화재의 확산을 방지해 주는 하도용(下塗用)과 다양한 색상으로 마무리를 겸용한 상도용(上塗用)으로 구분되며, 종류는 바니시와 페인트로 대별할 수 있다.

제품으로는 유성 방염래커, 우레탄 방염 래커, 수성 방염 래커, 컬러 방염 래커, 방화바니시 등이 있으며 방염처리시 작업환경은 하도용의 경우 온도 5~30℃, 습도 85%이내, 상도용의 경우 온도 5~30℃, 습도 65%이내를 유지하도록 한다.

방염도료의 종별, 공정, 도포량 및 건조를 위한 방치시간은 특기시방에 따르되, 지정이 없을 때에는 표 18-6에 따른다.

표 18-6 방염도료의 종별 및 공정

방염재료 및 공정		건조시간	재벌칠	도포량	도장횟수	비 고
바니시	하도용	4시간 이상	24시간이내	500gr/m²	2~3	KS F2271(건축물의 내장재료 및 공법의 난연성 시험방법에 합격한 것
	상도용	2시간 이상		85gr/m²	1	
페인트	하도용	4시간 이상	24시간이내	600gr/m²	3	
	상도용	2시간 이상		100gr/m²	1	

2) 방염처리

■ 목재

목재용 방염제의 품질 및 종류별 처리법은 특기시방서에 따르되, 지정한 바가 없을 때에는 표 18-7의 3종으로 한다.

방염처리를 3종으로 할 경우 목재의 갈라진 곳이나 흠 등은 면밀히 살펴 재처리한다. 방염선처리(防炎先處理) 된 목재인 경우에도 갈라지거나 흠이 있는 목재는 담당원의 지시를 받아 3종으로 재처리를 해야한다.

표 18-7 목재 방염처리의 종별

종 별	1 종	2 종	3 종
공 법	개설법 또는 이에 준하는 가압법	침지법	2회 도포 또는 뿜칠

■ 합판 및 카펫, 커튼지 및 기타

방염제의 품질, 종별 및 처리방법은 특기시방서에 따른다. 방염 후처리(後處理)인 경우, 방염처리검사는 현장에서 실시하므로 방염성능을 검정받고자 하는 검정 대행자는 관할 소방서장에게 미리 방염처리 날짜에 맞추어 검사신청서를 제출하여야 하며, 소방법 시행령 제11조 제3항의 방염성능 기준에 합격해야 한다.

3) 소방법 내부 마감재료 제한

대통령령이 정하는 특수장소에 사용하는 내부 마감재료는 방염처리를 해야하며, 특수장소 및 방염처리 대상물은 다음과 같다.

■ 방염 대상물 : 소방법 시행령 제11조 제2항

① 커튼(종이류, 합성수지류 또는 섬유류를 주원료로 한 물품으로서 창문이나 벽 등의 실내에 설치하는 막, 암막, 무대막 및 구획용 막을 말한다.

② 실내장식물(건축법 시행령 제61조의 규정에 의한 건축물의 내장이 된 부분에 접착하거나 설치하는 종이류, 합성수지류, 섬유류를 주원료로 한 물품과 합판 또는 목재를 말한다. 다만, 종이벽지는 제외한다.

③ 카펫

④ 칸막이용 합판(간이 칸막이용을 포함한다.), 전시용 합판 또는 섬유판, 대도구용 합판 또는 섬유판

■ 기타 방염처리

제2항 규정에 의한 방염물품 외에 침구류, 식모벽지, 비닐벽지에 대하여 방염처리가 필요하다고 인정되는 경우에는 관할소방서장이 방염제품을 사용하도록 권장할 수 있다.

■ 방염 후처리

제2항의 규정에 의한 물품 중 제조과정에서 방염처리 되지 아니한 합판, 목재, 섬유판은 설치장소에서 방염을 위한 후처리를 할 수 있다.

■ 특수장소(소방법 시행령 제11조 제1항)

대통령령이 정하는 특수장소라 함은 다음의 특수장소를 말한다.

표 18-8 특수장소

	대상 건축물	특수장소
1	아파트 제외	층수가 11층 이상인 건축물
2		안마 시술소, 헬스클럽장, 특수목욕장, 관람집회 및 운동시설(건축물의 옥내에 있는 것에 한하되, 수영장을 제외한다.), 일반 숙박시설 중 호텔, 관광숙박시설, 종합병원, 방송국, 촬영소 및 전시장
3	객실 30실 이상	층수가 3층 이상인 건축물에 설치된 여관
4	지하층에 설치된 일반 음식점	영업장으로 사용하는 바닥면적의 합계가 66㎡이상인 것
5	지하층에설치된	노래연습장, 비디오물 감상실, 단란주점, 유흥주점
6	4, 5에서 정한 영업에 준하는 영업으로서 화재발생 및 화재 발생시 인명피해가 발생될 우려가 있는 영업 중 행정자치부장관이 그 영업의 허가, 면허 또는 등록, 신고업무를 관장하는 중앙 행정기관의 장과 협의하여 행정자치부령으로 정하는 영업	

Chapter 19

내화 및 방화구조 (耐火 및 防火構造)

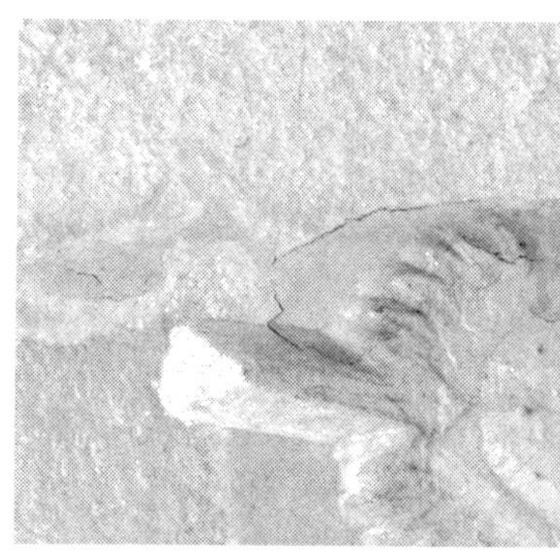

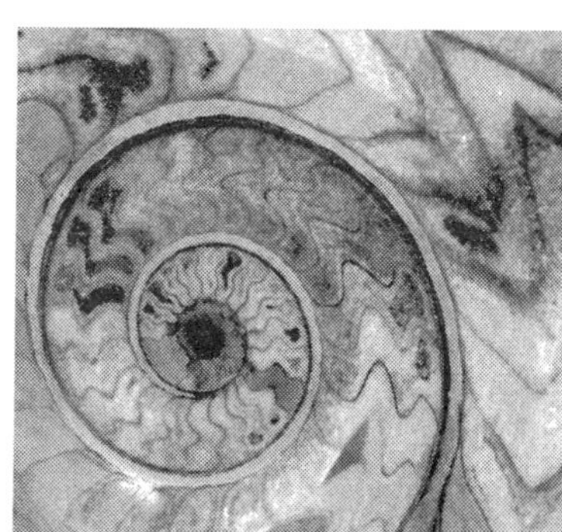

[Chapter 19]

내화(耐火) 및 방화구조(防火構造)

19 - 1 내화(耐火) 및 방화구조(防火構造)의 개요

내화구조는 건축물이 화재를 당하여도 구조체의 강도가 크게 손상되지 않는 구조를 의미하며 방화구조는 화재에 의한 피해를 방지할 목적으로 구조 및 재료 등을 화재에 견디거나 지연시킬 수 있도록 한 구조를 의미한다.

1) 내화구조(耐火構造 ; fireproof construction)

인접건물의 화재나 내부의 화재에 의하여 건물이 연소되더라도 간단한 수리정도로 재사용할 수 있는 구조를 내화구조라 한다.

철근콘크리트조, 벽돌벽과 철근콘크리트 바닥구조 등이 대표적이며 내화재료로 축조되었거나 또는 내화재료로 충분히 피복된 것으로서 건설부령이 정하는 기준에 적합해야 한다.

2) 방화구조(防火構造 ; fire protection construction)

뼈대를 목조로 한 벽체, 지붕틀, 천장 등에 있어서 인접재료의 연소방지 또는 내부재료의 화재에 의한 변화방지를 목적으로 한 구조이다.

즉, 방화구조란 화염(火焰)의 확산을 막을 수 있는 성능의 구조로서 건설부령이 정하는 기준에 적합한 구조를 말한다.

19 - 2 내화(耐火) 및 불연재료(不燃材料)

건축물의 용도에 따른 내장재료의 기준은 건축법 제43조, 건축법 시행령 제61조, 건축물의 피난, 방화 구조 등의 기준에 관한 시행 규칙 제24조에 규정되어 있다.

1) 내화재료(耐火材料 ; fire-proofing materials)

내화재료란 화재를 당하여도 불에 타지 않고, 표면만 변질되는 정도의 재료로서 표면의 보수 정도로 재사용할 수 있는 재료를 말한다.

표 19-1 건축물의 내장기준

건축물의 용도	적용 규모	마감 재료	
		거 실	복도, 계단, 기타 통로의벽과 반자
문화시설, 관람집회시설(예식장 제외) 판매, 영업시설, 위락시설(단란주점,주점영업 제외)	거실의 바닥면적의합계 200㎡(주요구조부가 내화구조 또는 불연재료로 된 건축물은 400㎡)이상인 건축물	불연재료 준불연재료 난연재료	불연재료 준불연재료
다중주택 및 공동주택, 숙박시설(여관, 여인숙 제외), 의료시설, 아동 관련시설, 노인복지시설, 유스호스텔, 오피스텔	3층 이상 층의 당해 용도에 쓰이는 거실 바닥면적의 합계가 200㎡(주요구조부가 내화구조 또는 불연재료로 된 건축물은 400㎡)이상인 건축물	불연재료 준불연재료 난연재료	불연재료 준불연재료
위험물 저장 및 처리시설(자가난방, 자가발전 시설포함), 공장, 자동차 관련시설, 발전소, 방송국 및 촬영소	규모에 관계없이 당해 용도에 쓰이는 부분	불연재료 준불연재료 난연재료	불연재료 준불연재료
5층 이상의 건축물	5층 이상인 층의 거실 바닥면적의 합계가 500㎡이상인 건축물	불연재료 준불연재료 난연재료	불연재료 준불연재료
위의 용도에 쓰이는 거실을 지하층 또는 지하의 공작물에 설치한 경우	거실의 바닥면적에 관계 없이 적용	불연재료 준불연재료	불연재료 준불연재료
공연장, 단란주점, 당구장, 노래 연습장, 예식장, 생활권 수련시설, 자연권 수련시설, 여관, 여인숙, 주점영업	거실의 바닥면적에 관계 없이 적용	불연재료 준불연재료	불연재료 준불연재료

2) 불연재료(不燃材料 ; non-combustible materials)

방화성능이 있는 재료의 총칭을 불연재료라 하며 불연재료는 불연재료, 준불연재료, 난연재료로 구분한다.

■ 불연재료

보통 화재의 화열에는 용융 또는 적열(赤熱)되기도 하지만 연소현상을 일으키지 않는 재료로 한국산업규격에 의한 시험결과 난연1급에 해당하는 재료를 말한다.

주로 무기질 재료인 콘크리트, 석재, 벽돌, 철강, 유리 등이 대표적인 불연재료이다.

■ 준불연재료(準不燃材料)

[Chapter 19]

내화(耐火) 및 방화구조(防火構造)

한국산업규격에 의한 시험결과 난연2급에 해당하는 재료로 불연재료의 다음 가는 방화성능이 있는 재료이다.

대표적인 준불연재료에는 두께9mm이상의 난연처리된 석고보드, 두께12mm이상의 목모시멘트판, 석면 등이 있다.

■ 난연재료(難燃材料)

불연재료, 준불연재료 다음으로 방화성능이 있는 재료로 한국산업규격에 의한 시험결과 난연3급에 해당하는 재료를 말한다.

19 - 3 내화(耐火) 및 방화구조(防火構造)의 제규정

1) 내화구조(耐火構造)

내화구조란, 철근콘크리트조 또는 철골철근콘크리트조 등으로서 표 19 - 2와 같은 내화재를 사용하거나 내화처리된 구조를 말하며 건축법상의 내화재료 및 두께기준은 다음과 같다.

표 19-2 내화구조

구조 부위	내 화 재 료	두께 기준
벽	철근 콘크리트조, 철골 철근콘크리트조	10cm 이상
	철골조 골구의 양면을 철망모르타르로 덮은 것	4cm 이상
	철골조 골구의 양면을 콘크리트 블록, 벽돌, 석재로 덮은 것, 철제에 콘크리트 블록, 벽돌, 석재로 덮은 것	5cm 이상
	벽돌조	19cm 이상
	경량기포 콘크리트패널, 경량기포 콘크리트블록조	10cm 이상
기 둥 (작은지름이 25cm이상)	철근콘크리트조, 철골철근콘크리트조	
	철골을 철망모르타르로 덮은 것	6cm 이상
	철골을 콘크리트 블록, 벽돌 또는 석재로 덮은 것	7cm이상
	철골을 콘크리트로 덮은 것	5cm 이상
바 닥	철근콘크리트조, 철골철근콘크리트조	10cm이상
	철골을 철망모르타르로 덮은 것, 철골을 콘크리트로 덮은 것	5cm 이상

2) 방화구조(防火構造)

방화구조는 목조건축물의 방화를 위하여 표. 19 - 3과 같이 내화재료 또는 불연재료 등을 사용하여 연소가 잘되지 않게 한 구조를 말한다. 방화구조의 건축법상 재료 및 두께기준은 다음과 같다.

표 19-3 방화구조

구 조	두 께 기 준
철망 모르타르	바름 두께 2cm이상
석면 시멘트판, 석고판 위에 시멘트 모르타르 또는 회반죽 바름, 시멘트 모르타르 위 타일 붙임	합계 두께 2.5cm이상
석고판 위 석면 시멘트판 붙임	석고판 두께 1.2cm이상
암면 보온판 위 석면 시멘트판 붙임	암면 두께 2.5cm이상
심벽에 흙으로 맞벽치기 한 것, 한국산업규격에 의한 시험 결과 방화 2급 이상에 해당 되는 것	

19 - 4 방화구획(防火區劃 ; fire protection)

방화(防火)를 목적으로 방화벽, 내화구조의 바닥, 벽 등에 의하여 일정면적 이내마다 또는 일정용도의 부분에 대하여 방화적 시설을 한 것을 말한다.

방화구획은 일정 면적마다 복도, 계단실 등의 통행로까지 방화벽으로 구획하고, 방화문과 피난시설을 설치해야 한다.

또한 이 구획은 계단실, 승강기실 등 상하의 통로로도 구획될 뿐만 아니라 방화벽을 관통하는 설비류(덕트, 배관 등)에도 차단장치를 설치하여 화염, 연기 및 가스가 다른 구획으로 유출되지 않도록 해야 한다.

방화구획은 내화구조 및 불연재를 사용하여 구획해야 하며, 설치기준은 다음 표와 같다.

표 19-4 방화구획의 설치기준

층별, 면적별 구분	방 화 구 획	스프링클러 등 설비
10층 이하의 층	바닥면적 1,000㎡마다 구획	바닥면적 3,000㎡이내마다 구획
3층 이상의 층, 지하층	층마다 구획	
11층 이상의 층	바닥면적 200㎡이내마다 구획	바닥면적 600㎡이내마다 구획
	실내마감이 불연재료인 경우 : 바닥면적 500㎡마다 구획	바닥면적 1,500㎡이내마다 구획

[appendix]

각종 실내 마감재의 규격

(단위 : mm)

보통합판의 규격(시중제품)

품 명	폭×길이	두 께
보통 합판	910×1,820	2.7, 4.8, 7.5, 9.0, 12, 15, 18
	1,210×2,420	2.7, 3.6, 4.8, 7.5, 9.0, 12, 15, 18

(단위 : mm)

내수합판의 규격(시중제품)

품 명	폭×길이	두 께
내수 합판	910×1,820	12, 15, 18
	1,210×2,420	9.0, 12, 15, 18

(단위 : mm)

M.D.F의 규격(시중제품)

품 명	폭×길이	두 께
M.D.F	1,210×2,420	6.0, 7.5, 9.0, 12, 15, 18, 20, 22

(단위 : mm)

파티클 보드의 규격(시중제품)

품 명	폭×길이	두 께
파티클 보드	1,210×2,420	9.0, 12, 15, 18, 20, 23, 25

(단위 : mm)

코르크 보드의 규격(시중제품)

품 명	폭×길이	두 께
탄화 코르크판	500×1,000mm	25, 50, 75, 100
일반 코르크판	600×900mm	1, 2, 3, 4, 5, 10, 15, 20

(단위 : mm)

코어합판의 규격(시중제품)

품 명	폭×길이	두 께
코어합판	1,210×2,420	15, 18, 21, 22, 25, 30

(단위 : mm)

O.S.B 보드의 규격(시중제품)

품 명	폭×길이	두 께
O.S.B 보드	1,210×2,420	6.4, 7.9, 9.5, 11.1, 18.3, 15.1

(단위 : mm)

석고보드의 규격(시중제품)

품 명	규격(두께×폭×길이)	비 고	품 명	규격(두께×폭×길이)	비 고
석고보드	9.0×910×1,820	3尺×6尺	석고보드	12× 910×2,730	3尺×9尺
	9.0× 910×2,420	3尺×8尺		12×1,210×2,420	4尺×8尺
	9.0× 910×2,730	3尺×9尺		12×1,210×2,730	4尺×9尺
	9.0×1,210×2,420	4尺×8尺		15× 910×1,820	3尺×6尺
	9.0×1,210×2,730	4尺×9尺		15× 910×2,420	3尺×8尺
	12× 910×1,820	3尺×6尺		15× 910×2,730	3尺×9尺
	12× 910×2,420	3尺×8尺		15×1,210×2,420	4尺×8尺

(KS M 3808)

발포 폴리스티렌 제품

품 명	두 께(mm)	규격(폭×길이)	비 중
발포 폴리스티렌판	10, 20, 30, 40, 50, 60, 70, 80, 90, 100	900×1,800㎜	0.015, 0.020, 0.025, 0.030, 0.033
압출발포 폴리스티렌판 (상품명 : 아이소 핑크)	9, 10, 20, 30, 40, 50, 60, 70, 80	900×1,800㎜	0.020, 0.025

(KS L 9101)

규산칼슘 보온판

품 명	규격(폭×길이)	두께(mm)	비 고
실리카 보 드	150×610mm, 300×610mm	30, 40, 50, 65, 75, 100	겉보기 비중 : 0.22g/cm 이하, 열전도율 : 0.053kcal/m.hr.℃ 이하, 곡강도 : 3kg/㎠ 이상, 선수축율 : 2% 이하, 내열성 : 650℃ 이상

[appendix]

각종 실내 마감재의 규격

(㎡당)

테라코타 규격 및 매수

규 격 (cm)	붙임매수(매)	규 격 (cm)	붙임매수(매)
30.7×15.8×12	19	30.7×14×12	21
14.3×15.8×12	39	28.9×18×11	18
17.5×15.8×12	32	31.0×11×15	26
30.7×15× 12	20	38.8×20×19	12

(단위 mm)

강판재의 종류 및 규격(시중제품)

품 명	규격(두께×폭×길이)	무게(kg/매)	품 명	규격(두께×폭×길이)	단위
무늬 강판	3.2× 914×1,829	44.8	컬러스테인리스판 (STS304)	0.8×1,000×2,000	㎡
	4.5× 914×1,829	61.9		1.0×1,000×2,000	
	6.0× 914×1,829	81.6		1.2×1,000×2,000	
	3.2×1,219×2,438	79.8		1.5×1,000×2,000	
	4.5×1,219×2,438	110	Super Mirror 스테인리스판 (STS304)	0.8×1,000×2,000	
	6.0×1,219×2,438	145		1.0×1,000×2,000	
스테인리스 강판 (STS304)	0.3×1,000×2,000	4.76		1.2×1,000×2,000	
	0.4×1,000×2,000	6.34		1.5×1,000×2,000	
	0.5×1,000×2,000	7.93	Etching 스테인리스판 (STS304)	0.8×1,000×2,000	
	0.6×1,000×2,000	9.52		1.0×1,000×2,000	
	0.7×1,000×2,000	11.10		1.2×1,000×2,000	
	0.8×1,000×2,000	12.69		1.5×1,000×2,000	
	0.9×1,000×2,000	14.27	Etching-Color 스테인리스판 (STS304)	0.8×1,000×2,000	
	1.0×1,000×2,000	15.86		1.0×1,000×2,000	
	1.2×1,000×2,000	19.03		1.2×1,000×2,000	
	1.5×1,000×2,000	23.79		1.5×1,000×2,000	

시중품 맑은유리의 규격

(㎡당)

품 명	두께(mm)	규 격(mm)	규 격(inch)	매 수	단 위
맑은유리	3	610× 914	24×36	17	box
		610×1,219	24×38	13	
		762×1,270	30×50	10	
		610×1,524	24×60	10	
		711×1,524	28×60	9	
		914×1,321	36×52	8	
		813×1,524	32×60	8	
		914×1,524	36×60	7	
		914×1,829	36×72	6	
	5	762×1,270	30×50	10	
		610×1,219	24×48	10	
		914×1,321	36×52	8	
		813×1,524	32×60	8	
		914×1,524	36×60	7	
		914×1,829	36×72	6	
		1,219×1,524	48×60	5	
		1,219×1,829	48×72	4	
		1,829×1,829	72×72	EA	ft²
		1,524×3,048	60×120		
		1,829×3,048	72×120		
		2,134×3,048	84×120		
	2,134×3,048mm 이상 대형규격 : 별도의 할증률 계상				
	6, 8, 10, 12, 15	2,134×3,048	84×120		

[appendix]

각종 실내 마감재의 규격

(단위 mm)

시중품 무늬유리의 규격

품 명	두 께	규 격	규 격(inch)	매 수	단 위
무늬유리	2.2	610×914	24×36	17	box
	2.2	610×1,219	24×38	13	
	2.2	762×1,270	30×50	10	
	3	660×1,524	26×60	9	
	3	914×1,321	36×52	8	
	3	914×1,524	36×60	7	
	3	914×1,829	36×72	6	
	3	1,219×1,524	48×60	5	
	3	1,219×1,829	48×72	4	
	4	914×1,524	36×60	7	
	4	914×1,829	36×72	6	
	4	1,219×1,524	48×60	5	
	4	1,219×1,829	48×72	4	

(단위 mm)

시중품 강화유리의 규격

품 명	두 께	규 격 (최대)	단 위	비 고
강화유리	3, 4, 5	맑은유리 2,180×3,048	ft^2	강화유리의 특제품으로는 곡면강화유리, 접합강화유리, 방탄강화유리 등이 있음.
	6, 8, 10, 12	맑은유리 2,180×3,988		
	3, 5, 6, 8, 10, 12	칼라유리 2,180×3,988		
	6	반사유리 2,450×3,650		

(단위 mm)

시중품 복층유리의 규격

품 명	두 께(mm)	규 격(mm)	규 격(inch)	단 위	색유리 색상
색유리	3, 5, 6, 8	2,134×3,048	84×120	ft^2	Bronze, Gray

(단위 mm)

시중품 접합유리의 규격

품 명	두 께(mm)	규 격(mm)	규 격(inch)	매 수	단 위
망 입 유 리	7	1,219×1,524	48×60	5	box
	7	1,219×1,829	48×72	4	

비닐타일 규격(시중품)

품 명	두 께	규 격(최대)	단 위	비 고
복층유리	12	투명 유리 1,219×1,830	m^2 ft^2	복층유리 규격은 복층유리 두께의 최대규격이며, 최대규격 추가시에는, 별도의 할증률을 가산한다.
	16	투명 유리 1,830×2,440		
	18	투명 유리 2,440×2,743		
	24	투명 유리 2,440×2,743		
	12	칼라 유리 1,219×1,830		
	16	칼라 유리 1,830×2,440		
	18	칼라 유리 2,440×2,743		
	24	칼라 유리 2,440×2,743		
	18	반사 유리 2,440×2,743		
	24	반사 유리 2,440×2,743		

시중품 접합유리의 규격

품 명	두 께	규 격(최대)	단 위	비 고
접합유리	6.3	투명 유리 900×1,500	ft^2	접합유리의 특제품으로는 3겹 접합유리, 칼라접합유리, 방탄 접합유리 등이 있다.
	6.3	투명 유리 1,200×1,800		
	10.3	투명 유리 1,200×1,800		
	10.3	투명 유리 1,500×2,700		
	12.3	투명 유리 1,800×2,400		

[appendix]

각종 실내 마감재의 규격

비닐타일 규격(시중품)

품 명	규격(두께×폭×길이)	단위	품 명	규격(두께×폭)	단위
염화비닐 타일	2.0mm×300mm×300mm	m²	비닐무석면 타일	2.0mm×500mm×500mm	m²
	2.5mm×300mm×300mm			3.0mm×500mm×500mm	
	3.0mm×300mm×300mm			2.0mm×300mm×300mm	
	3.0mm×450mm×450mm			2.5mm×300mm×300mm	
	2.5mm×305mm×305mm			3.0mm×300mm×300mm	
	3.2mm×305mm×305mm			3.2mm×300mm×300mm	
비닐무석면 타일	2.0mm×303mm×303mm	m²		3.0mm× 75mm×910mm	
	2.5mm×303mm×303mm			3.0mm×450mm×450mm	
	3.0mm×303mm×303mm			3.0mm×100mm×920mm	
	3.0mm×455mm×455mm			3.0mm×180mm×920mm	

바닥용 비닐시트의 규격(시중품)

품 명	규격(두께×폭×길이)	단위	품 명	규격(두께×폭)	단위
경보행용 바 닥 재	2.0mm×1,371mm×50m	m²	중보행용 바 닥 재	1.8mm×1,830mm	m²
	2.0mm×1,524mm×50m			2.0mm×1,830mm	
	2.0mm×1,830mm×50m			2.2mm×1,830mm	
	2.3mm×1,371mm×40m			2.3mm×1,830mm	
	2.5mm×1,830mm×25m			2.0mm×1,500mm×20m	
	2.0mm×1,830mm×30m			2.5mm×1,500mm×16m	
	2.3mm×1,830mm×25m			3.0mm×1,500mm×13m	
	2.0mm×1,830mm×20m			2.0mm×2,000mm×15m	
	1.8mm×1,830mm×30m			2.0mm×2,000mm×18m	
	1.8mm×1,830mm×35m			3.0mm×1,500mm×20m	

실내건축일반구조학

2025년 1월 5일 인쇄
2025년 1월 10일 발행
공 저 : 길종원, 이재호, 이병윤
장훈익, 권선국
발행인 : 이 석 환
발행처 : 도서출판 서우
주 소 : 서울시 은평구 대조동 188-8
전 화 : (02) 383-1696, 1697
팩 스 : 387-9578
출판 등록 제 8-159호
IBSN 89-87858-74-X

정가 23,000원